RESEARCH AND PRACTICE
on Strategic Planning of Urban Development in Transitional Period

转型期城市发展战略规划研究与实践

裴新生　钱　慧　王　颖　刘振宇　著

同济大学出版社

序言

1978年开始的改革开放为中国带来了长达40年的巨大变迁，国民经济高速发展，人民收入水平剧增，是中国自鸦片战争以来历史最好时期。前所未有的社会变迁和经济发展主要集中在城市，许多城市（特别是沿海开放城市）经历了巨大的空间形态变化。推动高速城市化主要有以下两个因素：一是全球化经济格局下招商引资推动的工业化；二是市场推动的城市房地产开发。1978年以前的30年我国对城市投资不足，之后迅猛的城市空间扩展也是对"历史欠账"的补偿。城市规划不仅仅是控制城市空间发展的"游戏规则"，也成为地方政府发展城市的工具。一方面，传统的城市总体规划无法预测、也无法应付如此快速的城市化发展，因而城市规划滞后于经济发展。另一方面，几乎所有的地方政府都没有意图用既定的城市总体规划制约城市的空间发展，相反都在极力抓住任何市场机会，吸引投资推动城市发展。而城市的社会、经济发展需要以城市空间作为载体，城市空间规划成为政府推动发展的总体设想。采用城市空间发展规划作为城市发展纲领的一个重要原因是国有土地是地方政府重要的财政资源，政府试图通过调动土地资源推动经济发展，城市发展战略规划因而兴起。城市发展战略的主题经常以很简洁的口号形式出现，如广州的"一年一小变，三年一中变，五年一大变"、珠海的"大港口，大工业，大发展"、沈阳的"南有广州，北有沈阳"等。

本书比较完整地分析了我国城市发展战略规划兴起的过程，在参考了国际大都市的战略规划编制和实施经验后，总结了中国城市发展战略规划的特征和理念。在多年的规划实践基础上，本书作者裴新生、钱慧、王颖和刘振宇系统地分析了他们所参与的发展战略规划，从中总结出一些发展战略规划的重要观念。《福州新区2049总体发展概念规划》提出海峡城镇群理念，以新区推动市域的整合，从而提高福州在海峡城镇群中的城市竞争力。《哈尔滨新区总体规划战略研究》试图在对俄全面合作视角下，通过加强对外开放门户枢纽建设、打造对外开放的产业体系与合作承载平台、建设国际生态旅游城市等方式，构造开放的城市空间。而《南昌大都市区规划》重视城市发展中的生态环境，践行可持续发展理念，研究划定生态红线和城镇增长边界。《新疆"奎—独—乌"区域城镇协调发展规划》面对行政区划壁垒、无序竞争和粗放扩张造成生态环境恶化的现状，以基于大气环境容量的评估研究资源和环境的承载能力，并协调城市与自然、城市与城市之间的共生。《武汉长江新城概念规划》提出生态优先、弹性多元的空间格局，力图建立弹性开放的空间结构。《湖北城镇化与城镇发展战略规划》探讨小城镇微观动力机制，提出湖北省未来城镇化空间承载方面的判断。《辉县市城乡总体规划》作出县城将成为农村人口就地城镇化首选之地的判断，从而在县域规划中将县城放在更加重要的位置。

技术方法的创新与应用也在城市发展战略规划编制中起着重要的作用。《南昌大都市区规划》采用了手机信令数据，确定南昌大都市区内城镇等级体系以及中心城市与腹地的关系，并帮助识别大都市区内的发展廊道。《荆州市城市空间发展战略规划》中分析了"流"（人流、物流、资本流、信息流）在城市空间结构中的作用，有助于确立城市的定位和区域交通枢纽的潜力。此书是对实践的总结和理论的提升，相信会对规划设计院、规划院校和规划管理部门的工作、研究、教学有所启示和帮助，特此郑重推荐。

同济大学特聘教授

中国城市科学研究会新型城镇化和城乡规划研究专业委员会主任委员

RESEARCH AND PRACTICE
on Strategic Planning of Urban Development in Transitional Period

转型期城市发展战略规划
研究与实践

CONTENTS
目 录

	序言	003
理论篇	**第1章 我国战略规划的缘起与历程**	**011**
	1.1 战略规划的缘起	011
	1.2 战略规划的发展历程	012
	第2章 国际战略规划发展的新特征	**022**
	2.1 国际战略规划的新进展	022
	2.2 国际战略规划的新特征	031
	第3章 新时期我国战略规划的背景转型与现实需求	**045**
	3.1 经济社会背景的转型	045
	3.2 国家宏观政策的转变	048
	3.3 规划形势的变革	052
	3.4 转型背景下战略规划编制的现实需求	054
实践篇	**第4章 国家战略转变下的思考与应对**	**063**
	4.1 国家战略的调整与战略节点空间的转变	063
	4.2 案例1：福州新区2049总体发展概念规划	069
	4.3 案例2：哈尔滨新区总体规划（2016-2030）战略研究	086
	第5章 突出生态文明与可持续发展	**098**
	5.1 可持续发展的理念内涵	098
	5.2 案例1：南昌大都市区规划（2016-2030）	100
	5.3 案例2："奎—独—乌"区域城镇协调发展规划（2015-2030）	114
	5.4 案例3：武汉长江新城概念规划	126
	第6章 关注人本需求与空间品质	**139**
	6.1 人本需求的理念内涵	139
	6.2 案例1：湖北城镇化与城镇发展战略规划	141
	6.3 案例2：辉县市城乡总体规划（2017-2035）	154
	第7章 技术方法的创新与应用	**170**
	7.1 技术方法的新进展及在规划中的应用	170
	7.2 案例1：南昌大都市区规划中的手机信令数据应用	172
	7.3 案例2：荆州市城市空间发展战略规划中"流"分析的应用	182
	后记	201

THEORY CHAPTER

理论篇

以 2000 年广州市编制的第一个独立的战略规划为标志，我国的战略规划迄今已经过近 20 年的发展。我国的战略规划是现实发展需求与政府角色变化影响的产物，在过去发展中，战略规划的编制一直随着背景环境的变化而处于不断的发展变化中。战略规划最初是源于总体规划滞后的限制与城市问题亟待解决的现实需求的双重倒逼，以聚焦城市发展的重大问题为导向。之后，随着我国城市进入跨越式快速发展期，战略规划转而服务于地方政府的发展诉求，体现城市快速发展时期的地方意志，以提升城市的竞争力和加速城市经济增长为主要目标。近年来，随着我国改革进入深水区，经济社会发展进入新常态，新型城镇化、区域统筹、生态发展等宏观政策的提出，治理现代化转型下政府角色的转变等背景环境的变化对我国的战略规划提出新的要求，战略规划因此进入一个新的转型实践的阶段。这一轮的战略规划以着重于对城市的中长期、超远景的发展战略的谋划。与传统的战略规划相比，这一时期的战略规划在思维模式、关注重点、操作方式、技术手段、表达形式等方面都有全面的创新。本书编写的目的主要是对近年来转型背景下战略规划的编制回顾与反思，为未来战略规划的发展提供基础。

在本书理论篇中，首先对我国战略规划的缘起和历程进行了梳理回顾，并结合典型案例对各阶段战略规划编制的特征进行梳理和总结。还选取近年来国外城市发展战略规划中的典型案例进行研究，分析在新的背景下国外战略规划编制的新特征，总结战略规划发展的国际经验，为我国战略规划的发展提供参考。在此基础上，本书理论篇从经济社会背景的转型、宏观政策环境的转变和规划形势的变革三个方面分析了新时期我国战略规划所处的新的背景特征，对新背景下战略规划编制的现实需求进行了研究，为下一部分战略规划实践案例的分析提供了背景和理论基础。

第1章 我国战略规划的缘起与历程

1.1 战略规划的缘起

战略规划源自20世纪60年代发达国家和地区规划模式的转变。1968年，英国颁布了新的规划法，将规划体系分为两级：战略性的结构规划和实施性的地方规划。同期的荷兰和法国也相继进行了规划体系的改革，增加了战略性规划的层级。随后美国、中国香港地区等也开始编制类似规划，虽名称不同，如美国称为战略规划而中国香港地区称为发展策略，但在规划的目的和内容等方面都大同小异，都可以归于战略规划的范畴（顾朝林等，2003）。

我国"战略规划"起步稍晚。"发展战略"一词首次在我国规划语境中出现是在20世纪70年代末的区域规划领域，并在城市经济学、经济地理学等领域获得广泛关注。80年代开始，城市发展的战略问题受到政府部门的普遍重视，由此催生了规划领域编制发展战略的需求。国内的学者开始将英国的结构规划、新加坡的概念规划等发达国家的战略规划经验介绍到国内。1983年，葛起明针对我国80年代初在缺乏国民经济与社会发展长远计划及区域规划的指导下开展城市规划、城市总体规划编制依据不足的状况，提出在编制总体规划之前先编制由政府负责、计划经济部门组织的城市发展规划。1986年，波兰科学院院士彼得·萨伦巴针对我国当时总体规划缺乏区域分析、缺乏城市长远发展展望、缺乏具体实施计划的状况，提出了在总体规划之前应编制区域规划和没有时间期限的远景规划的意见。进入90年代之后，全球化的冲击使部分城市开始关注对城市发展中的战略性和长期性问题的研究，珠海在90年代初编制了可能是国内首个城市发展战略规划（朱介鸣，2009）。1994年，上海同济城市规划设计研究院在陈秉钊教授的主持下编制了潍坊市远景规划，该院是较早开始战略规划编制的单位。同年，上海市召开"迈向21世纪的上海"发展战略国际研讨会，其研究成果中的很多观点成了指导上海发展的行动方针（罗震东，赵民，2003）；1996年，中国城市规划设计研究院承担了哈尔滨松北发展战略研究，明确松北是哈尔滨的战略方向但并不适宜大规模开发（李晓江，2003）。2000年，广州市组织编制了我国第一个独立的战略规划"广州城市总体发展概念规划"，在全国范围内引起了巨大的反响，不仅引发了规划理论界的讨论热潮，也推动了全国各地战略规划编制的大规模实践，成为战略规划在我国发展起源的标志。

虽然战略规划在我国已经历了十多年的发展，但迄今为止其内涵在国内未达成共识。《城市规划专业基本术语标准》对"城市发展战略"的定义是"对城市经济、社会、环境的发展所作出的全局性、长远性和纲领性的谋划"。然而，各类规范文件中并未明确"战略规划"的定义，对其内容框架和编制方式亦缺少明确指引。目前国内规划领域对战略规划的认识基本上可以分为两大类：一部分观点认为战略规划因其宏观性和弹性的优势，应定位为给总体规划修编和政府决策提供支撑的研究；另一些观点则认为，战略规划是适应国内外发展形势转变而出现的新的规划类型，应取代总体规划和国民经济社会五年规划而成为城市发展的纲领性规划（郑国，2017）。而在实践层面，战略规划通常和概念规划混合使用，内容框架和编制手段相对城市总体规划亦更为灵活。

1.2 战略规划的发展历程

我国的战略规划是现实发展需求与政府角色变化影响的产物，其定位、编制目的、内容和方式往往随背景环境的变化而变化。总体而言，战略规划实践在我国的发展演变经历了三个层次：聚焦城市发展问题的战略规划实践、应对城市快速发展的战略规划实践和面向发展转型的战略规划实践。

1.2.1 聚焦问题导向的战略规划实践（2000年左右）

这一时期的战略规划以"广州城市总体发展概念规划（2000）"为典型代表。现代化的冲击，导致对城市发展战略性和长期性问题的研究成为城市应对日益激烈的全球竞争的重要手段。而同一时期，本应承担这一责任的城市总体规划却陷入了"八股化"的倾向，总体规划在走向程序化和法定化的同时也带来忽略对城市生动的、本质的研究的负面效果。规划成果看起来洋洋大观，但对城市发展的重大问题往往研究不深、对策不清晰（李晓江，杨保军，2007）。另一方面，城市总体规划编制和审批的冗长周期限制了城市政府应对新变化、新情况的能力。一方面，城市政府将无法得到城市规划对其发展的建议和许可，可能会错失发展的大好时机；另一方面，总体规划花费了大量时间通过编制、审批之后，却发现城市的发展状况已经发生了极大变化。总体规划编制所需要针对解决的问题已经发生了变化，城市政府面临着花费大量精力编制的总体规划却缺乏指导意义的尴尬局面。同时缺乏弹性的规范和标准也是造成规划失效的重要原因之一。总体规划制度和过高的成本直接催生了规划体系松动的政策空间。在这样的背景下，聚焦问题导向的战略规划应运而生。

以"广州城市总体发展概念规划（2000）"的编制背景为例，1989年，广州市启动了第15轮城市总体规划的编制工作，1992年完成初稿，经过几轮调整后于1996年上报审批，然而一直未能获批。但在此之间，广州的城市发展已发生巨大变化，面临诸多发展问题与诉求。进入90年代之后，经济全球化的发展和沿海开放战略的提出推动珠三角城市群的快速发展，广州的区域地位和作用受到香港和深圳的空前挑战。同时，随着经济飞速发展，城市问题成堆并日渐恶化，包括旧城改造失当、城市环境恶化、城区土地紧缺与用地闲置并存、城市无序扩张、空间布局混乱、产业转型方向不明等，市政府希望发展经济的同时，重塑城市空间环境（赵民，熊馗，2001；王凯，2002）。此外，2000年广州进行行政区划的调整，原花都、番禺撤市改区，城市的空间结构面临大调整的需要。这一系列的变化和问题使得广州的城市发展急需宏观层面的规划指引，而当时的总体规划陷入了未批已经滞后的困境，根本无法发挥其应有的作用，重新修编总体规划也因为时间和制度成本过高而无法现实。在这种情况下，广州市政府决定开展城市总体发展概念规划的咨询，于2000年邀请国内五家规划设计研究单位，开展广州的城市战略规划研究。此次规划研究在内容方面采取了比较灵活的方式，对设计单位提出了两个层次的要求：首先是基本任务，对广州的城市定位、功能、空间结构模式与总体发展目标进行研究；其次是可选任务，包括城市容量、产业、生态和空间形象等，由设计单位自行选择。最后，在归纳吸收五份研究成果并认真听取全国专家评审意见的基础上，由广州市城市规划局综合编制了广州城市总体发展战略规划的深化成果。这次战略规划确立了广州"国际性区域中心城市"的定位和"适宜创业发展、适宜居住生活的山水型生态城市"的总体长期战略目标，重点从区域空间关系研究广州中心城市地位的重振，判断城市空间拓展方向，着重对城市空间结构、生态环境和综合交通三个方面进行战略性部署，提出珠三角双中心区域空间构思，选择占据区域枢纽位置的南沙建设承担区域中心功能的新城，用轴向组团的新区发展模式替代蔓延式的空间扩张，以"南拓、北优、东进、西联"实施"跨越式"成长战略（图1-1）。

在此战略规划的指导下，广州的区域中心城市地位得到了巩固和提升，城市发展取得了令人瞩目的成就。城市空间经历了重大的结构性变化，确立了以新区为重点的发展方向，引入了大学城、南沙科技园等一系列重大项目，优化了全市功能布局和空间资源配置，国际化大都市的框架基本形成；基础设施和环境质量得到了全面的改善；广州市政府分别在2003和2006年对战略规划的实施进行了两轮评估，评估充分肯定了战略规划的重要作用，认为战略规划较好地发挥了对广州市国民经济和社会发展的宏观调控和引导作用，有效地指导了城市管理与建设，增强了城市发展和建设的科学性，同时也为新一轮的城市总体规划编制提供了良好的基础（吕传廷，吴超，黄鼎曦，2010）。

广州战略规划的编制在国内规划界引发了巨大的反响，不仅得到国内专家学者的认可，更重要的是为国内的其他的城市提供了一个新的样板。在编制城市总体规划前编制战略规划，对城市的定位、发展目标、城市功能和空间布局等战略问题进行前瞻性研究，既解决了总体规划编制中宏观研究的不足，同时由于编制时间短、内容聚焦、形式灵活，能及时应对城市当下的发展问题与需求。在广州开创先河之后，战略规划作为一类新型规划迅速在我国大中小各级城市中得到重视和推广，并在其后不久作为城市总体规划基础与技术支撑的模式写入2006年颁布实施的《城市规划编制办法》。

1.2.2 面向城市跨越式发展的战略规划实践（21世纪初期）

在广州战略规划之后，南京、杭州、宁波、合肥、厦门等城市也纷纷开展了战略规划的编制工作，在全国掀起了一股战略规划编制的热潮。这些战略规划编制一方面延续了广州战略规划编制的经验做法；另一方面，其编制的目的和重点与广州战略规划相比发生了很大的变化。广州战略规划源于总体规划滞后的限制与城市问题亟待解决的现实需求的双重倒逼，而随后兴起的这一批的战略规划的编制，更多是为了配合城市总体规划编制而进行的前期研究，服务于地方政府的发展诉求，体现城市快速发展时期的地方意志，这也是当时国内外经济社会发展形势影响的结果。

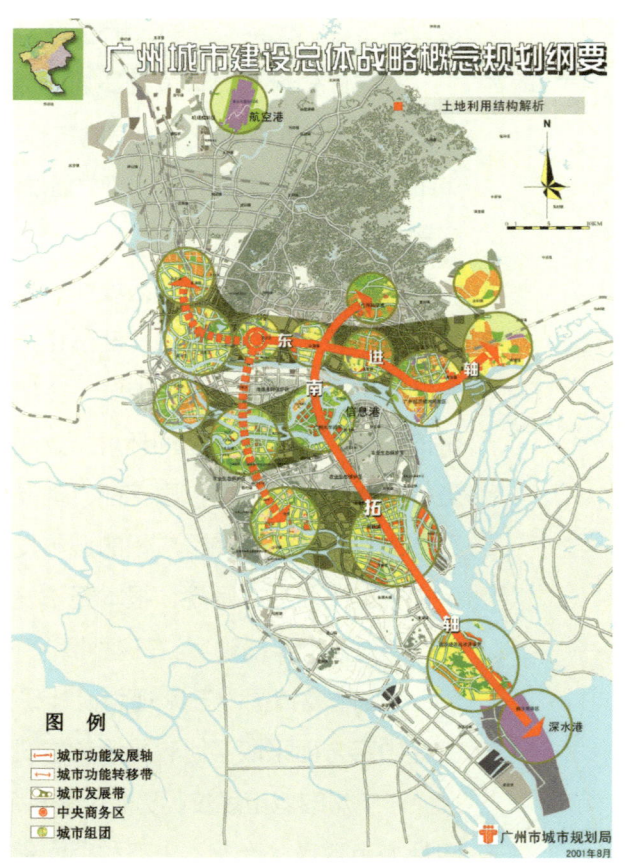

图 1-1 广州城市空间结构概念规划图
资料来源：广州市城市规划局，《广州城市建设总体战略概念规划纲要（2000）》，2001

一方面，经济全球化日益发展进一步加剧了资本和生产要素在全球范围内的流动。同时，我国大力推行开放型经济、积极参与全球经济体系和国际分工、2001年加入WTO更标志着我国对外开放步入一个新的发展阶段。这一时期全球化影响最为深刻的地理层级不是国家而是城市，城市成为一个国家或区域把握全球化机遇、参与全球竞争的前沿阵地。在全球激烈竞争的背景下，地方营销和定位日益重要。对参与全球化进程的机遇和挑战的思考催生了全国各大城市的战略性思考，"全球化"也因而成为这一轮战略规划最重要的关键词之一，全球城市体系理论也成为这一时期战略规划分析的理论基础。

另一方面，自 20 世纪 90 年代后期以来，我国城市进入快速发展期，工业化与第三产业快速增长带来的产业和人口的快速集聚大力推动了城市的快速扩张和空间重构，城市规划需要强调空间战略的思考。90 年代中期以来我国政府推行了两项重要的改革，对城市发展带来非常直接和重要的影响。一是分税制改革，重新划分了中央与地方政府之间的财政和事权，加重了地方政府经济增长和创收压力（郑国，2017）。二是 2000 年左右的以"都市区化"发展导向的县改区的行政区划调整热潮，导致大量的县（县级市）改为市辖区之后大大扩大了地级市政府所能掌控的土地和空间资源，同时也为城市政府带来了实际问题。区划重组之后如何从都市区整体发展的角度来整合产业、空间、设施等要求，实现多主体的统筹发展对城市政府提出了顶层战略设计的要求。大量的新空间、新的资源也需要城市政府来整合并基于此重新思考城市发展的定位、方向、结构等战略问题（张兵，2002；王旭，罗震东，2011）。

这一时期同时也是"增长主义"在中国城市盛行的时代，我国城市政府的角色发生了很大的转变，反映了向企业化和竞争型转变的地方政府对激烈竞争环境的回应（张京祥、吴缚龙、崔功豪，2004）。经济增速的压力（一定程度上也是 20 世纪 90 年代后期开始的 GDP 导向的考核和升迁机制带来的压力和刺激）和行政扩权的机遇大大提高了城市政府在经济层面的积极性和主动性。土地制度的改革使得城市土地的市场化价值最大程度的显性化，城市政府通过对城市土地的垄断来大规模吸引投资，"土地财政"成为当时城市经济最大的驱动力（Wu Fulong，2015）。"经营城市"的理念成为当时城市政府的主流观念，城市在吸引投资上的竞争力成为城市政府和决策者关注的核心。这又给区域竞合关系带来新的矛盾。一方面，经济全球化、城市区域化与区域城市化的发展进一步强化了都市区（圈）和城市圈在全球竞争中的重要性，对区域内部城市之间的统筹合作提出了新的要求；另一方面，"增长主义"时代对经济增速近乎狂热的追逐又极大地刺激了城市之间的竞争，城市之间基本上呈现出积极竞争、消极合作的状态，普遍以争夺自己需求的资源为最终目标。在这样的背景下，战略规划成为解决城市发展战略问题和体现政府领导意志的"政治工具"。

这一阶段部分代表性的战略规划实践项目见表 1-1。纵观这一阶段的战略规划，可以发现大部分规划编制的目的主要是以经济增长为导向的，核心是要提升城市的竞争力，加速城市经济增长。规划在内容上都着重于几方面要素，包括城市 SWOT 分析、经济发展战略、空间结构的重构、区域竞争与合作、城市形象与营销、新区构造、土地资源规划（县改区）等。规划的重点在土地和空间，着重于对城市规模扩张后的城市空间结构和用地布局的安排（朱介鸣，2009；郑国，2017）。

表 1-1　应对城市快速发展时期的部分代表性城市战略规划

战略规划	编制时间	重点内容
杭州市城市发展战略规划	2001 年	通过研究区域关系，区域定位促进杭州湾城市群的形成；中心城区、萧山、余杭职能整合，形成大都市格局；以空间结构调整，强化区域辐射作用，构建双核三辅、两轴两环、辐射组群结构，城市从"跨江发展"走向"拥江发展"；实现西湖保护，重新释义"湖城关系"，由历史上的"水城共生"、近现代的"景城互惠"到今天的"湖城互动"
南京市城市发展战略规划	2001 年	重点从上海对南京区域中心地位的影响分析入手，识别经济与产业发展的症结，从区域产业布局特征研究城市空间互动关系。核心是以区域产业布局的"X"形结构，提出增强中心城市辐射力、适应产业结构调整需要的空间结构模型，提出以轴向发展替代"均衡"布局的发展模式与空间—时序安排
宁波市城市发展战略规划	2001 年	重点从区域经济快速增长和交通环境突变性因素出发，研究产业发展趋势与港口功能对城市的影响。核心是提出适应产业快速发展的特大城市空间结构，调整原"三足鼎立"的布局及港口与城市关系，提出港口与物流产业发展竞争对策
厦门市城市发展概念规划咨询	2002 年	重点研究城市政治经济地位下降的原因，分析原总体规划实施中出现的问题与症结，分析区域关系变化中相邻城市的用地、港口资源整合。核心是提出"壮士断腕"的产业结构调整策略与"金蝉脱壳"的空间结构推进策略，实施以控制本岛发展、保护本岛环境为目标的跨海湾双中心结构与空间拓展的时序安排
合肥市城市发展战略规划	2002 年	重点从保护城市生态环境优势、继承和创造城市特色入手，结合区域分析，选择城市发展目标和方向。核心是提出替代"风车型"、适应生态与产业特征的"新三叶"空间结构，以及"引湖入城"的新区主题构思
济南市城市空间战略及新区发展研究	2002 年	重点分析区域经济格局对城市发展前景的影响，评价上版总体规划对城市发展的不适应性，分析城市中心区功能重叠、近期建设方向失误与规划用地严重不足等问题。核心是根据自然与区域条件提出新的总体空间结构和景观结构，根据城市用地、交通条件变化与产业布局特征论证新区的选址、功能和规模
哈尔滨城市空间发展战略研究	2002 年	重点从国家战略与地缘政治经济关系研究城市兴衰与成长规律，认识哈尔滨在国家战略中的重要地位，判断城市的国际国内合作前景和发展阶段，识别现状内聚式的发展模式与土地开发的低效率的关系。核心是提出务实的"两步走"的发展战略与阶段目标，根据历史规律和区域环境确定空间结构；提出适应民营中小企业成长的产业布局模式，并对跨江发展、CBD 建设等重大问题进行客观的分析并提出对策
北京城市空间发展战略规划研究	2003 年	城市经济处于高速工业化阶段，同时城市也处于人口规模激增与土地迅速往外扩张的阶段；在京津的中间建设大型综合性新城，形成反磁力系统

资料来源：课题组根据各战略规划整理

以当时杭州市城市发展概念规划[1]为例,规划编制有三个重要背景:一是长三角成为世界六大都市区之一,经济活动已纳入国际循环,而作为长三角重要的中心城市,杭州的发展必然需要置于全球视野下考虑;二是杭州城市区域竞争力下降,空间结构混杂蔓延;三是2001年3月杭州行政区划调整,萧山、余杭撤市建区,杭州城市的范围大规模扩大,"一市三城"、貌合神离,城市功能和空间结构、设施建设包括管理体制等都需要重新理顺和整合。因此,此次战略规划在开篇即以较多篇幅研究全球化对城市发展的影响,进而提出在新的战略格局下城市如何发展的问题(王凯,2002;王旭,罗震东,2011)。同时,规划整合中心城区、萧山和余杭的功能,并提出在空间上南合北控、东调西抑的理念,以及提出"双核拥江、两轴两环、辐射组群"的都市区空间结构,并以"廿"字形轨道交通系统、沿钱塘江的生态保障体系和以都市区管制为中心的管理体制为支撑体系,昭示杭州从"西湖时代"迈入"钱塘江时代",奠定了杭州大都市跨越式发展的基础(图1-2)。

这一时期战略规划的另一个典型代表是"南京市城市总体发展战略与空间布局规划研究(2001)"[2]。该战略规划的编制主要基于三个重要背景:首先是南京在长三角的区域中心城市地位受到动摇,上海的辐射带动了苏锡常城镇群的迅猛发展,以江阴大桥为代表的一系列跨江通道建设,使上海得以直接辐射苏中和苏北地区,南京的竞争力因而持续下降,成为行政和名义上的中心;其次,江苏省政府提出"宁镇扬都市圈"战略,南京需要重新审视与镇江和扬州的发展竞合关系;第三,城市空间结构已不适应发展需要。如城市"外溢式"发展、产业空间缺乏重点和优先、浦口跨江发展已时机不当等问题,以及江宁的撤县设区,导致城市的功能结构面临新的整合需求。

规划聚焦产业和空间问题,提出加快新兴产业发展,在经济上做大、做强,以推动经济跨越式发展。并为此寻找最有利于支撑产业增长的空间模式,利用"X"形产业交汇点的区位优势,强化区域中心地位(图1-3)。空间上则优先向东扩展,构筑宁镇扬都市区,形成面向大上海的沿江发展轴(图1-4)。

---

1. 此处内容参考南京大学城市规划设计研究院于2001年编制的"杭州市城市发展概念规划"。
2. 此处内容参考中国城市规划设计研究院于2000—2001年编制的"南京市城市总体发展战略与空间布局规划研究"。

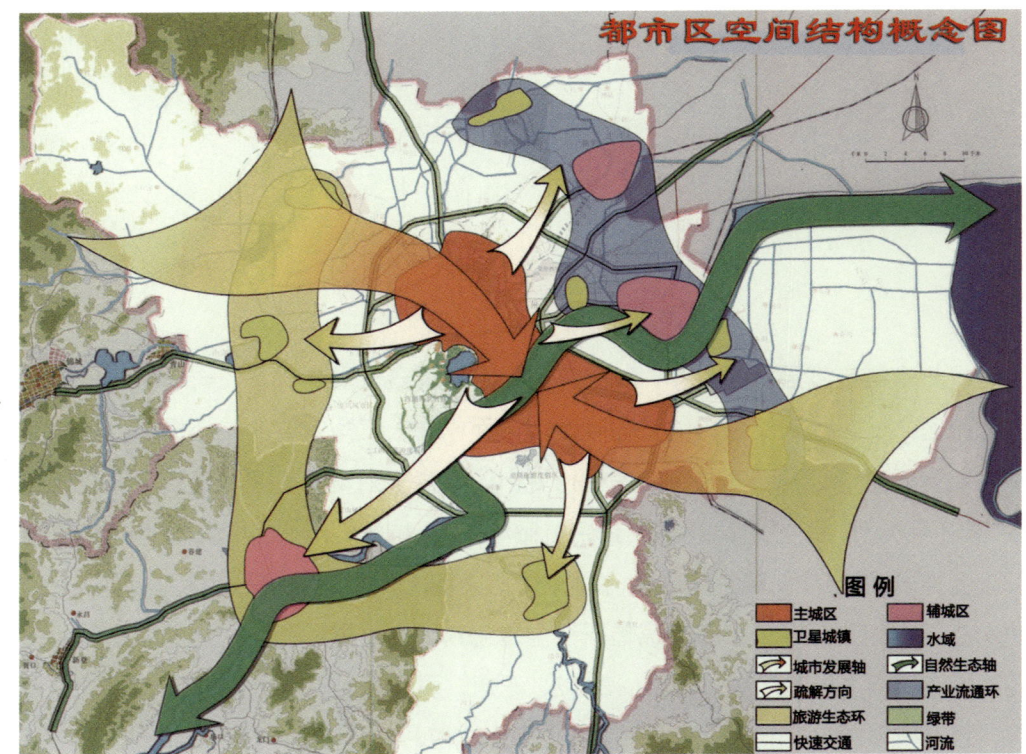

图 1-2 杭州都市区空间结构概念图
资料来源：南京大学城市规划设计研究院"杭州市城市发展概念规划（2001）"，2001

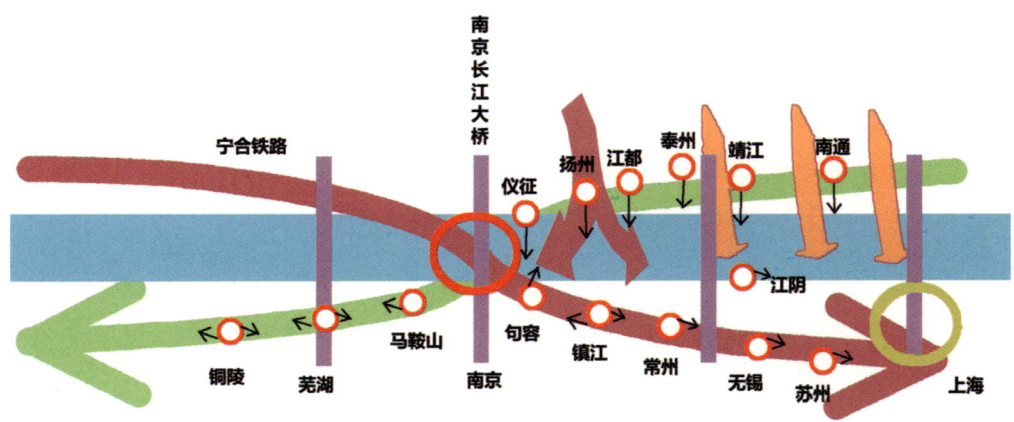

图 1-3 南京"X"形产业空间发展构想

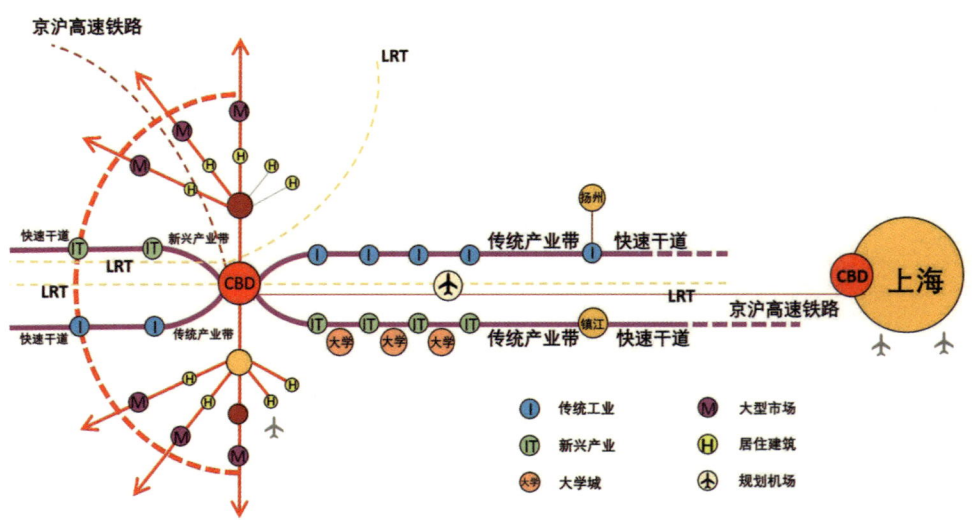

图 1-4 南京沿江发展轴构想
资料来源：中国城市规划设计研究院"南京市城市总体发展战略与空间布局规划研究"（草案），2001

1.2.3 应对发展转型的战略规划实践（21世纪第一个十年中后期）

2000年后，我国改革进入深水区，经济社会发展进入新常态、新型城镇化、区域统筹、科学发展观等宏观政策和发展思路的提出、治理现代化转型下政府角色的转变等背景环境的变化对我国的战略规划提出了新的要求，战略规划因此进入了一个新的转型实践的阶段。此轮战略规划着重谋划城市的中长期、超远景的发展战略。与传统战略规划相比，这些城市战略规划都强调站在城市总体发展的层面进行综合性的趋势研判、战略谋划和路径设计，致力于真正发挥城市远景发展战略规划的前瞻性、综合性、统领性作用，在思维模式、关注重点、操作方式、技术手段、表达形式等方面都有不同的创新。这一时期部分代表性的战略规划及其关注重点见表1-2。

表1-2 转型时期代表性的城市战略规划实践

时间	战略规划	编制背景	关注重点
2007年	广州2020城市总体发展战略咨询	解决发展粗放对中心城市作用发挥的制约	提出了城市发展转型和绿色增长的目标，强调从"拓展到优化提升"的理念
2010年	深圳2040城市发展策略	为未来30年的发展探索可持续发展的新模式，塑造未来全球大战略框架下的城市行动方向	广泛的公众咨询；研究落实深圳在区域经济和全国下一轮转型发展中的地位和作用，探索发展方式的转变
2010年	北京2049空间发展战略研究	解决严峻的环境、资源等问题；作为北京"城市规划建设与管理"学科群跨学科合作研究的主要平台	多学科科研，探索合理、前瞻的城市空间组织；遵循"以人为本"，追求"良好的人居环境与和谐的社会同时缔造"
2013年	武汉市2049年远景发展战略规划	国家发展战略从外向走向内需，从沿海走向内陆，从单纯追求经济增长转向可持续发展目标	强调从空间拓展型向功能提升型战略转变，深入研究区域网络、价值区段、工业化模式；强调从经济增长向以关注"人"的生活方式为核心的多维目标转型，深入研究个人生活圈、个人工作圈、绿色社区

资料来源：课题组根据各战略规划整理

随着新一轮城市总体规划编制前期工作的开展，战略规划作为跟总体规划关系密切的前期指导性的工作，也将步入新一轮的发展期。因此，有必要总结 21 世纪第一个十年中期以来转型背景下战略规划编制实践，为新一轮战略规划和战略研究提供理论和实践经验基础。

基于这一初衷，本书系统梳理了 21 世纪第一个十年中期以来上海同济城市规划设计研究院编制的城市战略规划和战略研究，选取具有典型创新意义的案例，对这些战略规划应对转型发展的背景的实践经验开展回顾与反思。同时，本书亦分析同一时期国际上典型的战略规划案例，作为战略规划转型的对标，旨在从国内和国际两个层面的实践出发，系统总结新时期战略规划编制的经验和发展方向，为战略规划的实践提供经验与启示。

参考文献

[1] Wu Fulong. Planning for Growth：Urban and Regional Planning in China[M]. London：Taylor Francis Ltd，2015.
[2] 戴逢，段险峰. 城市总体发展战略规划的前前后后 [J]. 城市规划，2003，27(1)：24-27.
[3] 顾朝林等. 概念规划———理论·方法·实例 [M]. 北京：中国建筑工业出版社，2003.
[4] 李晓江. 关于"城市空间发展战略研究"的思考 [J]. 中国城市规划学会学术年会，2002：28-34.
[5] 林强. 福州城市发展新战略规划的探讨 [J]. 福建建设科技，2006 (5)：35-38.
[6] 罗震东，王兴平，张京祥. 1980 年代以来我国战略规划研究的总体进展 [J]. 城市规划汇刊，2002(3)：49-53.
[7] 罗震东，赵民. 试论城市发展的战略研究及战略规划的形成 [J]. 城市规划，2003,27(1)：19-.23.
[8] 吕传廷，吴超，黄鼎曦. 从概念规划走向结构规划—广州战略规划的回顾与创新 [J]. 城市规划，2010，34(3)：17-24.
[9] 杭州市人民政府. 杭州市城市发展概念规划 [R].2001.
[10] 王凯. 从广州到杭州：战略规划浮出水面 [J]. 城市规划，2002，26(6)：57-63.
[11] 王旭，罗震东. 转型重构语境中的中国城市发展战略规划的演进 [J]. 规划师，2011，27 (7)：84-88.
[12] 武廷海."北京 2049"研究方法综述 [J]. 北京规划建设，2012 (3)：17-19.
[13] 张兵. 从广州、南京到江阴—我们距离战略规划还有多远. 中国城市规划学会 2001 年年会论文集 [D]：区域规划与城市总体规划，2001.
[14] 张京祥. 武汉 2049 远景发展战略的评价意见 [J]. 城乡规划，2017 (4),109.
[15] 赵民，熊馗. 概念规划与广州城市发展战略 [J]. 城市规划，2001，25(3):20-22,37.

[16] 郑德高, 孙娟. 基于竞争力与可持续发展法则的武汉 2049 发展战略 [J]. 城市规划学刊, 2014(2): 40-50.
[17] 郑德高, 孙娟, 马璇, 等. 竞争力与可持续发展导向下的城市愿景战略规划探索——以武汉 2049 愿景发展战略研究为例 [J]. 城乡规划, 2017(4): 101-109.
[18] 郑国. 基于城市治理的中国城市战略规划解析与转型 [J]. 城市规划, 2016(5): 42-45.
[19] 郑国. 地方政府行为变迁与城市战略规划演进 [J]. 城市规划, 2017, 41(4):16-21.
[20] 南京市人民政府. 南京市城市总体发展战略与空间布局规划研究 [R]. 2001.
[21] 朱红波. 现阶段概念规划的实践研究与方法探索 [D]. 浙江大学, 2003.
[22] 朱介鸣. 市场经济下的中国城市规划 [M]. 北京: 中国建筑工业出版社, 2009.
[23] 朱介鸣. 城市发展战略规划的发展机制——政府推动城市发展的新加坡经验 [J]. 城市规划学刊, 2012(4): 22-27.
[24] 赵浚竹. 我国发展战略规划的时代特征及其变迁 [J]. 城市发展研究:2012, 19(3): 30-34.
[25] 李晓江, 杨保军. 战略规划 [J]. 城市规划, 2007(1): 44-56.
[26] 张兵. 敢问路在何方:战略规划的产生、发展与未来 [J]. 城市规划, 2003, 26(6): 63-68.
[27] 南京大学城市规划设计研究院, 杭州市城市发展概念规划 [R]. 2001.
[28] 中国城市规划设计研究院, 南京市城市发展战略规划（草案）[R]. 2001.
[29] 广州市城市规划局, 广州城市建设总体战略概念规划纲要 [R]. 2001
[30] 宁波市规划局, 宁波市城市发展战略规划 [R]. 2001.
[31] 厦门市规划局, 厦门市城市发展概念规划咨询 [R]. 2002.
[32] 合肥市规划局, 合肥市城市发展战略规划 [R]. 2002.
[33] 中国城市规划设计研究院, 济南市城市空间发展战略研究（草案）[R]. 2002.
[34] 哈尔滨市规划局, 哈尔滨城市空间发展战略研究 [R]. 2002.
[35] 北京市规划局, 北京城市空间发展战略规划研究 [R]. 2003.

第 2 章　国际战略规划发展的新特征

2.1　国际战略规划的新进展

2.1.1　战略规划新进展

21 世纪第一个十年中期是全球发展形势的转折点，金融危机的全球性爆发对世界各国经济社会的发展都产生了重大影响，世界经济面临总量衰退、结构失衡的挑战，总体上进入长周期下行的"新常态"。另一方面，气候变化、资源危机和环境恶化被认为是 21 世纪人类发展面临的三大挑战，国际金融危机进一步推动了国际社会对人类发展模式的反思。2008 年 10 月，联合国环境规划署提出了"全球绿色新政"和"发展绿色经济"的倡议，强调经济"绿色化"转型的重要性。世界经济的下行趋势和绿色转型加速了新一轮科技革命和产业变革，推动全球范围内的产业升级和布局调整，国际技术与产业竞争日趋激烈。在这样的背景下，以纽约、伦敦等为代表的一系列全球城市率先开启转型思考：如何应对全球经济社会的转型和环境危机的挑战，维持和强化城市的全球竞争力，进一步加大在全球层面的影响力，成为这些城市面对的挑战。

为了应对这些挑战，纽约等全球性城市在这一时期也陆续公布了新的战略规划，这些战略规划从长远角度关注全球发展的转变、环境与能源、气候变化等重大议题，同时借助于新科技手段，致力于提升城市的韧性，积极应对城市发展可能面临的各种状况，为城市发展提供战略指引。这些战略规划的发布，标志着全球战略规划进入了新的阶段（表 2-1）。

2.1.2　战略规划案例的选择

本书在全球范围内选取纽约、伦敦、巴黎、悉尼、香港五个城市为案例（图 2-1）。纽约作为全球城市体系中顶层，是全球城市发展的风向标。英国规划的动向一直是国内规划界重点关注和研究的对象，而作为全球金融中心之一的伦敦，其规划也是各大城市学习的范式。巴黎是欧洲的中心城市，其规划代表了欧洲规划的最高水平；悉尼是澳大利亚中心城市，也是澳大利亚唯一跻身全球前十位的城市，代表了南半球城市的最高水平；香港

表 2-1 国外全球 / 国际战略规划案例

城市	战略规划	编制时间
芝加哥	2040 Regional Framework Plan《大芝加哥区域框架 2040》	2006 年
香港	《香港 2030：规划远景与策略研究》	2007 年
悉尼	Sustainable Sydney 2030《可持续发展的悉尼 2030》	2008 年
伦敦	The London Plan《大伦敦规划》	2011 年
巴黎	SDRIF：Le Schemadireteur de la Regional le-de-France《巴黎大区战略规划》	2012 年
东京	《创造未来——东京都远期愿景》	2014 年
纽约	One NYC: The Plan for a Strong and Just City《一个纽约：更强大、更公平的城市》	2015 年

资料来源：课题组整理

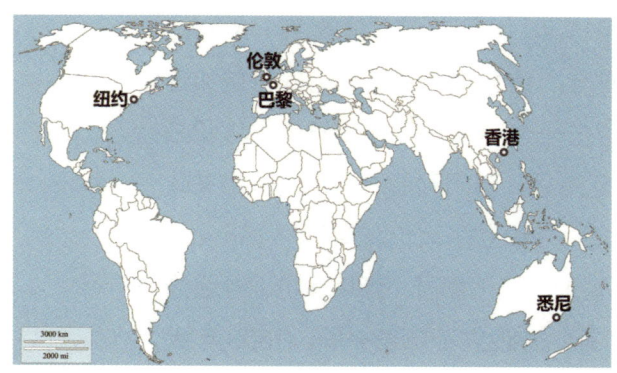

图 2-1 国际战略规划案例城市分布图
资料来源：课题组自绘
底图来源：http://www.d-maps.com

是亚洲金融中心，是亚洲发展水平最高的城市之一，其规划深受英国规划体系的影响，也一向被认为是国际规划经验本土化的典范。

1.《一个纽约：更强大、更公平的城市》（One NYC: The Plan for a Strong and Just City）（2015）

纽约最新的战略规划 One NYC: The Plan for a Strong and Just City（以下简称《纽约 2015》）发布于 2015 年。这项规划是在 2007 年和 2011 年的版本上的更新版。2007 年纽约市长主持编制了新一版的纽约城市规划即《纽约城市规划：更绿色、更美好的纽约》，以应对纽约日益增长的人口和设施需求为主要目标，规划制定了一系列的措施以改善老化的设施、增加绿色空间、提升生活和健康质量，并首次明确温室气体减排目标。2011 年纽约市政府对 2007 版纽约规划进行了修编，在保持了 2007 版主要内容框架的基础上，更强调了规划的统筹性和整体性，认为所有的议题要素之间都是相关的，因而增加了关于重要的交叉性议题的内容。2013年，因为遭受了飓风"桑迪"影响，纽约市政府迅速编制了新一版规划《纽约城市规划：更强大、更韧性的纽约》，核心是灾后重建以及提升城市抵御和抗击自然灾害的能力。但这版规划在纽约完成了灾后重建和恢复工作之后也基本完成了其使命。2015年，纽约市政府发布了《纽约2015》，取代了2013版的规划。《纽约2015》是在以2007版和2011版的纽约城市规划为基础的同时，广泛地征求纽约市民的意见综合编制而成，于2015年4月完成并对外公布。

《纽约2015》认为，纽约最核心的优势在于其集中、高效、密集和多样性，在于汇集在纽约的人以及纽约无尽的创造可能。规划认为城市的多样性必须被保留，经济机遇可以且必须从人口增长中获得，以及健康的环境不是奢求，而是在为居民创造一个公平、健康和可持续的城市过程中居民的基本权利。针对纽约面临的挑战，《纽约2015》提出了三个发展思路：关注不平等、区域整体视角和引领我们需要的改变。基于此，规划确立了未来纽约城市发展的目标愿景、关键议题和针对每个议题的核心战略和策略措施。在规划的主体内容之外，规划还包含每项战略议题的指标体系、规划实施计划，以及对2011版可持续发展议题和2013年韧性议题实施的回顾与评估三大部分的内容。

2.《伦敦规划》（The London Plan）（2011）

伦敦市当前的规划 The London Plan 正式发布于2011年（以下简称《伦敦2011》）。这版规划编制的背景比较特殊。21世纪以来，在全球化、信息化、网络化进程日益加速的背景下，伦敦作为世界著名的全球城市区域之一，由于长期缺失一个权威管理主体和战略规划机构，面临着城市规划难以统一、战略规划缺乏指导、部门利益冲突不断、相关政策难以整合等诸多问题。2000年大伦敦政府重新成立，并设立了大伦敦管理局（Greater London Authority，G.L.A），主要负责住房交通、规划管理、经济发展、环境保护、社会治安维持、火灾和紧急事务处理、文化体育和公众健康等，并设立了市长一职。2000年大伦敦市长领头组织编制了G.L.A设立后的第一版《伦敦规划》，于2004年正式出版。其后规划经过两轮修改，于2008年2月出版更新版。然而同年恰逢大伦敦市长换届，Boris Johnson在2008年7月当选后即提出要建设"更好的伦敦"的设想，并欲反映到伦敦规划中。当时的规划机构认为与其在原有伦敦规划版本上继续做加法，新任市长应综合考量大伦敦地区的发展问题，重新系统的编制一个新的规划，以适应各个分区的需求和降低其发展中面临的不确定性。新任市长本人也认为必须要有一个清晰的空间发展框架来体现和落实其政纲。在这样的背景下，Boris Johnson于2008年开始对现有规划进行回顾并以

2011 年为限期开始编制新版规划，2009 年 4 月完成初稿，经过多轮的咨询、论证和修改后，2011 年新版的《伦敦 2011》正式出版（图 2-2）。

《伦敦 2011》的编制主要针对当时伦敦发展中的几个主要问题：

（1）人口增长与住房需求激增

从 1971 年至 2009 年，伦敦人口一直处于稳定增长的态势。截至 2009 年，伦敦人口达到 775 万人。据预测，至 2031 年伦敦人口将会达到 882 万。在伦敦人口规模迅速扩张的同时，其人口结构特别是年龄结构和种族构成也发生了巨大变化，不断趋向年轻化和多元化。随着伦敦人口的不断增长，无论是内城还是外城，都面临着更多的住房需求。人口组成的多元也要求住房结构的多样化。

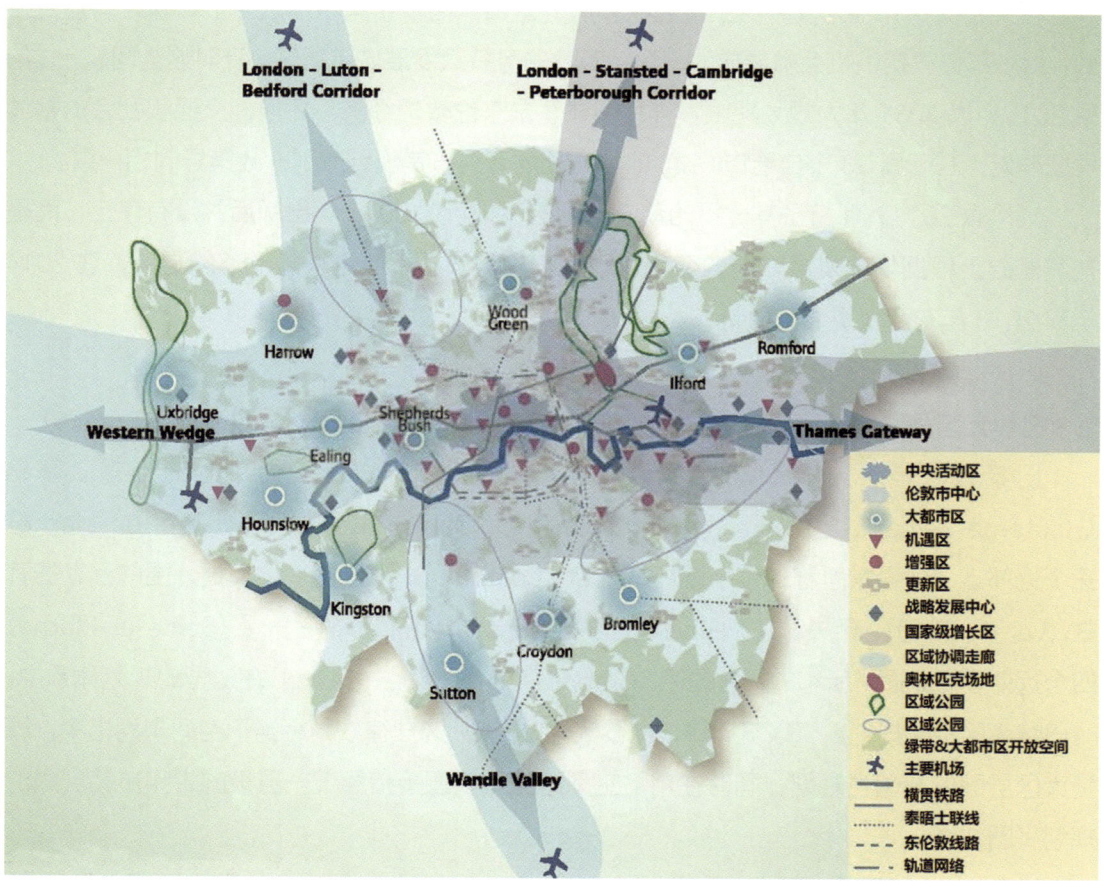

图 2-2 大伦敦地区规划政策分区图
资料来源：https://www.london.gov.uk/what-we-do/planning/london-plan/current-london-plan

(2) 经济发展缓慢和基础设施不足

自 2008 年金融危机爆发，伦敦经济处于缓慢增长态势。人口增长、经济低迷及追求生活品质等问题使伦敦的生活、交通、环境等基础设施面临巨大考验。伦敦必须确保未来有足够的基础设施来支持其经济社会生态等的增长和改善。

(3) 城市生活质量和社会贫困的改善

伦敦是世界上最关注生活质量的城市之一。事实上，伦敦的两极化非常严重，与其相关的社会贫困问题也非常显著。

(4) 气候变化

全球气候变化是个无法避免的问题。它将会对伦敦产生很大的影响，并带来诸如市内平均气温上升、季节降雨量变化、洪水风险提高以及水资源短缺等一系列的问题。

(5) 伦敦奥运会 (2012) 的遗产利用

2012 年举办的伦敦奥运会结束后也将为伦敦留下一笔宝贵的遗产。奥运公园的遗产总规划框架是城市棕地开发和再生及后续发展的基础。伦敦希望通过这一举世瞩目的体育盛会，为东部伦敦提供机会发展成为一个示范性的可持续发展城市新区。针对这些问题，《伦敦 2011》以 2031 年为规划期限，详尽阐述了未来伦敦的经济、环境、交通和社会的整体发展框架，其下属 33 个自治市（镇）的地方规划必须与其规划原则、政策导向相一致。

《伦敦 2011》保持了其一贯的动态编制的传统，在 2011 年出版后并没有停止，而是在其基础上根据伦敦发展环境的变化和政策实施的效果不断进行着动态的更新，在 2014 年和 2016 年有两次重要的更新。

3.《巴黎大区战略纲要》（SDRIF：Le Schemadireteur de la Regional le-de-France）

巴黎大区是法国本土 22 个大区之一，包含巴黎、以巴黎为中心的近郊上塞纳（Hauts-de-Seine）、塞纳-圣-丹尼（Seine-Saint-Denis）和瓦勒德马恩（Val-de-Marne）三个近郊省（即通常所称的"小圆环（Petite Couronne）"区域）以及更外围的瓦勒德瓦兹（Val-d'Oise）、伊夫林（Yvelines）、埃松（Essonne）和塞纳-马恩（Seine-et-Marne）四个远郊省（即通常所称的"大圆环（Grande Couronne）"区域）。在法国的规划体系中，《巴黎大区战略规划》（以下简称《巴黎大区 2030》）的法律效力相当于空间规划指令，既是大区层面的战略性规划，同时在用地空间方面可以直接指导下一层级的省和市镇层级的规划（图 2-3）。

进入 2000 年以后，巴黎大区的发展面临着多维度的挑战。首先，巴黎大区存在着交通、社会和环境的不平等现象，例如贫富差距、住房紧缺、机场和能源设施紧张、外围地区通

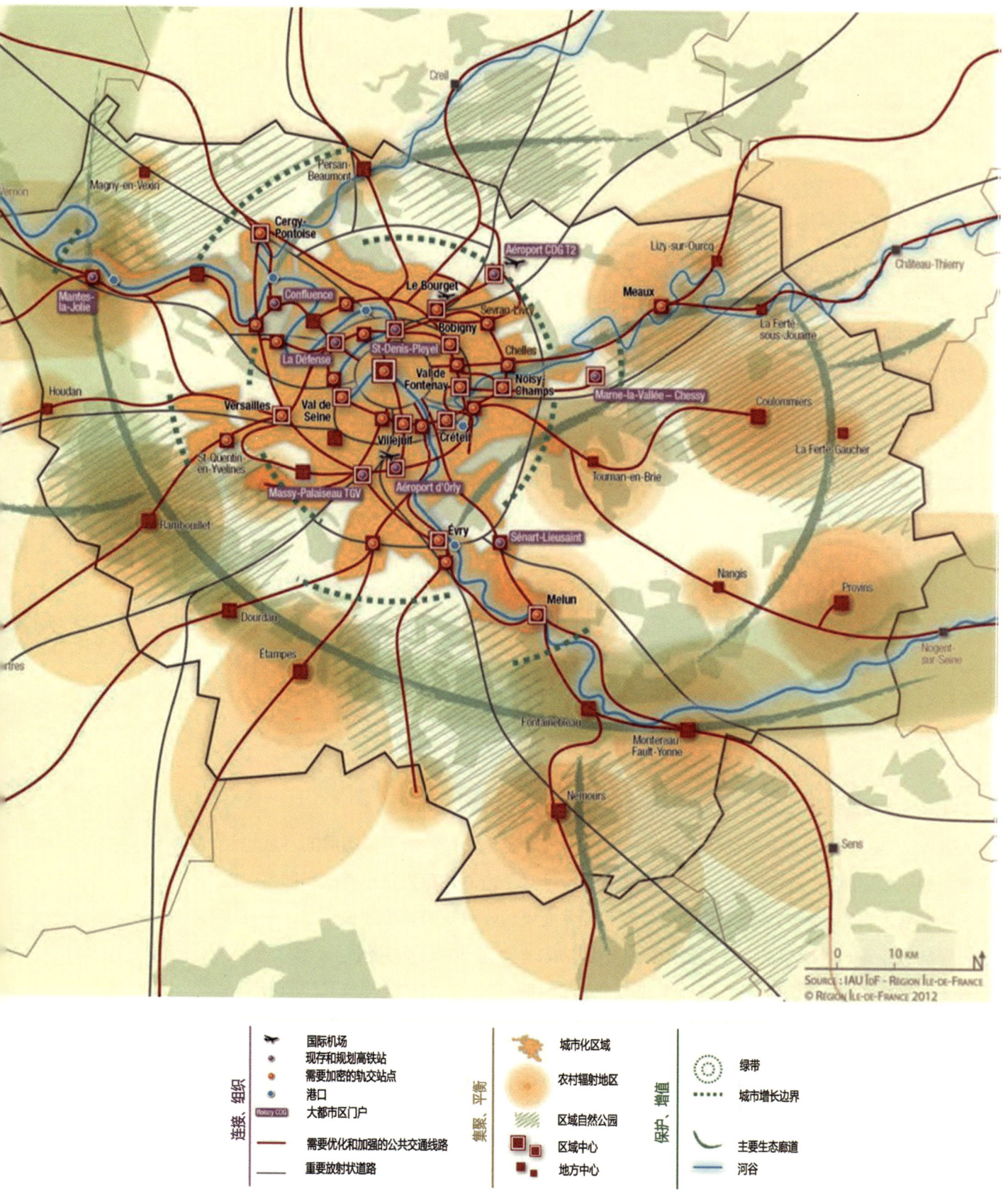

图 2-3 《巴黎大区 2030》指导纲要空间布局总图
资料来源：http://www.iau-idf.fr/en/paris-region/planning-paris-region/planning-the-ile-de-france-region-of-2030.html

勤距离过长。其次，全球气候变化带来气温升高、疾病、水资源紧缺、生态环境退化和更多极端天气事件的威胁。第三，巴黎作为法国的经济中心还面临着如何在保证社会和谐和环境良好的同时，保持其国际经济地位和吸引力的挑战。在经济危机和去工业化的影响下，巴黎大区也和很多其他欧洲中心城市一样面临着传统优势产业下滑、产业系统多样性减少，并因此带来失业率增加等一系列社会问题。因此，如何在新知识经济时代，激活和提升产业的活力，强化经济的全球实力成为巴黎面临的重要挑战（陈洋，2015）。为应对三大挑战，巴黎大区政府于 2004 年启动了《巴黎大区 2030》的编制，由巴黎规划院牵头负责，先后由总统委托 13 个国际建筑规划团队进行研究，于 2012 年编制完成，次年通过大区议会和国家行政院的审议，2014 年开始实施。

《巴黎大区 2030》提出，面对三大挑战，规划应以空间布局和调整为核心进行战略性探讨，且需要提供涉及气候、能源、人口、经济、社会方面的应对策略。值得注意的是，SDRIF 不是一个单独的文件，而是由《区域愿景》《挑战、空间战略与目标》《规范性导则》《环境影响评价》《实施计划和工具》和《合集（附件）》六个文件组成的政策包。

4.《可持续发展的悉尼 2030》（Sustainable Sydney 2030）（2008）

进入 2000 年之后，在全球经济一体化发展和气候变化的大背景下，悉尼的发展也面临着新的挑战和瓶颈。当时悉尼面临的问题主要包括几个方面。首先是已有的和即将出现的各种发展矛盾。市区内急剧增加的居住人口和就业岗位，意味着城市建设用地、基础设施和服务行业需同步增长，而这些都可能使多种功能聚集的市中心不堪重负。其次，经济发展面临着来自澳大利亚本土及国际间城市的激烈竞争。第三，城市文化与品质亟待延续和提高。文化及教育机构对所在地区或周边地区的影响非常有限，而市区内高涨的房价使社会单一化、同质化的现象开始蔓延。第四，以汽车为主导的出行方式，在活动密集的城市中使各种社会和环境成本大大增加，且弱化了城市的功能（周祎旻、胡以志，2009）。如何应对背景环境转变的挑战和城市发展面临的种种问题，维持和提升悉尼在世界城市体系中的地位，成为悉尼当时亟待解决的问题（图 2-4）。

基于这些背景，悉尼市政府于 2008 年公布了新的城市战略规划《可持续发展的悉尼 2030 战略规划》（以下简称《悉尼 2030》）。新战略规划以从可持续发展为基本出发点，对悉尼市未来 20 年甚至更长远的发展进行了安排，具体包括悉尼未来发展方向的三大战略、城市转型的五项重要行动，使悉尼更具永续性的十大目标、十大策略指引和十大项目构思等五部分内容。

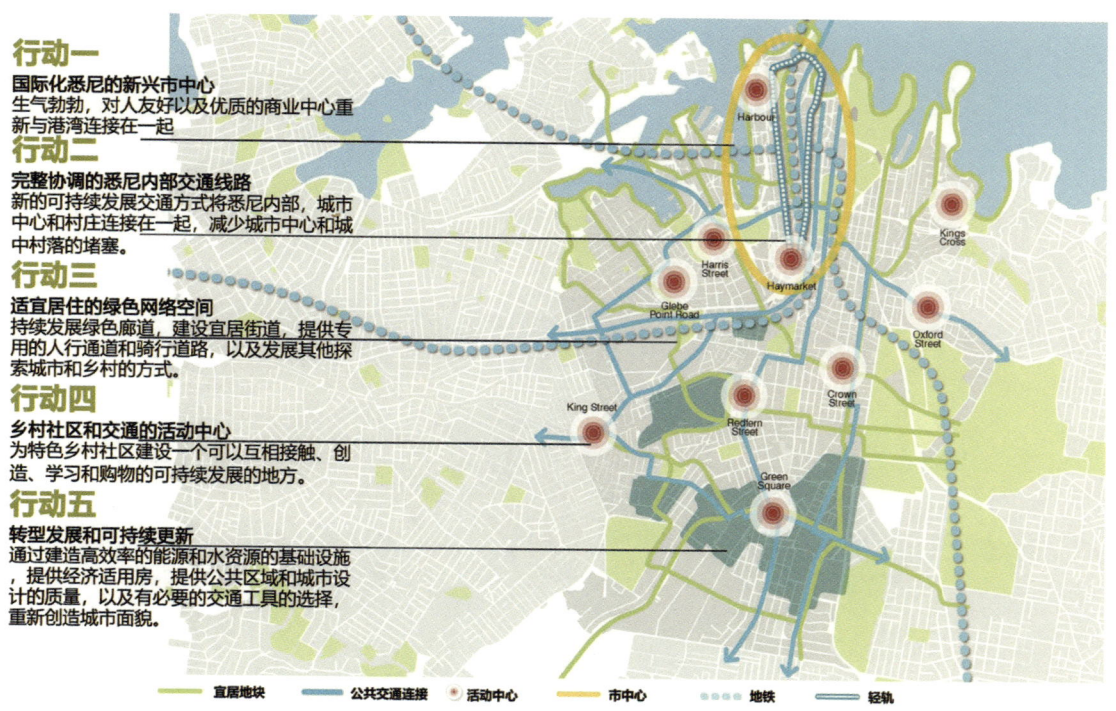

图 2-4 悉尼可持续发展重大行动示意图
资料来源：http://www.cityofsydney.nsw.gov.au/vision/sustainable-sydney-2030

5.《香港 2030：规划远景与策略》（2001）

策略规划在香港历史悠久，可追溯至 1948 年为第二次世界大战战后重建及针对从内地大量涌入的移民而制定的《亚拔高比报告书》。此后，又进行了五次编制，分别是 1970 年的《土地利用计划书》、1979 年的《香港发展纲略》、1984 年的《全港发展策略》、1986 年与 1988 年的《全港发展策略修订》、1996 年的《全港发展策略检讨》。早期的策略规划《土地利用计划书》和《香港发展纲略》提供粗略的规划方向，并未提出可量化的具体分析。《全港发展策略》的编制技术有了重要的突破，主要特点是采用系统工程方法还引入了先进的电脑模型技术，采用了"土地用途与运输优化模型"，以帮助制定发展方案，然后再以一套准则去评价各方案，从而选出最适合方案。《全港发展策略检讨》有两项重要的成就，一是增强了对环境因素的重视，将过去的"土地用途与运输"的二重关系改变为"土地用途、交通运输与环境"的三重关系；二是引入可持续发展的概念，并推动了一项名为《21 世纪可持续发展》的重要研究（图 2-5）。

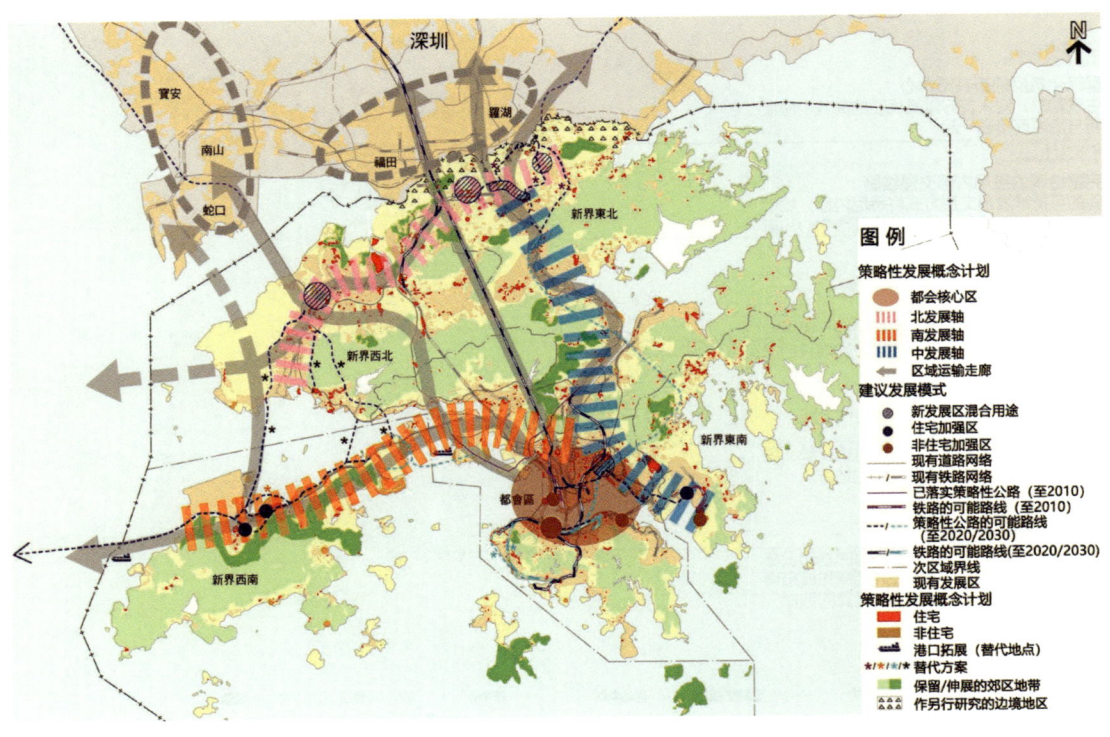

图 2-5 香港 2030 愿景发展示意
资料来源：https://www.pland.gov.hk/pland_en/p_study/comp_s/hk2030/chi/finalreport/

1997 年香港回归之后，全球宏观环境与香港的经济与社会结构都经历了重大变化。首先，新千年开始，香港的人口增长趋势逆转，由原来的快速增长变为增长放缓，对房屋需求的压力减少，同时人口老龄化带来新的挑战；其次，经济面临危机，金融风暴席卷亚洲，香港的经济实力经历了重大考验；第三，中国加入世界贸易组织，香港面临与内地市场更激烈的竞争；第四，中国旅游政策的放宽令内地来港游客数目剧增，香港与内地的跨界客货流增长，频繁的跨界活动对基建构成沉重的压力；第五，《中华人民共和国国民经济和社会发展第十一个五年规划纲要》出台为香港未来的角色带来了新思维，香港未来的定位需要放在国家背景中重新考虑。2003 年"非典型肺炎"的爆发也促使香港政府重新检讨城市设计与建筑设计，反思如何通过城市设计指引改善城市环境，建设更清洁、更卫生的香港。这些都对香港未来的城市发展和规划产生了重大的影响。因此，在全港发展策略进行新一轮探讨的基础上，香港于 2007 年推出《香港 2030：规划远景与策略研究》（以下简称《香港 2030》），目标是要制定一个发展框架，作为香港未来发展和策略性基础建设的指引，以契合未来二三十年的各种经济、社会与环境要求，使香港迈向更持续的发展，同时巩固香港作为亚洲国际都会和全球城市的地位。

2.2 国际战略规划的新特征

纵观纽约、伦敦、巴黎、悉尼和香港这五个城市的战略规划，虽然编制的背景和时间不尽相同，在具体内容上也各有侧重，但这些规划在大的思路与方向上有诸多相似之处，反映了国际层面城市战略规划新的趋势。

2.2.1 强调城市的健康、活力和全球竞争力的提升

这五个城市的战略规划无一例外地强调了对城市发展的健康与活力的重视，将提升城市的全球地位和全球竞争力作为一项重大的目标愿景（表2-2）。虽然城市经济的繁荣兴旺在各大城市的战略目标中仍占重要地位，并作为全球竞争力的重要支撑。但相对于传统的经济增长目标而言，这一时期战略规划的经济愿景，不管是在内涵还是在策略方面都更强调通过鼓励经济的多元。

《纽约2015》提出的首要目标是"保持增长繁荣兴旺的城市"，其内涵为"纽约市将成为世界上最有活力的城市经济体，家庭、企业和社区都可以得到蓬勃发展"。基于这一愿景，规划的核心战略之一就是通过支持高增长、高价值的产业来保持纽约全球创新中心的地位，并且提供能帮助小企业成功的环境，以支撑产业的培育和扩张，从而保持经济的持续增长。

《伦敦2011》将"成为全球城市中的典范"作为愿景，提出伦敦的经济发展目标主要是实现国内经济和人口的增长，满足国内发展需求。为了提升城市经济竞争力，增强国际竞争力，使经济成果惠及整个大伦敦地区，规划提出通过向各种产业提供适应其发展的产业环境来促进多样化经济的发展，继续鼓励传统产业如金融业、信息与通信技术等的发展的同时，利用丰富的研发与创新资源，不断推动新产业部门和新企业的持续增长和基于低碳经济发展目标的产业创新和政策创新。

作为法国经济中心的巴黎，同样也面临着如何增强其国际吸引力，保持欧洲和全球经济中心的地位。因此，在《巴黎大区2030》中明确提出"确保21世纪具有全球吸引力"的目标，面对经济危机和去工业化带来的挑战，通过进一步加强创新产业和知识经济来刺激经济活力，确保巴黎在2030年继续具有国际影响力。

《悉尼2030》的愿景之一是成为"全球化的悉尼"，成为一个具有全球竞争力和创新的城市。为了培育悉尼的全球竞争力和创新能力，规划提出鼓励中心区内新的区域中心的发展，创造新的经济与就业增长点，在中心区内培育高新产业和创意产业区，鼓励有高度竞争力和领先地位的行业在中心区内集中发展。

表 2-2　五个案例城市的目标愿景

规划	目标愿景	具体内涵
《纽约2015》	一个强大并公平的纽约：保持增长、繁荣兴旺的城市；公正与平等的城市；可持续的城市；韧性的城市；高效的政府	• 拥有包容、平等的经济体系，让所有的纽约市民都能有良好的工作机会和收入，以维持有尊严并安全的生活； • 全球最可持续的城市和应对气候变化的领导者； • 纽约的邻里、经济和公共服务将做好应对气候变化和其他 21 世纪可能发生的威胁的准备，并将变得更强大； • 致力于吸引多样化的劳动力并给予所有纽约市民平等的服务的政府
《伦敦2011》	全球城市中的典范，为所有人和企业家提供更多机会，达到最高的环境标准和最好的生活质量，成为 21 世纪全球应对城市挑战，尤其是应对气候变化方面方法最领先的城市	• 满足经济和人口增长需求的城市； • 具有国际竞争力的成功城市； • 拥有多样、强大、安全、便利的居住社区的城市； • 拥有愉悦体验和独特场所感的城市； • 在改善环境方面的国际领导者； • 便利、安全、舒适、每个市民都能享受就业、发展机遇和服务设施的城市
《悉尼2030》	绿色的悉尼；全球化的悉尼；网络化的悉尼	• 一个具有全球竞争力和创新的城市； • 全球环保方面的实践领袖； • 整合的交通体系； • 一个适合步行和骑行的城市； • 一个有活力和魅力的城市中心； • 活跃的地方社区和经济； • 一个文化和创意城市； • 为多样化的人口提供住房保障； • 可持续的发展、更新和设计； • 有效的治理和合作
《巴黎大区2030》	确保 21 世纪具有全球吸引力	• 都市区层面：提升经济活力、增强吸引力的交通系统、具有吸引力的生活设施、自然生态系统管理； • 地方层面：每年增加 70 000 套住房和 28 000 个新工作岗位；小汽车依赖性更低的生活；城市中的自然
《香港2030》	亚洲首要国际都会，享有类似北美洲的纽约和欧洲的伦敦那样重要的地位	• 提供优质生活环境，确保香港的发展按环境的可承载能力进行，美化城市景观和促进旧区重建； • 对于生态、地质、科学以及其他的自然环境加以保育，同时保护文物遗产；提升香港作为经济枢纽的功能； • 确保能适时提供充足的土地及基建配套，以发展房屋及社区设施，满足房屋及社区的需求； • 制定规划大纲，借以发展一个安全、高效率、合乎经济效益及符合环境原则的运输系统； • 推动艺术、文化及旅游业，使香港继续作为一个具备独特文化体验的世界级旅游目的地； • 加强与内地的联系，配合增长异常迅速的跨界活动

资料来源：课题组根据各城市的规划资料整理，https://onenyc.cityofnewyork.us/，https://www.london.gov.uk/what-we-do/planning/london-plan/current-london-plan，http://www.iau-idf.fr/en/paris-region/planning-paris-region/planning-the-ile-de-france-region-of-2030.html，http://www.cityofsydney.nsw.gov.au/vision/sustainable-sydney-2030，https://www.pland.gov.hk/pland_en/p_study/comp_s/hk2030/chi/finalreport/

《香港 2030》提出香港要成为亚洲国际都会，其中重要的策略就是强化香港作为经济枢纽的功能，提升经济竞争力。

2.2.2 关注可持续发展目标，气候变化、能源危机等成为关键议题

虽然经济竞争力和全球地位的提升是几大城市这一时期的重要目标，但这一目标在战略规划都被切实有效地整合进可持续发展的大框架之下，强调了经济与环境的协调，凸显了环境对提升城市竞争力重要影响。与此同时，受国际社会对气候变化和能源危机关注的影响，大部分战略规划都将气候变化和能源议题作为实现可持续发展的环境领域的主要议题。如从纽约战略规划来看，可持续发展作为规划的战略目标贯穿了从 2007 版、2011 版、2013 版和 2015 版纽约规划。《纽约 2015》以"可持续的城市"作为纽约未来愿景之一，其内涵是让纽约成为"世界上最具可持续性的大城市，全球应对气候变化的领先者"，具体的议题则落实到排放、能源、空气质量等多个方面；另一个愿景"韧性的城市"实际上也和可持续发展密切相关，要求纽约的邻里、经济和公共服务将做好应对气候变化和其他 21 世纪可能发生的威胁的准备，其关键议题涉及邻里社区的建设、建筑物的要求、基础设施建设以及海防等方面。

《伦敦 2011》在愿景中提出伦敦未来要达到最高的环境标准，成为 21 世纪全球应对城市挑战，尤其是应对气候变化方面最领先的城市。规划的主要理念之一是通过建立紧凑型城市达到对资源、能源的有效利用。对于保护城市生态环境，规划提出三个策略：通过"绿色城市"设计，鼓励绿化工程，增加城市绿地空间，来为城市"降温"，适应环境变化；通过"低碳城市"设计，应用分散化的能源网络和利用可再生能源来减少碳足迹，减缓气候变化；以及通过对自然环境和生物栖息地的强化保护，使城市充满活力、不断增长和实现多样化。在应对气候变化方面，规划将其作为战略议题之一，如何适应气候变化威胁成为规划的核心内容，为此规划针对适应气候变化和减缓气候变化、碳排放、可持续设计和建设、能源、废弃物管理、洪水灾害管理、城市绿网、水质量、废水处理等多个方面，分别从发展战略、规划决策和对下一层次地方发展框架（Local Development Framework, LDF）的指引三个层面提出了相应的措施，并与经济发展规划、交通规划等综合考虑。

《巴黎大区 2030》中也将气候变化和能源危机列为规划应对的三大挑战之一。规划将应对气候变化和能源问题作为所有政策和行动制定的基础原则，环境评价贯穿于规划的全程。除此之外，在空间层面，《巴黎大区 2030》非常重视开敞空间和绿色空间。在规划内容中，涉及生态绿色空间安排基本上都是强制性的禁止性规定。巴黎大区有 80% 的生态空

间，规划严格控制发展边界，强调绿色集约发展、生态廊道的连续性、生物多样性的保护、城市和自然空间的联系和农业空间的发展等。

《悉尼 2030》以可持续发展为总目标和基本出发点，这一点从战略规划的名称 Sustainable Sydney 2030 便可见一斑。规划提出未来三大战略的首要战略即为"绿色悉尼"，强调要将对环境的影响降到最低。规划认为全球变暖是未来悉尼必须直面的巨大挑战，规划确立了让悉尼未来更具可持续性的其中一个目标就是城市温室气体排放比 20 世纪 90 年代减少 50%，到 2050 年将减少 70% 等。为了实现这一目标，悉尼提出要建设"绿色转换系统（Green Transformer）网络"，通过收集废热发电来减少煤炭消耗和温室气体排放。规划认为在能源和交通等其他相应政策实施的配合下，建设绿色转换系统将减少一半的温室气体排放。到 2030 年，绿色转换系统网络将实现悉尼全市供电的全覆盖。规划悉尼未来发展的十大方向之一是要成为"全球可持续发展的领导者"，具体包括减少温室气体排放以缓解全球气候变化以及以更可持续的方式利用水、能源和废弃物。规划同时强调所有层级的政府、私人部门和社区在这一发展方向的执行方面都具有非常重要的作用（表 2-3）。

香港在发布《全港发展策略检讨》的时候首次引入可持续发展的概念，并引领了香港的"21 世纪可持续发展"研究，随后于 2003 年成立了"可持续发展委员会"，并公布香港首份可持续发展策略。《香港 2030》以可持续发展研究和策略为基础，提出香港 2030 研究必须贯彻可持续发展概念，致力均衡满足这一代和后代在社会、经济和环境方面的需求，从而提供更佳的生活质量，基于此进一步阐述了其"亚洲国际都会"愿景的内涵"并不只是为了经济增长或竞争力提升，而是追求真正的可持续发展模式，使香港成为亚洲城市的典范"。在此基础上，规划将可持续发展作为多方案比选的评估标准，从环境、经济、土地规划、社会、交通等方面构建多方案比选的评估框架。

2.2.3 强调社会公平与包容、关注生活品质，凸显人本主义的规划思路

这五个城市的战略规划从规划目标、战略到核心内容都体现了以人为本的指导思路。

一方面，这些规划大部分都非常关注社会目标，强调消除不平等和社会矛盾，构建一个多元、包容、让所有人都能得到平等的机会和服务的环境，并将此作为提升城市竞争力的重要方面。

《纽约 2015》进一步凸显了"公正、平等、包容"的社会目标，规划明确提出多样性是城市竞争力的重要因素之一，规划必须致力于维持纽约的多样性，加强这种多元、包容的社会环境。"关注不平等"成为规划编制的三大基本思路之一。因此，规划在愿景中提

表 2-4 《纽约 2015》愿景 2 及其议题与核心战略

愿景	议题	核心战略
公正与平等的城市	幼教	• 保育婴幼儿避免他们夭折； • 为所有 4 岁的儿童提供全天、高质量的、免费的幼前教育，确保所有纽约的儿童都有机会上小学，为以后的成功打下坚实的基础； • 为高质量的早教制定综合规划
	整合政府和社会部门的服务提供	• 将学校转变为社区学校； • 成立邻里健康中心，整合市立和私立的临床健康和心理健康服务； • 加强纽约公共服务热线（YC311）的数字化能力，让政府和社区服务和信息更易获得； • 提升城市内部的数据整合，以确保患者能在正确的时间得到正确的资源
	健康的邻里、有活力的生活	• 提升食物的可达性、可支付性和质量，鼓励建立可持续的、韧性的食物体系； • 创造能让所有年龄的纽约市民活动的环境； • 应对居家健康危险
	医疗保健的可达性	• 确保所有纽约市民都能得到高质量的基本医疗服务； • 将纽约市健康和医疗公司改成基于社区的预防治疗为中心的体系； • 在有高需求的社区设立健康诊所以提升基本健康服务的覆盖率； • 扩展精神健康和滥用药物的护理点，包括将行为健康服务整合到基础健康服务中； • 在医疗服务体系改革方面和纽约州合作
	刑事司法改革	• 减少犯罪和不必要的监禁； • 建立可持续的邻里交往，将公平作为减少犯罪的工具； • 使用数据导向的策略来提高刑事司法决策以及减少犯罪和不必要的监禁； • 确保所有家暴的受害人都能受到必要的服务和庇护
	道路安全零事故	• 继续实施"道路安全零事故"行动计划； • 用片区人行道安全行动计划来指导未来工程项目和实施休闲顺序； • 将危险的主干路改变为零事故的道路

资料来源：课题组根据《纽约 2015》内容整理

作为一项重大目标和愿景一起在规划的第一章中重点阐述，并提出其应为作为首要目标贯穿于所有的议题中（图 2-6）。规划致力于要为所有的伦敦人提供一个平等的生活机会，积极消除贫困和社会排斥问题，对健康不平等采取零容忍态度，为不同类别的人群提供足够的住房，提高居住区域的环境质量，确保每个伦敦人都能有工作、社交和其他的生活机会，得到有效充足的服务，获得健康的食品，有安全社区生活环境、便捷的文化设施等，满足日益增长的多元化的人群需要。

《巴黎大区 2030》将提升居民日常生活质量作为其在地区层面的规划目标。规划在地方层面的目标，包括每年新增的住宅数量、工作岗位数量、公交站点的数量等等。实际上，规划在具体目标的分解和空间战略的实施方面的落实都跟大区居民的日常生活密切相关，包括住宅、就业岗位、公共空间、交通网络、公共设施等方方面面。

《悉尼 2030》在其实现可持续发展的目标、策略和重大行动中的很多内容都和提高市民的生活质量密切相关。如使悉尼更具可持续性的目标中包括，"每个居民都可在步行 10 分钟时间内（800 米）走到新鲜食品市场、托儿所、保健服务和休闲、社交、学习和文化基础设施""每个居民可在步行 3 分钟时间内（250 米）走到畅通绿色通道，后者连接海港前滨、海港公园、摩尔和百年纪念公园或悉尼公园"。

《香港 2030》在"规划愿景与未来挑战"这一部分的一个重要的章节为"称心的生活环境"，提出《香港 2030》的愿景就是为香港市民争取"整体优质的生活"，规划提出优质的生活环境包括"一个绿色和清洁的环境、良好的美学观念、便捷的交通、空间感、提供多元化的选择、地方感、完善的城市基建和包容互爱的社会"几个方面，并针对各个方面提出了具体的改善和提升措施。

2.2.4　关注多元主体需求，重视规划的公共社会性和市民参与度

这五个战略规划的编制过程都非常重视多元社会需求和规划的社会参与性，采取了多种公众参与的方式，非常关注在城市中生活和工作的"人"的意见和需求。《纽约 2015》在编制的初期采取多种方式对不同的市民进行访谈，收集市民关于城市发展的意见和愿景的建议，在综合市民意见的基础上，制定规划的目标愿景和战略路径。

《伦敦 2011》从编制到实施反馈都鼓励不同利益主体积极参与，它是在 G.L.A（大伦敦市政府）与公众的交流互动中产生的。自 2009 年 10 月其草案公布到 2011 年 7 月正式出台，先后经历了两次为期 3 个月的公众咨询和独立专家小组的公众审核。政府对公众定期公布《早期修改意见》和《进一步修改意见》的反馈。此后，伦敦市长将规划文稿、公

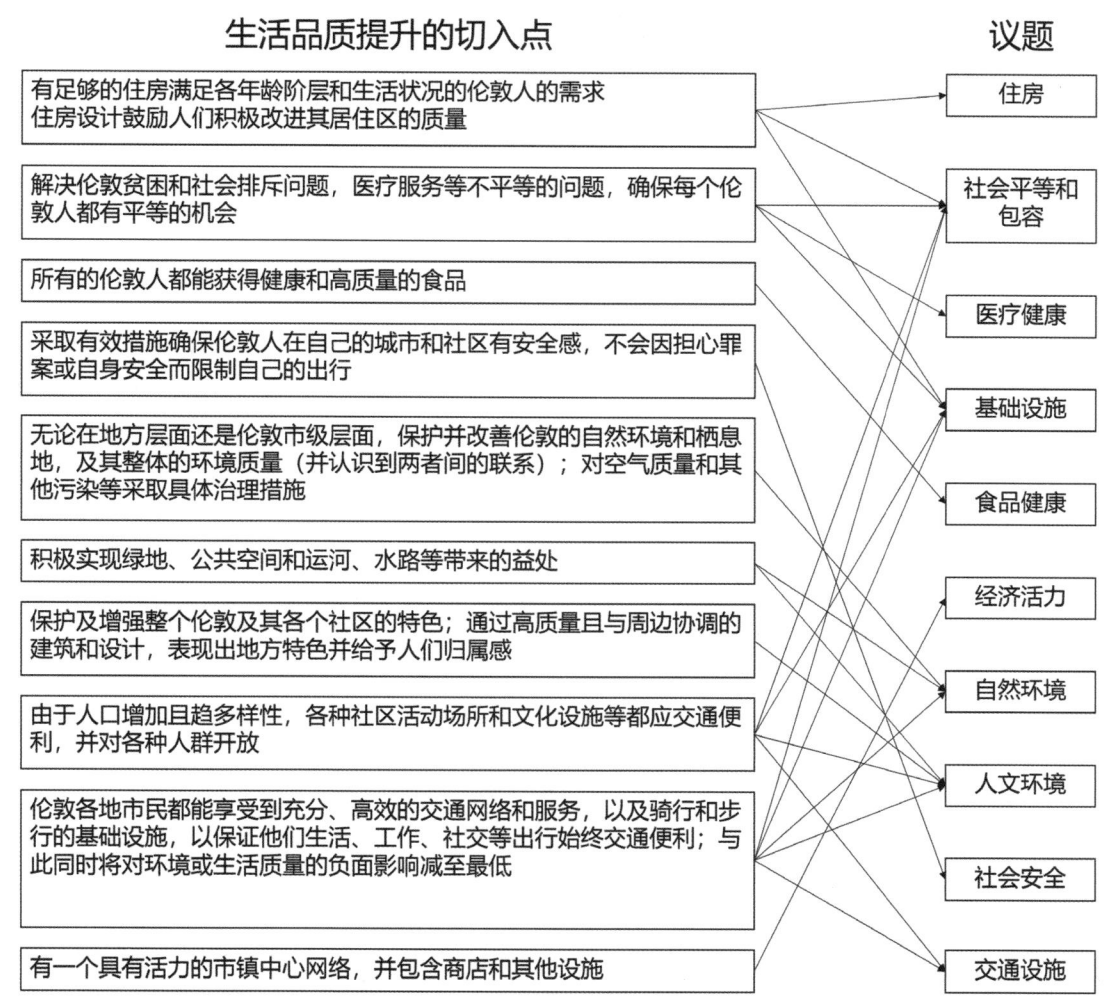

图 2-6 《伦敦 2011》生活品质提高切入点与议题的联系
资料来源：课题组根据《伦敦 2011》整理自绘

众意见、专家报告等移交国务大臣并由其决定规划的最后修改。各层级政府部门、公私组织及社会公众都参与、协作及监督伦敦规划的实施。例如，监测小组的成员主要来自地方政府机构、企业以及自愿者组织和社区、教育界、少数裔的代表。

《悉尼 2030》在编制的过程中广泛征询市区土著人和托雷斯海峡岛民社区的意见，专家整理并提炼民众的意见写入规划中。规划的草案也以多种渠道进行公示，使市民仍有提出意见和反馈的机会。同时，规划中也制订了政府与社会、市民组织之间开展伙伴合作关系的计划。规划编制者希望借助广大市民的想法拓展专家所掌握信息的深度和广度。市民在规划活动中处于参与的最高阶段，并拥有部分决定的权利。

《香港 2030》在编制初期，由香港特区政府中央政策组、规划署等部门分别牵头开展高校院所、企事业单位、议员、市民等各类群体的调研座谈，充分听取了各方意见建议。在编制过程中，香港特区政府各部门对《香港 2030》战略规划初稿进行审议，并提出修改完善意见。在编制后期，香港对全社会进行为期半年的公示征询，并举办一连串简报会、交流会、论坛、展览、专题讨论等公众参与活动。

2.2.5 重视规划的实施计划，强调规划的延续性和动态更新

这一时期战略规划的另一个重要的特征是重视规划的实施与监控，强调规划延续性和动态更新。

《纽约 2015》的制定是以《纽约 2007》和《纽约 2011》为基础的，规划延续前两版的基本思路和内容，同时《纽约 2015》还对 2011 版的可持续发展议题的实施进行了详细的回顾，并对 2011 版的目标的实现程度进行了评估。在规划的实施方面，《纽约 2015》在主体内容之后包含了一个非常详实的实施执行计划表，一方面对每一项愿景的每个战略议题都明确了远景和近期目标；另一方面对每个愿景的每一个战略议题之下的每一项具体的策略明确了指标、实施的牵头部门、是否政府资助、资金来源，以确保每项规划措施能够真正得到落实（表 2-5、表 2-6）。

《伦敦 2011》保持一贯的动态持续的实施、监测和反馈修正机制。其实施是多元参与和集体行动的成果，实施主体包括 G．L．A（大伦敦政府）组织、交通管理机构、伦敦开发机构、大都市政策机构以及伦敦的消防救灾规划机构等、各自治区政府和其他法定性机构及私人机构、社区及自愿者。它的规划实施过程具有严密的程序和法定性，除了伦敦政府出台系统性的相关规划法案外，规划本身在下一届政府任期也将根据合法程序进行必要的检讨，确保规划实施的承接性，凸显"政策优势"。伦敦市长作为规划的组织领导者，与许多机构和组织一起工作，深入参与社区生活，接受民众监督和倾听民众意见，确保规划实施的科学合理，凸显"智慧优势"和多元参与的"制度优势"。成立专门监督小组协调各机构工作，对规划进行整体性监控；建立全国性年度监测报告制度，定期对地方发展框架进行监测评估，并以年度审查报告的方式反馈伦敦战略规划的运行状态，凸显规划实施的"系统优势"。正是这种科学合理的区域规划实施 - 监督 - 反馈体系，促使《伦敦 2011》实现动态完善和更新。伦敦规划于 2011 年编制完成后分别在 2014 年和 2016 年根据伦敦发展环境的变化和政策实施的效果进行了更新。

表 2-5 《纽约 2015》中的部分战略指标与目标

愿景 1	战略 1	指标	目标	近期目标
保持增长、繁荣兴旺的城市	产业扩展与培育	城市中的工作岗位数量	到 2040 年达到 489.6 万	416.6 万
		创新型工作岗位的比例	到 2040 年达到 20%	15%
		中等家庭年收入	增长	52 250 美元

资料来源：课题组根据《纽约 2015》内容整理

表 2-6 《纽约 2015》的部分战略、行动与资金安排

愿景 1	战略1.1	策略	行动	机构	资金状况	资金来源
保持增长、繁荣兴旺的城市	产业扩展与培育	通过支持高增长、高价值的产业保持纽约作为全球创新中心的地位	保持和增加纽约传统经济部门	纽约城市规划部门和其他	维持现状的预算	—
			确保新兴经济部门都能找到其公司开始、成长和扩张的空间	纽约城市经济发展公司	计划中	—
		对基础设施和城市自有资产上进行三重底线投资，以获取经济、环境和社会回报	支持最先进、最高水准的食品生产和分销产业	纽约城市经济发展公司	有资金	城市资金
			激活城市的产业资产以创造更多的高质量的工作	纽约城市经济发展公司	有资金	城市资金
		构建小微商业能够成功的环境	通过"小微商业起步计划"减少小微商业的监管负担	纽约小商业服务部门	有资金	城市资金

资料来源：课题组根据《纽约 2015》内容整理

《巴黎大区 2030》包含了一套独立的实施计划和工具，在公共政策、治理结构、项目、监测和评价等方面为政策实施者提供了强有力的指导，能够帮助规划策略和抽象目标真正意义上在地落实。实施计划首先基于规划策略，从政策层面给出了具体的工具建议并确定了具体的项目清单、实施主体和可以遵循的流程；其次，对 14 个"大都市共同利益区"，确定每个区的整体发展目标和策略，同时提供相关项目的申报方式建议；最后，计划制订了详细的规划评价指标体系，确定了多方的评价主体，并且给出了规划成果的分享和传播方案（陈洋，2015）。

《悉尼 2030》则制定了十条策略指引作为行动框架，且为每一个指引制订全面而详细的实施计划。悉尼规划在 2015 年完成后，每年都会对规划实施状况进行总结和评估。

《香港 2030》秉承了前几次战略规划的思想，根据城市的发展环境、发展条件等因素的变化进行跟进和监察，对规划政策进行即时的监控、反馈和检讨，以把握城市发展脉搏和实效，并及时对发展策略作出修订。在城市规划过程中，接受公众和舆论的监督，建立完整的监测体系。同时，对城市规划的实施效果进行评价，动态调整和优化发展策略。

2.2.6 关注区域语境与区域统筹，重视区域对城市竞争力的支撑

这一时期的几个战略规划都对全球背景下区域和城市关系进行了重新审视，重视区域支撑对提升城市竞争力的重要作用。

《纽约 2015》相对于其前几版的一个重要的突破就是增加了区域语境。规划认识到，纽约城市繁荣与区域整体的繁荣之间重要的是互惠关系。纽约市的繁荣是区域繁荣的基础，而城市周边区域的发展壮大则更有利于提升纽约在美国以及全球的竞争力。规划编制过程中成立了区域领导协调机构，首次将纽约与周边新泽西州和康涅狄格州所有的市和县的执行官包括所有的市长和县长，共同商讨区域范畴内共同的挑战，如基础设施、住房、就业以及气候变化等。

《伦敦 2011》以整个大伦敦地区为规划对象，包括伦敦内城和外围 32 个自治区。规划将区域发展作为八个核心议题之一，将大伦敦地区划分为外伦敦、内伦敦和中心活动区三个层面。从区域层面识别出机遇性地区、强化开发地区和复兴地区三大类地区，通过强化中心和资源的紧凑化利用优化区域发展格局，提升整个大伦敦地区的核心竞争力。

巴黎大区包括以巴黎为中心的八个省，因此《巴黎大区 2030》作为非单一行政区的区域性的战略规划，本质上是一个区域层面的战略规划，特别关注区域内部利益主体之间的统筹协调。规划包括区域和地方两个层面。区域层面的目标就是要修正区域内的不平衡问题，

协调各市镇之间的发展。规划的基本原则之一是保证区内所有地区都对区域整体发展有所贡献，同时下面的城市所制订的规划必须为巴黎大区发展战略服务。为了更好地落实规划，《巴黎大区2030》划定14个"大都市共同利益区"，以此指导相关市镇通过签订协议的方式共同推进区域项目的落实。

《香港2030》是在历次香港策略规划中首次将区域统筹与一体化发展提升到目标战略层面。规划香港未来发展的三大策略方向之一就是要强化与内地的联系。《香港2030》中也首次将关注国家背景尤其是"十一五规划"的影响。在规划战略中将其与内地的联系作为重点关注的内容，强调要加强区域联系和国际联系。在"规划远景和未来挑战"部分特别包含一个"国家层面"的章节，详细分析香港与内地的在经济、社会等各方面的联系，通过对"大珠三角"、未来泛珠三角区域合作、《深圳2030》和《珠海2030》等的研究，重新定位香港的角色，认为香港是中国向世界展示的国际化都市，加强与内地省市尤其是珠三角的合作，推进与深圳、珠海和澳门等的一体化发展，承担好内地企业进军国际市场的跳板以及为全国提供国际化服务支援的重要角色。

参考文献

[1] 周祎旻, 胡以志. 城市中心区规划发展方向初探——以《悉尼 2030 战略规划》为例 [J]. 北京规划建设, 2009, (03): 103-108.

[2] Freestone R., Randolph R. & Butler-Bowdon C. Talking about Sydney: Population. Community and Culture in Contemporary Sydney [M]// Elton B., Building Sustainable Communities: Planning for Social Sustainability, Sydney: The University of New South Wales, 2000.

[3] 陈可石, 杨瑞, 钱云. 国内外比较视角下的我国城市中长期发展战略规划探索——以深圳 2030、香港 2030、纽约 2030、悉尼 2030 为例 [J]. 城市发展战略, 2013, (11): 33-40.

[4] 悉尼市政府. 可持续的悉尼：2030 远景 [EB/OL]. http:// www.Sydney2030.com.au/.

[5] 香港政府. 香港 2030：规划远景与策略 [EB/OL]. http:// www.info.gov.hk/hk2030.

[6] 纽约市政府 a. One NYC: The Plan for a Strong and Just City [EB/OL]，https://onenyc.cityofnewyork.us/

[7] 纽约市政府 b. [EB/OL] 纽约城市规划：更绿色、更美好的纽约（2007,2011），https://onenyc.cityofnewyork.us/

[8] 纽约市政府 c.PlaNYC: A Stronger, More Resilient New York (2013)[EB/OL]. https://onenyc.cityofnewyork.us/

[9] 伦敦市政府. The London Plan，2011[EB/OL]，https://www.london.gov.uk/what-we-do/planning/london-plan/current-london-plan.

[10] 巴黎大区政府. 巴黎大区战略规划（SDRIF：Le Schemadireteur de la Regional le-de-France）[EB/OL]，http://www.iau-idf.fr/en/paris-region/planning-paris-region/planning-the-ile-de-france-region-of-2030.html.

[11] 马祥军, 李朝阳. 香港 2030 年远景规划及启示 [J]. 规划师, 2009, (5): 67-72.

[12] 肖扬, 杜坤, 张泽. 全球城市视角下《香港 2030》城市发展战略解析 [J]. 国际城市规划, 2015, (30): 29-33.

第 3 章 新时期我国战略规划的背景转型与现实需求

3.1 经济社会背景的转型

经历了改革开放近 30 年的经济高速增长，2008 年以后我国经济增长速度放缓，步入战略转型期，综合改革全面深入，发展进入新常态。以互联网为代表的新一代信息技术变革不仅对产业经济，也对社会生活的方方面面带来了前所未有的冲击。城市规划的编制也需要积极应对时代的变革，引领经济社会的转型趋势并给出前瞻性的战略指导。

3.1.1 "新常态"引发对理性增长的思考

2007 年美国次贷危机爆发前约 20 年，尤其是 2002—2007 年是世界经济增长少见的高度乐观的"黄金时期"，除了日本等少数国家，各类经济体包括美欧发达国家、新兴经济体和发展中国家，大都实现了较高速的经济增长，中国经济的高速增长成为世界经济增长的强有力引擎。2008 年国际金融危机爆发后，虽然各国政府联手采取宏观经济手段刺激政策，但并未能迎来所期望的经济恢复和增长。到 2011 年左右，中国开始认识到，从过去的两位数高速经济增长，下行到 7%~8% 的速度，主要并非金融危机导致的周期性下滑现象，而是一种结构性减速，即中国经济的基本面发生了历史性的实质变化，已经进入了一个"新时代"或经济发展的新阶段（金碚，2015）。国家主席习近平在 2014 年考察河南的行程中指出："中国发展仍处于重要战略机遇期，我们要增强信心，从当前中国经济发展的阶段性特征出发，适应新常态，保持战略上的平常心。"在新常态下，中国经济增长速度从高速转向中高速，发展方式从规模速度型转向质量效率型，经济结构调整从增量扩能为主转向调整存量与做优增量并举，发展动力从主要依靠资源和低成本劳动力等要素转向创新驱动。与此同时，社会消费方式也发生变化，个性化、多样化消费渐成主流；基础设施互联、互通和一些新技术、新产品、新业态、新商业模式的投资机会大量涌现；我国低成本比较优势发生了转化，高水平引进来、大规模走出去正在同步发生；新兴产业、服务业、小微企业作用更凸显，生产小型化、智能化、专业化将成产业组织新特征；人口老龄化日趋严重，农业富余人口减少，要素规模驱动力减弱，经济增长将更多依靠人力资本质量和技术进步；市场竞争逐步转向质量型、差异化为主的竞争；环境承载能力已达到或接近上限，必须推动形成绿色低碳循环发展新方式；经济风险总体可控，但化解以高杠杆和泡沫化为主要特征的各类风险将持续一段时间；既要全面化解产能过剩，也要通过发挥市场机制作用探索未来产业发展方向（图 3-1）。

我国城市的发展也随着新常态的来临呈现新的趋势性转变特征。随着我国进入城镇化加速发展的中后阶段，我国城市发展的新常态主要呈现三大特征：降速、转型、多元；与之相应，城市规划则以回归正常、回归本源、回归理性这三个"回归"来适应城市发展的转变（杨保军、陈鹏，2015）。周岚等则提出新常态下城市规划面临着包括存量空间规划作为新重点、绿色生态规划作为新类型、行动规划作为新领域、乡村规划作为新天地等一系列的机遇与挑战（周岚、崔曙平，2016）。较为共识的是，以往以城市快速扩张为导向的战略规划将不再是主流，城市理性发展、存量优化、提质增效、民生普惠、生态环保、绿色低碳等问题已更多地出现在战略规划的议题中。

3.1.2 "互联网＋""工业 4.0"为代表的科技革命引发新一轮经济社会变革

近十年来，新一代信息技术和互联网迅猛发展。互联网在生产要素配置中发挥着重要的优化和集成作用，互联网的创新成果已经深度融入经济社会各领域之中，更广泛的以互联网为基础设施和实现工具的经济发展新形态也正在形成。"互联网＋"有跨界融合、创新驱动、重塑结构、尊重人性、开放生态和连接一切等六大特征，促进了以云计算、物联网、大数据为代表的新一代信息技术与现代制造业、生产性服务业的融合创新。"互联网＋制造"把设备、生产线、工厂、供应商、产品和客户紧密地联系在一起，制造业创新发展，制造技术、产品、模式、业态、组织等方面的创新将层出不穷，从技术创新到产品创新，到模式创新，

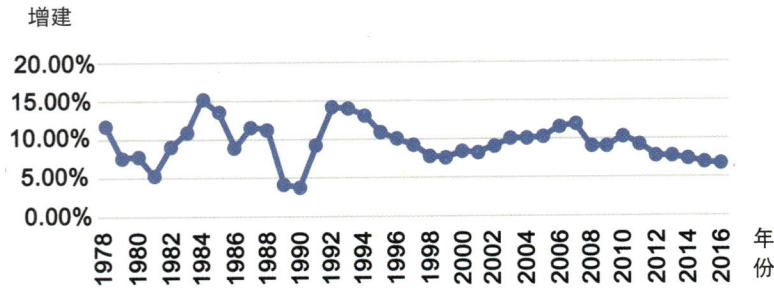

图 3-1 中国 GDP 增速变化情况（1978—2016 年）
数据来源：www.stats.gov.cn

再到业态创新，最后到组织创新，由此催生了"工业4.0"模式。德国联邦经济技术部和联邦教研部在2013年的汉诺威工业博览会上首次提出了"工业4.0"的概念，用以描绘继蒸汽机、规模化生产、电子信息技术之后的以智能化工业为目的的第四次工业产业革命（晏越，2016）。作为《德国2020高技术战略》中所提出的十大未来项目之一，德国"工业4.0"的核心就是利用信息通信技术把产品、机器、资源和人有机结合在一起，通过信息通信技术建立一个高度灵活的个性化和数字化的智能制造模式；旨在提升制造业的智能化水平，建立具有适应性、资源效率及基因工程学的智慧工厂，在商业流程及价值流程中整合客户及商业伙伴；其技术基础是网络实体系统及物联网（图3-2）。

从政府角度来看，"工业4.0"时代的到来是中国制造业转型升级重要的机遇，与中国工业化与信息化深度融合的战略不谋而合。2015年5月19日，国务院正式印发《中国制造2025》，全面推进实施制造强国战略，落实中国版"工业化4.0"路径，其总体思路是："坚持走中国特色新型工业化道路，以促进制造业创新发展为主题，以提质增效为中心，以加快新一代信息技术与制造业融合为主线，以推进智能制造为主攻方向，以满足经济社会发展和国防建设对重大技术装备的需求为目标，强化工业基础能力，提高综合集成水平，完善多层次多类型人才培养体系，促进产业转型升级，培育有中国特色的制造文化，实现制造业由大变强的历史跨越。"《中国制造2025》战略的提出必将对众多以制造业为支柱产业的城市产生重大影响，创新驱动、质量为先、绿色发展、人才为本的基本方针将促进城市产业结构加速转型升级，推动生产型制造向服务型制造转变。

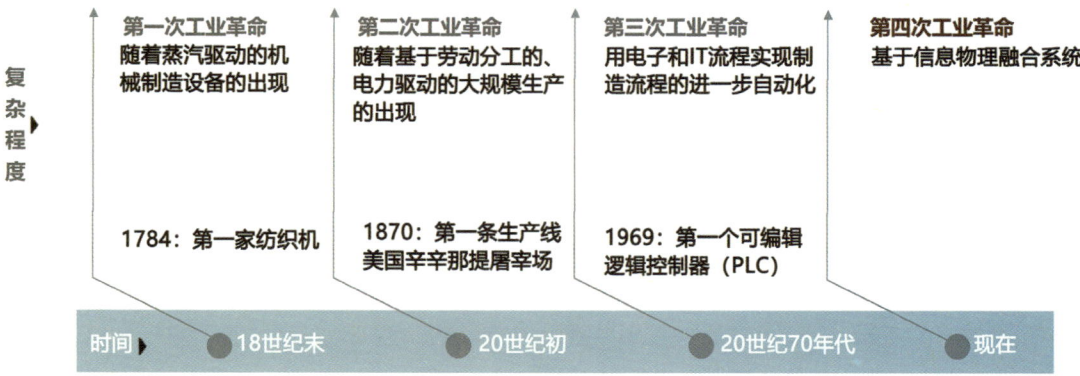

图3-2 工业革命的四个阶段
资料来源：德国人工智能研究中心，2011

3.2 国家宏观政策的转变

随着经济社会背景变化，国家宏观政策的战略重点也相应地发生转变。十八大以来，从"两个一百年"[1]、"四个全面"到"五位一体"，中央先后发布了一系列重要论断，作出了一系列战略部署。十九大明确提出新时代我国社会的主要矛盾已经转变为人民日益增长的美好生活需要和不平衡不充分的发展之间的矛盾，强调新时期要坚持新发展理念、以人民为中心，不断促进人的全面发展，实现全体人民共同富裕，为当前我国深化改革与转型发展确立了指导思想和构建完整的宏观政策框架。

3.2.1 强调"统筹兼顾"，全面树立"科学发展观"

"科学发展观"是我国新时期发展的核心思路。党的十六届三中全会首次明确提出了科学发展观的概念，强调要坚持以人为本，树立全面、协调、可持续的发展观，促进经济社会和人的全面发展。十七大报告明确指出"科学发展观第一要义是发展，核心是以人为本，基本要求是全面协调可持续，根本方法是统筹兼顾"。科学发展观的内涵涉及到政治、经济、文化和社会发展的方方面面，体现了人本性、整体性、协调性、可持续性等基本特征。人本性是科学发展观的本质特征，将人作为经济社会发展的本源、本体、核心，而发展的本质、目的、动力和标志是人的发展；整体性是指科学发展观注重社会各层面、各环节的整体进步，而不仅仅强调单方面的突进和发展；实现人的全面发展和社会的全面进步，就必然要求坚持统筹兼顾，注重协调发展，也就是其协调性；强调经济社会发展的可持续性，通过永续利用自然资源和可持续发展，达到社会经济与环境的协调平衡（吴敏艳，2015）。

十八大将科学发展观确立为党的指导思想。十九大进一步强调了对科学发展观的继承和发展，提出："发展是解决我国一切问题的基础和关键，而发展必须是科学发展，必须坚定不移贯彻创新、协调、绿色、开放、共享的发展理念，推动新型工业化、新型城镇化、农业现代化和信息化的同步发展。"

---

1. 中共十五大报告首次提出"两个一百年"奋斗目标，中共十八大报告再次重申：在中国共产党成立一百年时全面建成小康社会，在新中国成立一百年时建成富强民主文明和谐的社会主义现代化国家。

3.2.2 坚持"五位一体",重视生态文明建设

生态文明建设是中华民族永续发展的千年大计。十八大首次在"经济建设、政治建设、文化建设和社会建设"四位一体的基础上加入"生态文明建设"的内容,提出社会主义建设事业"五位一体"的总体布局。习总书记在各个场合多次强调生态文明体制改革和生态文明建设的重要性,强调要树立绿水青山就是金山银山的理念,以建设美丽中国为目标,正确处理人与自然的关系,协调保护与发展的矛盾。2015 年国务院先后发布了《关于加快推进生态文明建设的意见》和《生态文明体制改革总体方案》,对生态文明建设和体制改革的指导思想、目标任务、方针政策、具体措施等做了全面的安排。

十九大报告再次体现对生态文明的重视,将生态文明建设作为新时代中国特色社会主义建设基本方略之一,强调人与自然是生命共同体,新时期的建设要充分考虑人民对优美生态环境的需要,在促进发展的同时要为人民提供更多优质的生态产品。报告重申了坚持节约资源和保护环境上的基本国策,提出要实施最严格的生态保护制度,转变生产生活方式,倡导绿色低碳的发展道路,统筹生产、生活、生态空间,为人民创造良好的生产生活环境,形成人与自然的和谐发展的现代化建设新格局,保障国家的生态安全并为全球生态安全作出贡献。

3.2.3 突出"以人为本",走新型城镇化道路

十六大提出了新型城镇化的雏形—"走中国特色城镇化道路",十七大报告则将新型城镇化列入"新五化"范畴,代表我国城镇化建设步入一个新的阶段。2010 年 10 月,时任住建部副部长仇保兴提出六大转型推动"新型城镇化"建设,即从城市优先发展的城镇化转向城乡互补协调发展的城镇化、从高能耗的城镇化转向低能耗的城镇化、从数量增长型的城镇化转向质量提高型的城镇化、从高环境冲击型的城镇化转向低环境冲击型的城镇化、从放任式机动化的城镇化转向集约式机动化的城镇化、从少数人先富的城镇化转向社会和谐的城镇化(仇保兴,2012)。国家"十二五"规划纲要中进一步强调要"促进区域协调发展和城镇化健康发展",明确"坚持走中国特色城镇化道路,科学制定城镇化发展规划,促进城镇化健康发展"的要求。随后各省"十二五"规划纲要均提出以新型城镇化为指导,全面建设小康社会,新型城镇化开始全面指导全国城乡建设。"十八大"在肯定了新型城镇化的建设成果的基础上提出坚持走"中国特色新型工业化、信息化、城镇化、农业现代化"的新四化融合共进的道路。2013 年 12 月召开的中央城镇化工作会议中,习

近平总书记和李克强总理分别作了重要报告。会议强调中国城镇化发展的"稳中求进"、努力实现"人的城镇化"等方针。2014 年《国家新型城镇化规划(2014-2020 年)》正式发布，要求"紧紧围绕全面提高城镇化质量，加快转变城镇化发展方式，以人的城镇化为核心，有序推进农业转移人口市民化；以城市群为主体形态，推动大中小城市和小城镇协调发展；以综合承载能力为支撑，提升城市可持续发展水平；以体制机制创新为保障，通过改革释放城镇化发展潜力，走以人为本、四化同步、优化布局、生态文明、文化传承的中国特色新型城镇化道路"。

3.2.4 关注"乡村振兴"，加快促进城乡融合发展

"乡村振兴"成为新时期决胜全面建成小康社会的七大国家战略之一。新世纪以来，三农问题一直是中央政策关注的重点。从 2003 年至今，几乎每年的中央一号文件都聚焦于三农问题。从城乡一体化、城乡统筹、社会主义新农村建设、美丽乡村建设等，中央先后推出了一系列政策思路，对推动乡村的发展起了重要的作用。十九大再次强调要把三农问题作为全党工作的重中之重，提出要实施"乡村振兴"战略，确立了"产业兴旺、生态宜居、乡风文明、治理有效、生活富裕"的总要求，从发展机制体制、土地与产权制度改革、农业产业与经营模式、乡村治理等方面明确了乡村振兴的重点内容。十九大还首次正式提出了促进"城乡融合发展"的目标。相对于城乡统筹与城乡一体化的理念，城乡融合更加强调了在新型城镇化进程中城市与乡村发展有机互动和共融共生。乡村对城市和区域的价值得到了重新审视，更注重突出乡村的比较优势，激发乡村的主动性，构建乡村发展的内生机制，在保持乡村的独立、特色的基础上，加快促进城市和乡村的差异化融合发展。

3.2.5 提升"治理水平"，推进治理体系与治理能力现代化

十九大明确提出了推进国家治理体系和治理能力现代化建设的战略目标要求。城市治理体系和能力的现代化是国家治理体系和能力现代化建设的重要组成部分。治理现代化的重点是要理顺几大机制关系。首先是政府内部的体制关系，即包括不同层级政府之间的府际关系也包括不同政府部门机构之间的关系。在府际关系上，要形成不同层级政府之间良性互动关系，通过赋权增能释放基层政府的活力，提升基层政府的执行力。在部门机构层面，要进一步优化机构设置和职能配置，破除部门的体制壁垒，解决现实中"政出多门""九龙治水"等问题，使各部门之间的权责更加协同，实现各类资源之间的统筹配置和使用，

进一步实现各部门机构的高效运行和统筹协作。其次是政府与市场的关系。十八大以来，中央多次强调要正确认识政府与市场的关系，强调要简政放权，充分发挥市场在资源配置中的决定性作用，政府的主要任务在于对市场的充分激活和有效监管。第三是政府和社会的关系。治理现代化改革的一个重要方面就是要建设服务型政府，让全体人民共享改革发展的成果。一方面是要改善民生，完善公共服务和社会保障体系，提升社会保障水平，保障人民群众基本生活需求，满足人民日益增长的美好生活需要；另一方面要释放社会活力，创造多种民主形式，构建多元主体有效参与、共建共治共享的社会治理格局，发挥社会组织的作用，实现政府治理与社会调节、居民自治的良性互动，有效协调人民多方面、多层次的诉求，预防和化解社会矛盾，保障社会的公平公正。

3.2.6 倡导"一带一路"，形成全面对外开放的格局

21世纪第一个十年中期之后，随着世界经济格局的转变，全球经济增长的中心从发达国家向新兴经济体转移，发展中国家超越发达国家在全球经济增长贡献中占主要地位。中国在这其中的表现尤为突出，2010年成为第二大经济体，在全球的经济地位和影响力大幅度提高。伴随着世界经济格局的变化和新一轮的技术革命和产业转移，全球城市与区域关系也发生了转变。为了顺应国内外发展形势的转变，进一步提升我国城市和区域在全球城市和区域体系中的地位和竞争力，强化我国在国际社会中的综合影响力，近年来，我国国家战略重点也发生了重大转变。

中国强调要在全球经济发展中发挥重要的带动作用，在推动全球可持续发展中展现大国担当。2013年习近平总书记在访问中亚和东盟的时候先后提出了"丝绸之路经济带"和"21世纪海上丝绸之路"的"一带一路"倡议，强调相关各国要打造互利共赢的"利益共同体"和共同发展繁荣的"命运共同体"。2015年3月28日，国家发展改革委、外交部、商务部联合发布"推动共建丝绸之路经济带和21世纪海上丝绸之路的愿景与行动"。"一带一路"成为促进全球经济发展的中国方案，也是我国推进国际合作的国家倡议。"一带一路"的倡议为中国及其沿线国家的发展与合作创造了前所未有的新机遇，实现了区域资本与要素的自由流动，充分挖掘和释放了沿线国家的经济发展和国际合作的潜能，也为我国产业转移和经济转型提供了机会。"一带一路"的实施改变了中国对外开放的格局，从面对环太平洋和欧美发达国家的沿海开放格局转向面对东南亚、南亚次大陆和中亚地区的开放，这一多向开放格局的建构使得国内沿海开放中心南移，南海地区战略地位显著提升；西南、西北等内陆地区也面临全面开发开放；同时进一步推动海陆统筹，促进海铁联运、

江海联运通道的建设，最终带动国家腹心地区的整体开发和各级转运枢纽的建设（杨保军等，2015）。实际上，21世纪第一个十年中后期以来国家战略重点已经开始逐步从东南沿海发达地区更多地转向南部沿海及西南、西北等内陆地区，并由此催生了新的一批国家新区、城镇群和经济带等的涌现，以推进区域均衡发展和适应对外经济开放格局转变的需求。

3.3 规划形势的变革

城乡规划是引导城乡发展建设的总体纲领和基本依据，在新时期治国理政中承担着重要使命。发展环境和宏观政策的转变也相应地带来了规划形势的变革，规划的价值取向、内涵导向、编制体系、职能属性以及技术方法等发生了不同程度的转变。

3.3.1 规划价值取向的转变

规划主体价值观从经济增长、城市拓展、效率优先的发展观转变为理性增长、可持续发展和以人为本的科学发展观。理性增长顺应了科学合理的发展速度，从强调经济增长转为强调价值增进，关注生态平衡、社会和谐等多元目标；可持续发展理念强调经济社会的永续发展，并关注发展与环境、资源、生态的平衡协调；以人为本理念强调规划的关注点要从"物质空间"转向"人的需求"，以人的全面发展为最终目标，宜居、绿色、低碳、文化等理念贯穿始终。这种以人为本的规划价值取向在规划方法上表现为更加注重细节，注重亲民，逐步实现公众全过程的参与。与此同时，"以人为本"的理念还促使规划视角从宏观单一转为人性多元，不再宏大叙事般地"鸟瞰"城市，转而从置身其中"人"的视角多维度观察和理解城市，包括与生活模式紧密结合的生态视角、基于个体空间体验的生活视角、适应精细化管理的微观视角等新视角（杨保军等，2014）。

3.3.2 规划内涵导向的变化

规划内涵由外延发展型规划转变为内生增长型规划。随着城市的快速扩张，自然生态空间不断被蚕食，土地资源也日益紧张。1990年中国的城市建成区面积为1.22万平方公里，2010年全国城市建成区面积为1990年的两倍以上，其中68.7%的城市扩张面积来自耕地。近年来，各地建设用地紧缺现象频发，"地荒"成为各地政府的心头大患。土地资源的紧张使国家不断加强对耕地资源约束，推动了城乡规划从开发扩展型向紧凑集约的内生增长型转变。传统的以开发扩张为主导的城乡发展理念已经难以为继，城市无序蔓延、土地资源严重紧缺、城市周边自然生态空间日益被侵蚀的格局等，都迫切要求对传统规划理念实行变革（张京祥，2013）。在各地建设用地短缺的情况下，规划走向对增量的严控与对减量的关注，同时注重空间的存量优化和调整，从传统的"以需定供"转向"以供调需"，探索"非扩张型"的建设用地规模调控思路（石爱华，2011）。

3.3.3 规划编制体系的变革

当前的规划编制体系正处于变革的过程中，以"多规合一"为基础的空间规划体系模式正在探索中。发展模式的转型、生态文明建设、治理现代化改革等这些现实环境的变化推动了规划体系和模式的变革。同时，现实中多个部门都有空间层面的规划，这些规划在编制技术、目标和政策等方面都存在着诸多差异与矛盾，包括规划编制中基础数据不统一、规模与布局不统一、空间管控分区混乱等。这些规划的实施导致空间发展中的"政出多门""九龙治水"的困境，带来空间资源浪费、生态安全冲突、项目落地困难等问题。面对转型发展要求和现实矛盾的挑战，从党的十八大、中央城镇化工作会议、中央城市工作会议到党的十九大，中央一直强调要推进规划体制的改革，形成统一衔接、功能互补、相互协调的规划体系。规划体系模式变革的重点是要推动"多规合一"，建立统一的"空间规划体系"，使规划成为统筹各类空间发展需求和优化资源配置的平台。各部门也纷纷开展"多规合一"和空间规划的试点探索。"多规合一"的重点在于通过"五定"（定性、定量、定形、定界、定策），实现"五统"（统一发展目标、统一技术指标、统一空间坐标、统一图例标准、统一实施平台）。"多规合一"的核心内容可以总结为"底线管控＋战略引领＋空间布局＋实施策略"，以多规分析、差异比对为基础，以长远战略规划为引领，划定"三线三区"，完善近期建设项目库，建立规划信息管理平台，完善多规协调的体制机制，形成"一本规划、一张蓝图、一个平台、一张表、一套机制"的规划成果。"多规合一"是建立统一空间规划体系重要的基础，空间规划体系改革最终的目标是要实现国土空间发展的格局优化和有效管控，建立完善的空间治理体系，解决现实中规划交叉打架、项目落地难落地慢的问题，确保一张蓝图干到底。

3.3.4 规划职能属性的转变

规划在职能属性上逐步由传统的技术性文件向公共政策转变。随着国家发展理念和战略重点的转变，规划价值主体从效率优先、增长优先转为社会公平优先，使城乡规划从技术工具走向公共政策成为必然转变。2008年1月1日起施行的《城乡规划法》，进一步把规划编制的法定程序总结为"政府组织、部门合作、专家领衔、公众参与、科学决策、依法实施"24字方针，对城乡规划的制定过程进行约束，对各级规划的政府责任和规划职能进行规范，明确了城乡规划作为公共政策所具有的严格的法定性和相应的法律效应，从制度层面确定了城乡规划由单纯的技术规范转向公共政策。

3.3.5 规划技术方法的革新

科学技术的发展也使得规划技术手段产生了历史性的变革。云技术、大数据、物联网等一系列信息技术的迅猛发展，信息网络与城市规划的联系也越来越紧密，越来越多的新技术被应用到城乡规划领域，既有规划编制中计量模型的应用如大数据、物理模拟与行为仿真技术等等，也有规划管理手法如智慧城市、规划信息化与系统集成等。如得益于大数据分析技术的提升、共享现象的广泛应用，城乡规划的编制实现了从"小样本分析"到"海量呈现"，从"滞后化"到"实时化"，从"人工化"到"智能化"，从"分散化"到"协同化"等多维转变的可能（叶宇等，2014）。

3.4 转型背景下战略规划编制的现实需求

战略规划目前虽然还未纳入法定规划体系，但在城市发展的导向和指引上起着不可或缺的作用，也是城市总体规划编制的重要基础。上述一系列现实变化在推动城市规划变革的同时，当然也对战略规划提出了新的要求，详述如下。

3.4.1 落实国家战略的转变

传统战略规划的出发点多以城市发展问题、现状条件为主，虽然外部条件的分析并不缺失，但是针对性不够强。近年来越来越多的战略规划意识到国家语境的重要性，将城市置于国家区域战略中寻找定位，加强对外部条件的分析和利用。战略规划应该首先从全球视野研判国家的中长期趋势，对于城市而言，要以目标导向为核心，突出目标愿景、发展阶段与实施路径的重要性。由于城市自身的政治属性，城市首先是国家的城市，特别是对于国家和区域的中心城市而言，其发展战略必然与国家发展环境、国家发展基础和国家政治需要、国家发展目标紧密相连（白少飞，2015）。因此，发展战略规划越来越重视对国家战略转变的应对和利用。一方面，国家战略转型往往成为战略规划编制的背景；另一方面，战略规划在内容上重视对国家以及大的区域战略的分析，并针对战略要求作出相应的规划应对，充分利用政策转变带来的机遇和政策红利。国家战略重点的改变必然会给战略规划带来新的要求。战略规划在区域地位、城市职能、联运网络、产业结构等方面规划将首先考量"一带一路"国际战略和新的区域战略格局为城市及城市群发展带来的全新影响和机遇。

3.4.2 满足可持续发展的要求

为应对全球气候变化及生态危机，低碳发展、生态发展的意识和行动正在全球广泛展开。Peter Hall（2008）将城市规划归纳为三个时期：物质规划时期，科学化、定量化、模拟化时期，和关注全球气候变化时期。他认为前两个时期都已经过去，在第三个时期，生态导向的城市规划理论和方法将成为重要的课题领域。从我国现实来看，过去一段时期城市快速发展给资源和环境带来严重的压力，发展与保护的矛盾成为大多数城市当前急需解决的问题。新时期以来，转型发展、绿色经济和生态文明建设也成为当前的政策重点。因此，可持续发展成为战略规划编制的重要议题，出于资源环境约束的问题导向型的战略研究也成了战略规划中的重点内容。城市战略规划也需要适应可持续发展需求的要求，加强对城市的生态环境容量、空间形态的生态边界、空间增长的强度密度等方面的关注力度（周岚、于春，2011）。

3.4.3 关注人本需求的导向

新型城镇化"以人为核心"的理念将切实改变以往人口市民化滞后于土地城镇化的状况，圈地式的盲目扩张将受到政策的强力遏制，中国的城镇化速度将更趋于健康、理性，城镇化质量的提升和结构的优化将成为战略规划聚焦的议题（杨保军、陈鹏，2015）。前一阶段我国城市战略规划积极构建产业体系、拉大城市空间框架、建设大型基础设施、为城市发展描绘宏伟的蓝图，但随着我国经济社会发展步入新的阶段，城市建设需要满足人民日益增长的美好生活需要，城市战略规划的立足点将转向以人为中心，强调人的情感满足和人与人之间的和谐关系，提升城市居民的地方识别感和归属感。在"以人为中心，促进人的全面发展"的目标引导下，提升城乡品质、改善生活环境、关注人的需求将成为战略规划的关注的重点。一系列以提升城乡品质为核心目标的内容将在战略规划中出现。在"以人为本"理念引导下，对城市中重要战略板块和通道的价值判断也发生了重大转变，不再单纯以经济绩效进行考量，而是从提升城乡品质、改善人居环境的角度出发，来开展前瞻性的规划研究，进而通过高质量的开发和保护，赋予战略性空间以高品质的公共服务价值，提升城乡宜居的水平。

3.4.4 顺应现代技术革新的变化

信息通信技术快速发展及其在经济社会领域的广泛应用影响着人们的生活、工作与休闲方式，移动政务和移动商务的发展，空间流动性加强促使了远程工作、远程通勤等的产生，一个全新的移动社会发展开始出现并在迅速形成。这一新技术背景下为城市发展战略研究带来了新的机遇和挑战，城市内各种传感器、摄像头的安装以及微博、微信等社交网站的普及，产生了大量数据，为观察城市、分析城市和研究城市提供了新的研究平台。在大数据背景下，在城市发展战略的规划研究中，传统的以统计年鉴、社会调查问卷、深入访谈等获取数据的手段逐步转变为以手机信令数据等网络信息数据抓取以及诸如 GPS、GIS、手机信令数据等的新空间位置数据挖掘为主。大数据技术手段也推动了更多的新技术在战略分析中的应用，如人工智能推演、交通模拟等，促进了城市发展战略研究的创新。

3.4.5 协调多元利益主体的诉求

战略规划是地方政府在经济社会转型时期面对市场化、全球化导致的激烈竞争环境而作出的积极反应，将发展战略、空间规划、城市经营融合在一起。战略规划编制的过程在一定程度上同时也是地方治理的过程。一方面，从外部空间来看，随着全球化和空间扁平化的推进，城市区位条件的可选择度不断变广，区域之间的联系和要素流动变得便捷、高效和廉价，城市个体发展机会越来越均衡，城市间的比较优势为城市群体的综合竞争优势所取代，战略规划因而也从关注单个城市竞争力转向关注区域协同，通过协调多元利益主体的需求实现区域的协同发展。另一方面，从内部空间来看，这种协调多元利益主体诉求还体现在协调多元主体之间的公共利益与公共资源的分配，缩小贫富差距、维护环境公正、构建和谐社会等方面，更加体现"公平和正义"的价值取向。因此，未来城市战略规划的核心是协调与合作，需要积极识别和动员对城市发展具有重要作用的利益相关者和知识相关者，协调和整合他们的利益，促使他们为促进城市发展而主动参与集体行动；同时通过明确城市在区域发展中的地位和作用，协调城市和区域的关系，促进与其他城市的协调与合作（朱介鸣，2012）。

3.4.6 适应未来城市的趋势特征

经济社会的发展、理念和技术的进步将改变人类的生产和生活方式，并进一步影响未来城市的空间特征。物联网、共享经济等新的理念将改变传统的社区与城市空间组织模式；人工智能、新能源、量子技术等科技进步将成为未来城市建设的强大引擎；无人驾驶、地下物流、智慧街道、立体绿化等新的技术应用将使未来城市更高效、更宜居、更安全、更智慧。新事物的出现往往快于我们的想象，战略规划作为对城市发展进行长期远景谋划的规划类别，比其他规划更需要关注未来城市发展的趋势特征，以更合理地引导城市的发展。

参考文献

[1] 白少飞. 城市变迁的发展战略研究——兼析北京"十三五"规划的问题意识[J]. 城市发展研究, 2015, 22（5）: 1-5.

[2] 杜坤, 田莉. 基于全球城市视角的城市更新与复兴: 来自伦敦的启示[J]. 国际城市规划. 2015, 30（4）: 41-45.

[3] 金浩然等,. 国内外城市转型的研究进展及展望[J]. 世界地理研究, 2016, 25（6）:48-56.

[4] 金碚. 中国经济发展新常态研究[J]. 中国工业经济. 2015, 322（1）: 5-18.

[5] 陆大道, 陈明星. 关于"国家新型城镇化规划（2014-2020）"编制大背景的几点认识[J]. 地理学报, 2015, 70（2）: 179-185.

[6] 仇保兴. 新型城镇化: 从概念到行动[J]. 行政管理改革, 2012（11）: 11-18.

[7] 石爱华, 范钟铭. 从"增量扩张"转向"存量挖潜"的建设用地规模调控[J]. 城市规划, 2011, 35（8）: 88-90.

[8] 唐子来. 城市转型规划与机制: 国际经验思考[J]. 国际城市规划. 2013, 28（6）: 1-5.

[9] 王德等. 东京城市转型发展与规划应对[J]. 国际城市规划., 2013, 28（6）: 6-12.

[10] 王兰. 纽约城市转型发展与多元规划[J]. 国际城市规划. 2013, 28（6）: 19-24.

[11] 吴敏艳. 科学发展观指导下我国城市规划决策改进研究[D]. 湖南大学, 2015.

[12.] 晏越. "德国工业4.0"与"中国制造2025"综述[J]. 科技风. 2016（8）: 185-186.

[13] 杨保军等. "一带一路"的战略空间响应[J]. 城市规划学刊. 2015（2）: 6-23.

[14] 杨保军等. 转型中的城乡规划——从《国家新型城镇化规划》谈起[J]. 城市规划. 2014, 38（2）: 67-76.

[15] 杨保军, 陈鹏. 新常态下城市规划的传承与变革[J]. 城市规划. 2015, 39（11）: 9-15.

[16] 杨辰等. 巴黎全球城市战略的中的文化维度[J]. 国际城市规划. 2015, 30（4）:24-28.

[17] 姚士谋, 等. 我国特大城市协调性发展的创新模式探究[J]. 人文地理, 2014, 127（5）: 48-53.

[18] 袁牧, 秦芳. "一带一路"战略背景下中国城市和城乡规划的未来[J]. 规划师. 2016, 32（2）: 5-10.

[19] 叶宇, 等. 大数据时代的城市规划响应[J]. 规划师. 2014, 30（8）: 5-11.

[20] 郑德高, 孙娟. 基于竞争力与可持续发展法则的武汉2049发展战略[J]. 城市规划学刊, 2014(2), 40-50.

[21] 周岚, 崔曙平. 新常态下城市规划的新空间[J]. 规划研究. 2016, 40（4）: 9-14.

[22] 周岚, 于春. 低碳时代生态导向的城市规划变革. 国际城市规划[J]. 2011, 26(1):5-11.

[23] 朱介鸣. 城市发展战略规划中的发展机制—政府推动城市的新加坡经验[J]. 城市规划学刊, 2012(4:): 22-27.

[24] 邹军, 朱杰. 经济转型和新型城市化背景下的城市规划应对[J]. 城市规划. 2011, 35(2):9-10.

PRACTICE CHAPTER
实践篇

在理论研究的基础上，基于新时期各方面背景的转型对战略规划的要求，本书的实践篇分别从国家战略转变、可持续发展需求、以人文导向和规划技术革新四个角度，重点介绍这一时期上海同济城市规划设计研究院编制完成的且在这些方面具有典型代表的战略规划实践。

在应对国家区域战略转变的案例中，"福州新区 2049 总体发展概念规划"正是基于福州新区被确立为第 14 个国家级新区这一重大区域发展政策而编制的。《哈尔滨新区总体规划（2016-2030）》编制也是基于哈尔滨新区的确立，核心任务就是要准确有效落实国家战略下对俄全面合作的重大任务，打造对俄合作中心城市，带动东北区域的全面振兴。

在满足可持续发展需求的案例中，《南昌大都市区规划》面临着协调好大湖地区的生态保护与发展的关系，如何确定城市增长边界和流域环境共治的挑战；""奎-独-乌"地区空间协调发展规划"的对象区域是新疆最大的石化基地，多年来重化产业的持续扩大对生态环境尤其是大气环境造成严重的污染，应对环境问题，实现可持续转型是这个规划的核心任务之一。"武汉长江新城概念规划"的核心任务之一是将长江新城打造成可持续未来城市发展模式的示范。

在关注人本需求的案例中，"湖北城镇化与城镇发展战略研究"从人本需求的角度研究城镇化战略，关注"人的城镇化"路径和需求，体现了我国战略规划在"以人为本"原则指导下规划思路和方法的改变。"辉县市城乡总体规划"则体现了关注市民日常需求的城市空间品质提升战略。

在技术方法革新的案例中，"南昌大都市区规划"和"荆州城市空间发展战略规划"从不同的角度反映了新技术手段在战略规划中的应用。这些战略规划从发展理念、规划内容和技术手段等方面较之前期的战略规划都有所创新，也从实践的角度反映了战略规划在应对现实变化中所做出的新尝试和新变化。

第 4 章　国家战略转变下的思考与应对

4.1　国家战略的调整与战略节点空间的转变

我国由于地域与历史原因，区域经济的发展长期存在不均衡状态。建国以来，我国区域发展战略经历了"均衡—不均衡—协调"三个调整阶段，每个阶段面对的核心问题和指导思想都因国内外形势的变化而变化，各时期的战略节点空间类型亦多样，所承载的国家使命亦适时调整。

4.1.1　以东北和中西部城市为战略节点的均衡发展阶段（1949—1978）

建国后至改革开放以前为东中西部相对均衡的发展时期。当时，基于国际战争形势的估计，国家以国防安全为中心，推行区域均衡发展战略，促进生产力均衡布局，以中西部和东北部为主建设国家重要的工业基地。如 1949—1957 年，在基本建设投资总额中，沿海和内地占 46.7% 和 53.3%，而在 1965—1971 年的"三线"建设时期，内地更成为投资重点，投资额达到 611.5 亿元，是沿海的 2.16 倍（姚鹏等，2015）。这一时期重点投资建设的战略节点空间主要是东北地区和中西部城市，形成了以沈阳、长春、哈尔滨等城市为代表的东北老工业基地，以及重庆、昆明、成都、西安、贵阳、兰州等十几个"三线"时期兴起的西部工业基地。

4.1.2　以经济特区和开发区为战略节点的非均衡发展阶段（1978—2005）

不考虑区域发展基础的均衡发展战略虽然有利于生产力的区域均衡布局，但是不利于经济发展水平的提升。1978 年，邓小平先后提出"先富""共富""两个大局"的理论和指导思想，确立以经济发展为中心的区域发展战略。

非均衡发展阶段的核心思路是通过"先富"带动"共富"，其中，以非均衡的区域政策带来的"先富"是路径和手段，均衡带来的"共富"才是国家区域发展战略的最终目标。在这种思路的主导下，该时期的国家战略经历了两个调整深化的过程。

首先是 1979—1990 年，以经济特区为龙头的发展阶段，主要发展集中在沿海地区。这一时期，发展和投资重点主要集中在东部沿海：国家相继设立了深圳等 4 大特区、14 个沿海开放城市、14 个国家经济技术开发区等一系列重要开发节点，通过提供税收及政策优惠和中央放权让利等形式推动这些重要节点率先发展，逐步推动了东部沿海地区的区域开发（齐元静等，2016）。沿海地区的经济获得迅猛发展，长江三角洲、珠江三角洲成为国家核心增长极，并建立起闽南厦漳泉三角地区、山东半岛和辽东半岛等涉及 7 个省、直辖市的沿海经济开放区。

其次是 1991—2005 年，以开发区为主导的自东向西推广与东部沿海开放深化阶段。由于改革开放经过十多年的快速发展，面临着如何深化东部沿海地区的开放，以及解决日益扩大的东中西部发展差距这两大问题。"先富"的战略目标基本实现，已经到推进"共富"的时机了。于是，通过设立各类开发区推进沿海地区进一步开放，并在中西部内陆地区推广沿海经验，带动中西部发展，缩小不均衡发展带来的日渐加剧的区域差距成为这一时期的区域政策重点。以上海浦东新区开发为标志，国家相继设定 13 个国家级保税区、35 个国家级经济技术开发区、53 个国家级高新技术产业区以及 14 个国家级边境经济合作区等。同时，国家相继推出西部大开发、中部崛起和东北老工业基地振兴战略，逐步形成东中西和东北地区共同发展的区域发展格局。

4.1.3 以国家新区和国家综合配套改革试验区等为战略节点的协调发展阶段（2006 年至今）

从改革开放至 2005 年，我国经济建设取得的成效举世瞩目。然而，经过近 30 年的发展和积累，日益拉大的区域发展差距也引起了国家重视，国家也因此而提出四大板块的发展战略，但是区域发展失衡的问题很难得到快速而有效的解决。同时，国家对内面临着经济发展方式转变、生态保护和新型城镇化的新任务，对外面临参与国际竞争与合作的挑战。在这种背景下，国家战略走进新的协调发展阶段。

协调发展阶段的核心理念是生态文明和区域治理，国家战略在四大区域为地域框架的基础上，先后以"经济发展带"战略，包括"一带一路""长江经济带""京津冀协同发展"等，形成当前阶段区域发展战略的总体框架，即"四大区域 + 经济支撑带 + 陆海统筹"，从扩大内需和对外开放两个维度丰富了区域发展总体战略，拓展区域发展总体战略的空间感和层次性，形成东西联动、全面开放、区域协同、陆海统筹的新型区域发展总体战略格局。十九大报告中，更是明确提出要实施区域协调发展战略。因此，未来应将坚持创新驱动区

第 4 章 国家战略转变下的思考与应对

域发展和大力促进区域信息化,实施东西并重,内外联动的全方位开放战略,进一步完善区域补偿政策,逐步缩小地区差距,实现区域协调发展。

该时期的战略空间节点以国家级新区和国家综合配套改革试验区为主。其中,国家级新区是指由国务院批准设立的以相关行政区、特殊功能区为基础,承担着国家重大发展和改革开放战略任务的综合功能区(国家发改委,2015)。以上海浦东新区和天津滨海新区成为国家综合配套改革试验区为标志,至 2017 年底,国家相继颁布了 19 个国家级新区、12 个国家综合配套改革试验区、11 个国家自贸区(表 4-1、表 4-2,图 4-1)。

4.1.4 国家战略转变下国家级新区的战略规划应对

国家级新区不仅承担了率先发展形成增长极的自身发展目标,同时也承载着落实国土区域协调发展的战略任务,是实施主体功能区战略、新型城镇化战略、区域发展战略、生态文明示范的重要支撑点。因此,国家级新区的规划应重点突出其作为区域门户、产业引领、

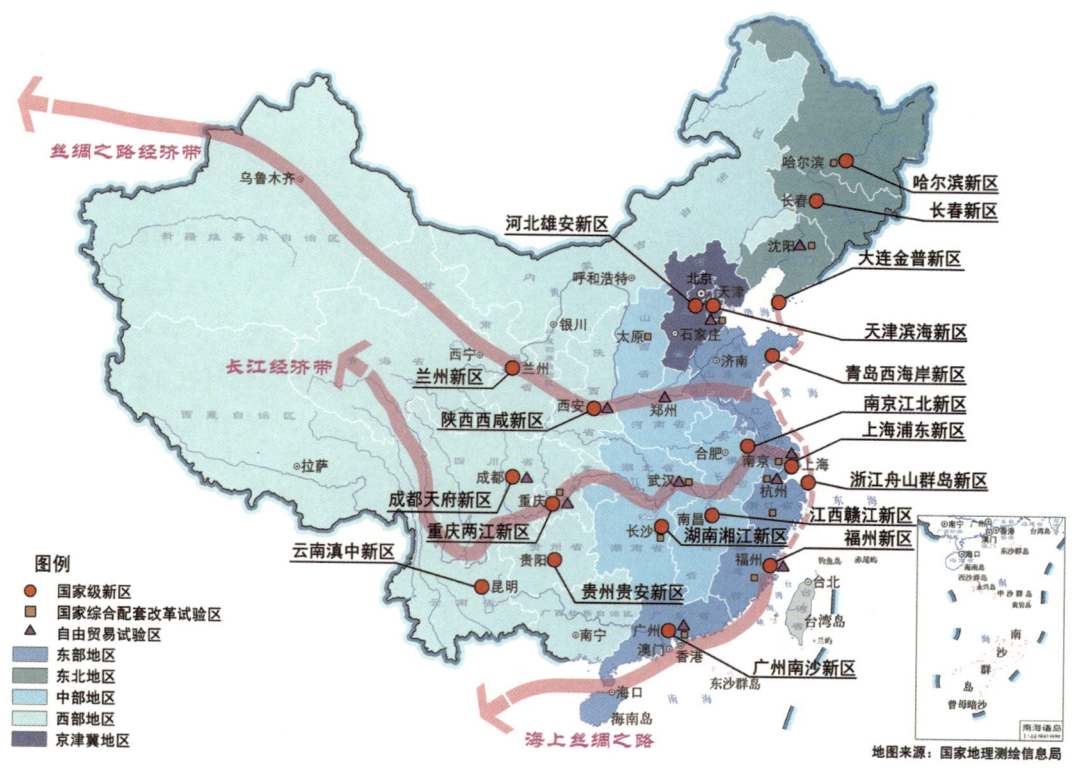

图 4-1 国家级新区布局示意图
资料来源:课题组自绘

表 4-1 国家级新区基本情况表

序号	新区名称	批复时间	规划面积（km²）	区域位置
1	上海浦东新区	1990 年	1210	东部板块 长江经济带
2	天津滨海新区	2006 年	2270	东部板块 京津冀
3	重庆两江新区	2010 年	1200	西部板块 长江经济带
4	浙江舟山群岛新区	2011 年	陆地1440；分行海域 2.08万	东部板块 长江经济带
5	兰州新区	2012 年	1744	西部板块 "一带一路"
6	广州南沙新区	2012 年	803	东部板块
7	陕西西咸新区	2014 年	882	西部板块 "一带一路"
8	贵州贵安新区	2014 年	1795	西部板块
9	青岛西海岸新区	2014 年	陆地2096；海域5000	东部板块
10	大连金普新区	2014 年	2299	东北板块
11	四川天府新区	2014 年	1578	西部板块
12	湖南湘江新区	2015 年	490	中部板块
13	南京江北新区	2015 年	788	东部板块 长江经济带
14	福州新区	2015 年	800	东部板块
15	云南滇中新区	2015 年	482	西部板块
16	哈尔滨新区	2015 年	493	东北板块
17	长春新区	2016 年	499	东北板块
18	江西赣江新区	2016 年	465	中部板块
19	河北雄安新区	2017 年	远期控制区面积 约2000	京津冀

资料来源：课题组根据《国家级新区发展报告 2017》整理

表 4-2　国家级新区功能定位表

序号	新区名称	功能定位
1	上海浦东新区	围绕建设成为上海国际金融中心和国际航运中心核心功能区的战略定位，努力建设成为科学发展的先行区、"四个中心"（国际经济中心、国际金融中心、国际贸易中心、国际航运中心）的核心区、综合改革的试验区、开放和谐的生态区
2	天津滨海新区	我国北方对外开放的门户、高水平的现代制造业和研发转化基地、北方国际航运中心和国际物流中心
3	重庆两江新区	统筹城乡综合配套改革试验的先行区，内陆重要的先进制造业和现代服务业基地，长江上游地区的经济中心、金融中心和创新中心等，内陆地区对外开放的重要门户，科学发展的示范窗口
4	浙江舟山群岛新区	浙江海洋经济发展的先导区、海洋综合开发试验区、长江三角洲地区经济发展的重要增长极
5	兰州新区	西北地区重要的增长极、国家重要的产业基地、向西开放的重要战略平台和承接产业转移示范区
6	广州南沙新区	粤港澳优质生活圈和新型城市化典范、以生产性服务业为主导的现代产业新高地、具有世界先进水平的综合服务枢纽、社会管理服务创新试验区，打造粤港澳全面合作示范区
7	陕西西咸新区	富有历史文化特色的现代化城市、我国向西开放的重要枢纽、西部大开发的新引擎和中国特色新型城镇化的范例
8	贵州贵安新区	探索欠发达地区后发赶超路子的重要举措，加快推进体制机制创新、西部地区重要的经济增长极、内陆开放型经济新高地和生态文明示范区
9	青岛西海岸新区	海洋科技自主创新领航区、深远海开发战略保障基地、军民融合创新示范区、海洋经济国际合作先导区、陆海统筹发展试验区，为探索全国海洋经济科学发展新路径发挥示范作用
10	大连金普新区	我国面向东北亚区域开放合作的战略高地、引领东北地区全面振兴的重要增长极、老工业基地转变发展方式的先导区、体制机制创新与自主创新的示范区、新型城镇化和城乡统筹的先行区
11	四川天府新区	建设成为以现代制造业为主的国际化现代新区，打造成为内陆开放经济高低、宜业宜商宜居城市、现代高端产业集聚区、统筹城乡一体化发展示范区
12	湖南湘江新区	探索创新驱动发展路径，打造成为高端制造研发转化基地和创新创意产业集聚区、产城融合城乡一体的新型城镇化示范区、全国"两型"社会建设引领区、长江经济带内陆开放高地

续表

序号	新区名称	功能定位
13	南京江北新区	逐步建设成为自主创新先导区、新型城镇化示范区、长三角地区现代产业集聚区、长江经济带对外开放合作重要平台
14	福州新区	两岸交流合作重要承载区、扩大对外开放重要门户、东南沿海重要现代产业基地、改革创新示范区和生态文明先行区
15	云南滇中新区	打造我国面向东南亚辐射中心的重要支点、云南桥头堡建设重要经济增长极、西部地区新型城镇化综合试验区和改革创新先行区
16	哈尔滨新区	积极扩大面向东北亚开放合作，探索老工业基地转型发展的新路径，为促进黑龙江经济发展和东北地区全面振兴发挥重要支撑作用
17	长春新区	深化图们江区域合作开发，为促进吉林省经济发展和东北地区全面振兴发挥重要支撑作用
18	江西赣江新区	打造成为长江中游新型城镇化示范区、中部地区先进制造业基地、内陆地区重要开放高地、美丽中国"江西样板"先行区
19	河北雄安新区	疏解北京非首都功能集中承载地，建设绿色生态宜居新城区、创新驱动发展引领区、协调发展示范区、开放发展先行区，努力打造贯彻落实新发展理念的创新发展示范区

资料来源：课题组根据《国家级新区发展报告 2017》整理

辐射带动、生态文明建设示范、体制创新的功能（彭小雷、刘剑锋，2014）。

（1）强化内外区域门户功能。

国家级新区承担着国家重大发展战略的深入实施与区域合作使命，具有引领区域与外界地区的进行高层次经济与交通联系的区域门户功能。如上海浦东新区定位为国际门户，福州新区为对台门户等。为支撑这一功能，新区规划层面注重交通枢纽的培育和综合交通系统的支撑。如贵安新区为强化与周边城市的联系，2016 年新建续建城市道路总长近 180km、总投资 300 多亿元，启动建设与周边城市连接的加密路网和轨道交通[1]。

（2）强化区域辐射带动功能。

国家级新区是带动区域经济发展的重要增长极，通过对特殊区域的定位，不断培育新的经济增长点，带动相关区域的可持续发展，不断拓展经济增长新空。如上海浦东新区致力于带动长三角乃至全国的发展，哈尔滨新区和长春新区强调对东北振兴的作用等。

---

1. 数据来源于国家发展和改革委员会出版的《国家级新区发展报告 2017》.

（3）突出产业引领作用。

国家级新区承担着发展新经济引领区域传统产业升级和战略性新兴产业培育的职能，注重产业创新、融合、集约、绿色发展，构建高端现代产业体系。各国家新区在产业引领方面的着力点根据区域发展阶段和水平也有所不同，提出相应的产业发展策略和空间布局对策。如开发开放优势明显的新区如浦东新区等突出金融科技等方面的引领；基础较低远离中心城区的新区如贵安新区等着力打造现代制造业和现代服务业。

（4）落实生态文明建设示范作用。

以生态文明建设为核心，统筹推进绿色城市、海绵城市、森林城市和智慧城市建设，努力打造人与自然和谐发展的新格局。如陕西西咸新区规划遵循自然山水格局、历史文脉，以 $105km^2$ 的大遗址保护、河湖水系和基本农田为基底构建生态格局，农业和生态建设用地占到规划控制范围的 2/3（图 4-2）。

（5）推动体制机制创新。

国家级新区以解决区域发展面临的共性问题和难点问题为突破口，通过先行先试，引发制度创新和探索科学发展模式，成为区域体制机制创新的引领，为其他地区改革发展提供示范借鉴。如重庆两江新区以深化内陆开放领域体制机制创新为重点；浙江舟山群岛新区依托综合保税区开展自由贸易港区建设探索；云南滇中新区围绕建设面向南亚东南亚辐射中心的重要支点战略定位，推进开发开放。

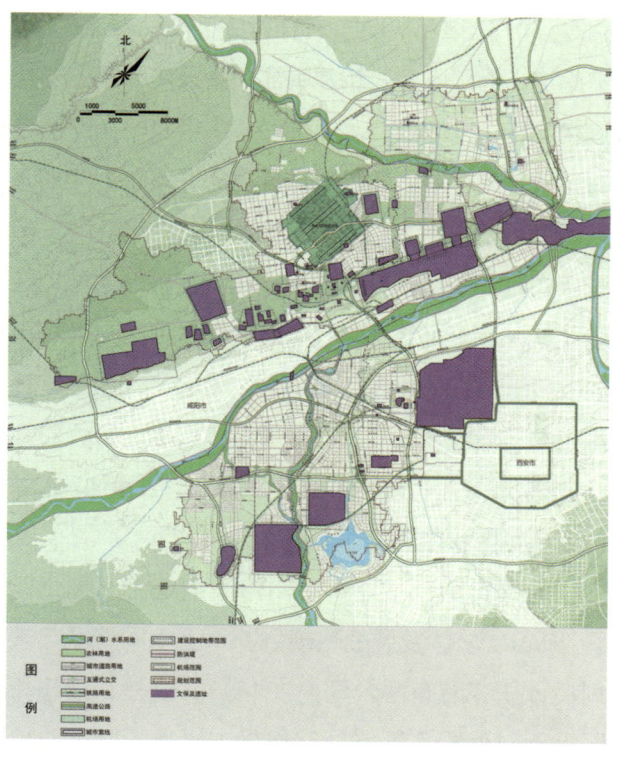

图 4-2 西咸新区城市总体规划（2016-2030）紫线规划图
资料来源：西咸新区管委会，2017

4.2 案例1：福州新区2049总体发展概念规划[1]

4.2.1 规划背景与基本思路

福州作为海峡西岸的中心城市和福建省的省会，长期以来由于位于对台前沿，城市发展受到了较大的制约。1992年，时任中共福州市委书记的习近平同志倡议并主持编制"福州市20年经济社会发展战略设想"，科学谋划了福州3年、8年、20年经济社会发展的战略目标、步骤、布局、重

---

1. 本研究的负责人为同济大学彭震伟教授。彭震伟教授工作室及规划三所共同承担了福州新区2049总体发展概念规划的编制工作。

点等，简称"3820"工程，并在其中前瞻性地提出"东扩南进、沿江向海"构建闽江口金三角经济圈的长远构想。"3820"工程实施20余年后，福州已经有了长足的发展。随着改革开放的深入，近年来海峡西岸经济区、21世纪海上丝绸之路核心区、中国自由贸易试验区等国家战略相继在福州落地，推动了福州新一轮的发展。2015年8月，国务院正式批复同意在福州东部滨海地区设立福州新区，并定位为"海峡两岸交流合作重要承载区、扩大对外开放重要门户、东南沿海重要现代产业基地、改革创新示范区和生态文明先行区"（图4-3）。

为落实国家战略，福州市组织编制《福州新区2049：总体发展战略规划》（上海同济城市规划设计研究院有限公司，2015）。对外，福州新区是新时代国家区域战略格局中极具国际战略价值的深远布子；对内，福州新区是突破福州历史发展桎梏，促进福州整体提升的战略举措。

基于此，规划跳出800km²的新区范围，以福州滨海地区3200km²为研究范围，围绕新区定位，明确2049福州发展愿景是打造"一带一路"连接枢纽和弓箭海峡城镇群发展核心，提出"开放引领联通台海、优化升级多轮驱动、生态融合结构重组、行动保障机制创新"四大战略路径，并提出区域空间协同、福州滨海地区空间统筹、福州新区空间布局三个层次的空间应对。

4.2.2 承载国家战略和城市使命的福州新区战略应对

1. 区域层面：从"边缘"到"中枢"，落实国家对外合作与区域中枢的新区使命

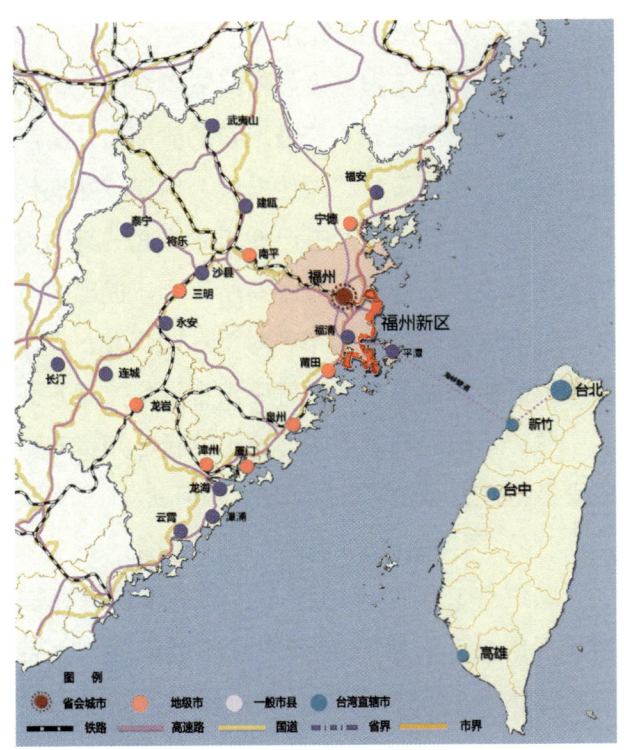

图4-3 福州新区在台湾海峡区域的区位图

1）"一带一路"国际合作倡议下的海陆联接枢纽

"一带一路"国际合作倡议开启了福州新一轮发展的战略机遇期。海上丝绸之路与陆上丝绸之路联结点的特殊区位为福州打开了传统地缘格局研究中从未发掘出的研究视野，彻底改变和全面释放了福州的地缘政治经济价值，平潭跨海通道和福州—银川高铁走廊的建设将推动福州成为"一带一路"国际合作倡议与台海战略的交汇点，形成"两个扇面、双向辐射"的区域性战略窗口（图4-4—图4-6）。

（1）西向扇面——福州将成为台湾楔入大陆中西部地区乃至亚欧大陆市场的区域性战略窗口。规划中的平潭跨海通道将使福州新区成为大陆唯一与台湾陆路相连的区域，进一步加速台湾资金、技术和人才向福州的集聚。

第 4 章　国家战略转变下的思考与应对

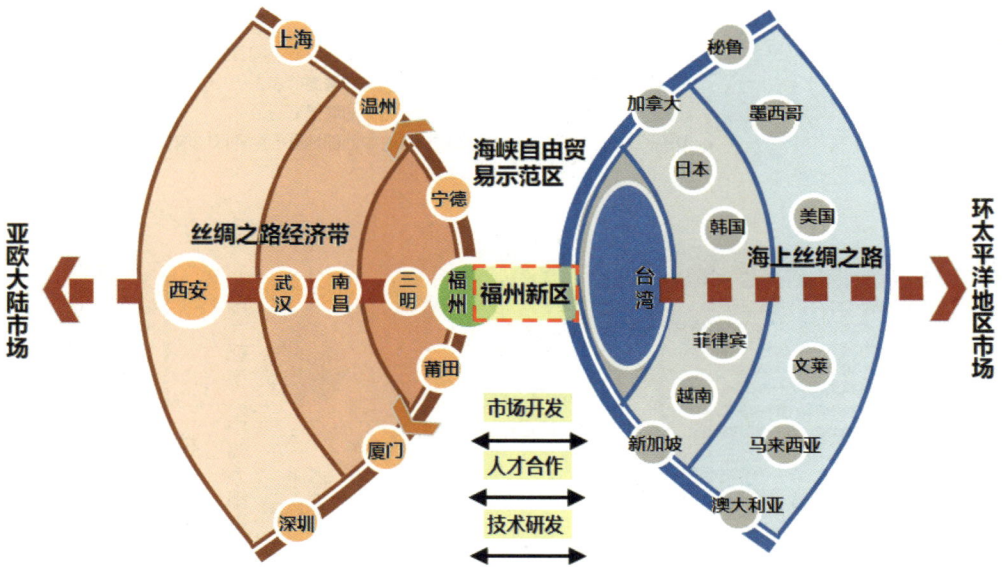

图 4-4　福州"两个扇面"示意图

图 4-5　福州在"一带一路"国际合作倡议中的区位

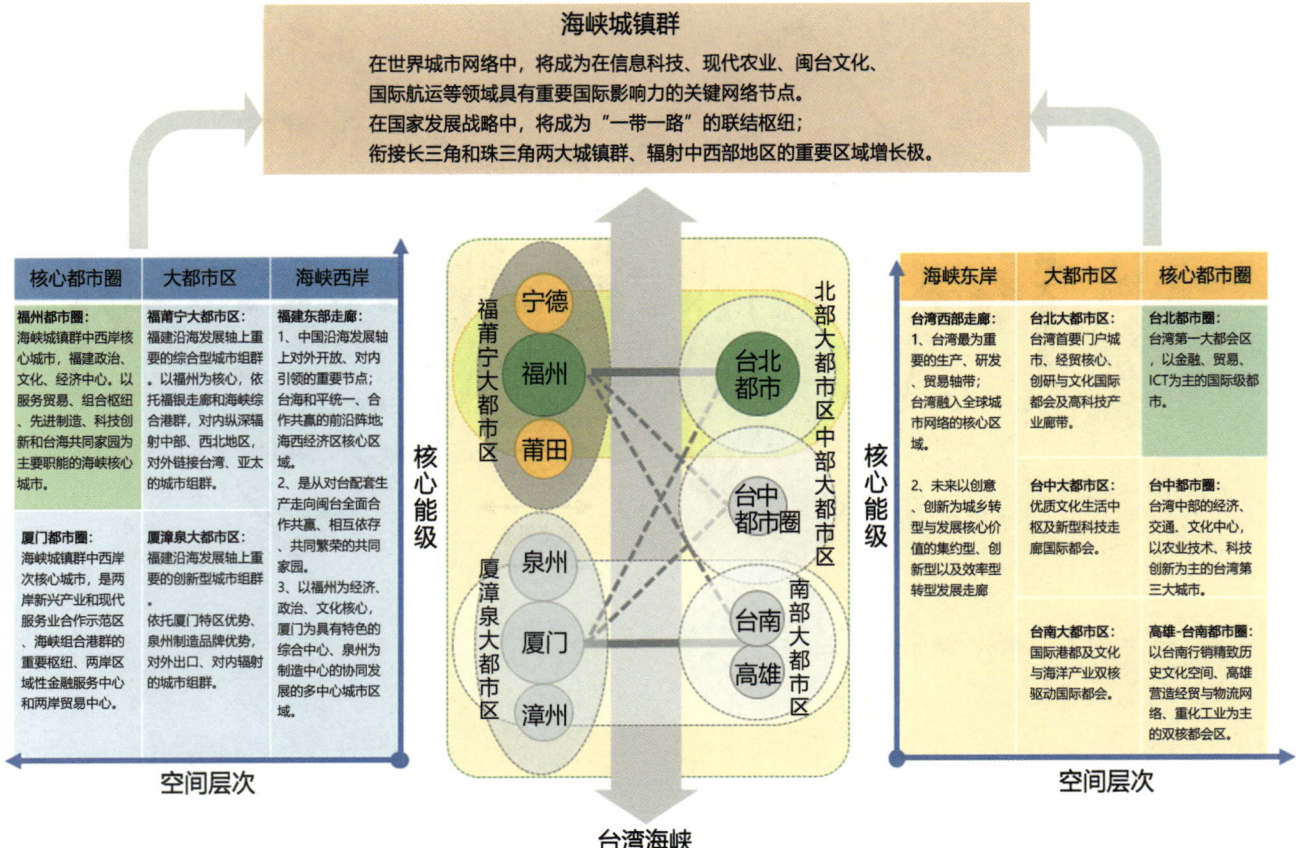

图 4-6 海峡城镇群空间 - 功能耦合结构图

（2）东向扇面——福州将成为大陆楔入环太平洋贸易自由化体系的区域性战略窗口。福银走廊填补了国家铁路网络规划中东南 - 西北方向的战略空白，也将福州直接与丝绸之路经济带相连，未来将为福州带来比厦门更广阔的市场空间与发展腹地。

同时，福州新区未来可能成为两岸自由贸易示范区，享受台湾在环太平洋贸易自由化体系中的地位和待遇，成为大陆商品与服务向环太平洋经济市场输出的主要窗口，并提升台湾在环太平洋经济体系中的地位和影响力。

2）福州新区"新引擎、新载体和新示范"的区域职能与区域空间协同

福州新区应突出"新引擎、新载体和新示范"的区域职能，一是引领经济发展新常态的新引擎，包括提升省会核心竞争力，引领闽北地区提振发展；二是新时期深化改革创新的新载体，如发挥多重政策叠加优势，促进福（州）平（潭）一体化发展；三是新格局下促进协调发展的新示范，如实现港产城融合发展，新区主城共荣，推进生态文明先行区建设。

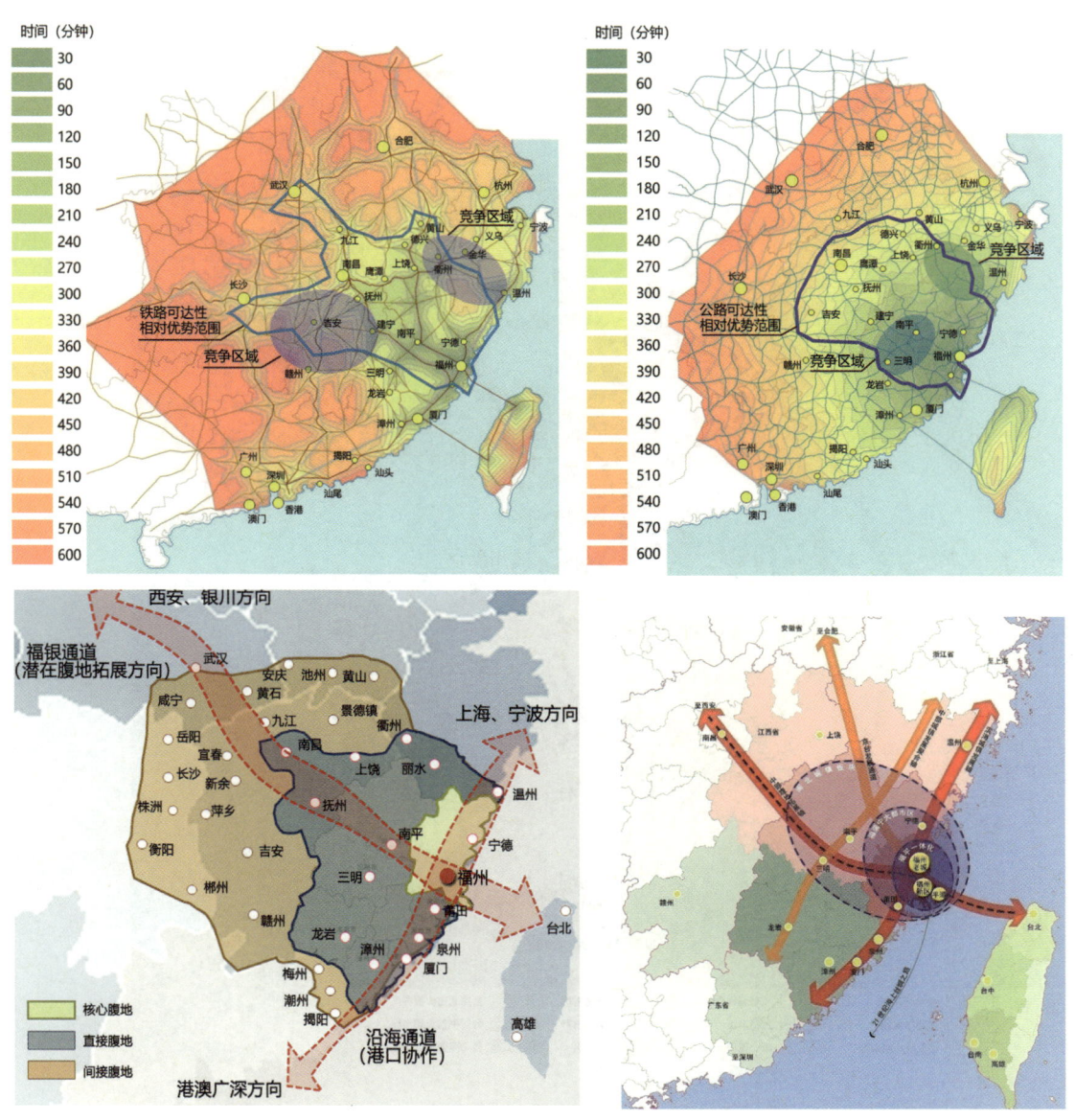

图 4-7 福州铁路等时图（左上）、福州高速等时图（右上）、福州港口腹地示意图（左下）和福州战略腹地拓展方向（右下）

具体的区域空间协同策略包括以下两方面。

（1）强化区域轴线、拓展福州战略腹地。首先通过对接福银与沿海两大区域交通廊道，拓展福州港战略腹地，以沿海大通道重点强化与厦门、莆田、宁波、温州以及长三角、珠三角港口群的协作关系；依托福银高速、福银高铁廊道向南昌、武汉、西安方向强化与中西部地区的联系。其次是在省域层面，围绕福银与沿海廊道形成的十字形"黄金交叉"，强化福莆宁大都市区和厦漳泉大都市区的发展（图4-7）。

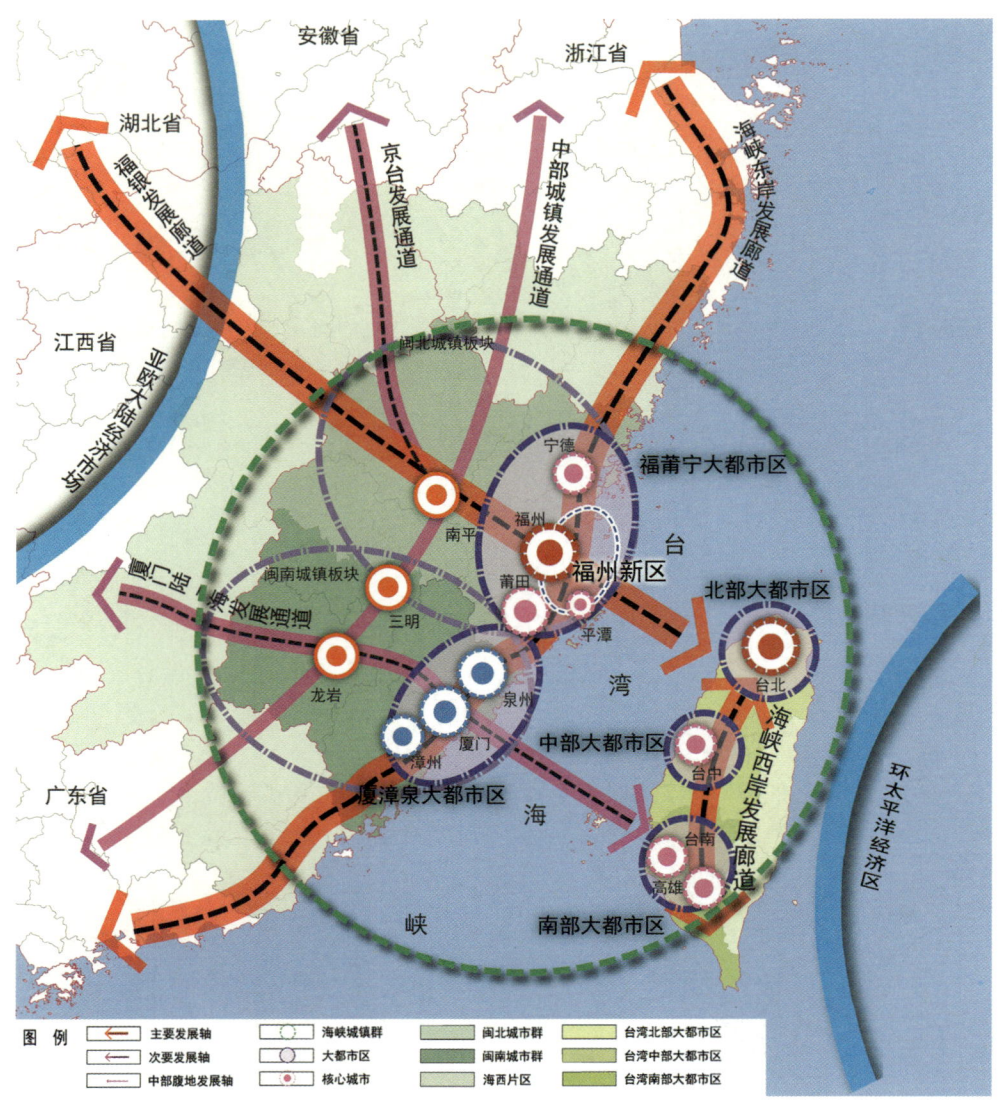

图 4-8　海峡城镇群协同规划图

（2）五湾共荣、轴带串联，构筑福莆宁大都市区格局。以福州为中心的福莆宁大都市区是区域协同的重点，规划识别出六条发展廊道，分别为闽江、沿海、福（州）武（夷山）、泉（州）三（明）、宁（德）武（夷山）、福（州）诏（安），以福州新区发展为契机，改变区域单中心发展格局，构建"五湾共荣、轴带串联"的福莆宁大都市区空间格局（图4-8）。"五湾共荣"强调沿海地区依托港口协作、产业转移、基础设施共建共享，促进福州滨海地区北翼罗源湾地区与宁德环三都澳地区的联动发展；促进福州滨海地区南翼兴化湾北岸江阴港与莆田兴化湾南岸地区以及湄州湾地区的联动发展。"轴带串联"指内

第 4 章 国家战略转变下的思考与应对

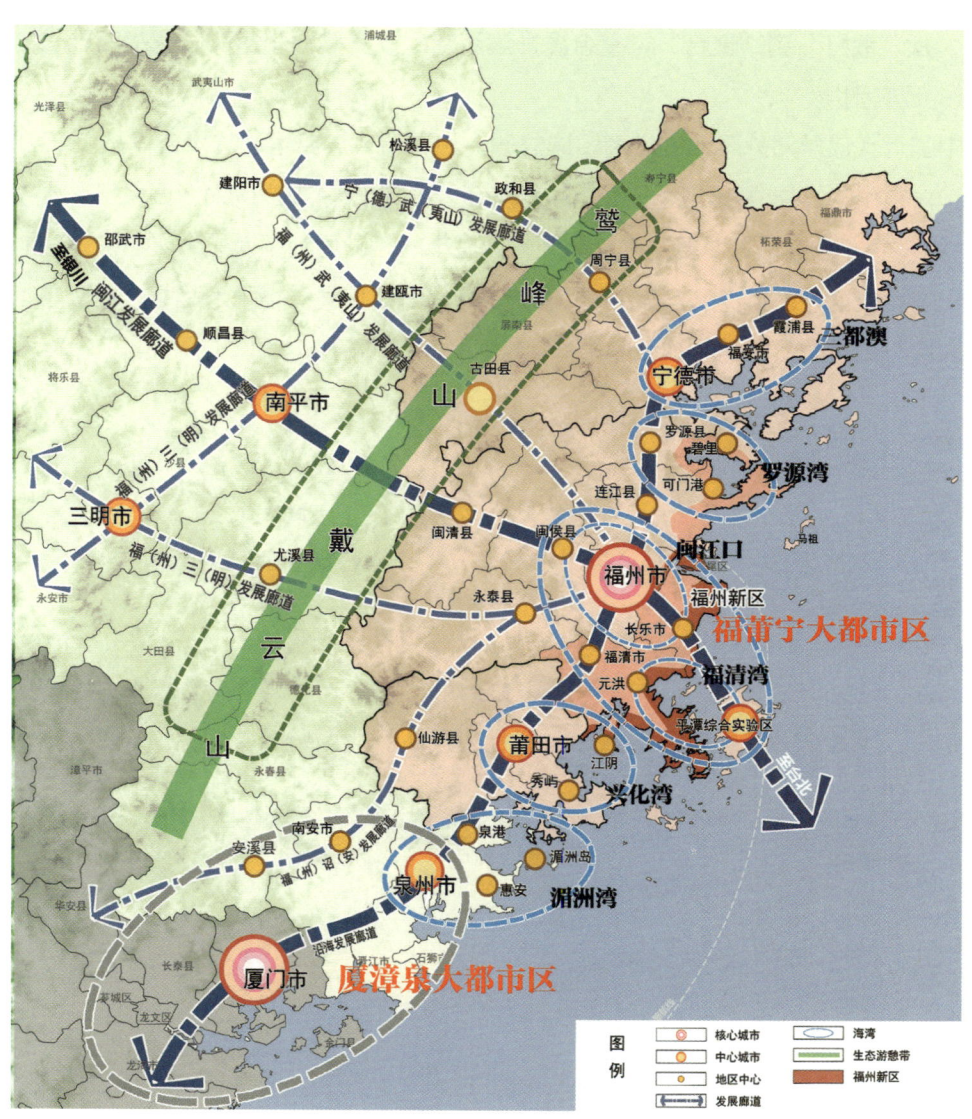

图 4-9 福莆宁大都市区协同规划图

陆地区通过京台高速公路、城际铁路，依托主城强化福州新区与闽侯、闽清古田的联系，通过渔平高速、城际铁路强化平潭、福清与永泰、尤溪的联系，形成以戴云山、鹫峰山为本底到平潭综合试验区，由深绿走向深蓝的圈层结构。另外，在三都澳、罗源湾、福清湾、兴化湾和湄州湾五湾功能布局上，三都澳、湄州湾依托港口条件发展以装备制造、石化为主的重型临港产业，罗源湾、兴化湾拓展针对先进制造散货集装箱功能，福清湾则拓展对接台湾的科技研发和新兴产业（图 4-9）。

2. 城市层面：从"散打"到"聚合"，整合提升滨海空间以支撑福州落实国家战略要求

1）福州主城的现实困境

　　福州是中国近代最早对外开放的通商口岸之一，也是清代洋务运动的重要基地。1978年改革开放起，福州的发展逐渐落后于周边省会城市。2006年，福州成为海西经济区国家战略的核心城市之一，但福州的发展速度与周边省会城市的差距仍在不断拉大。从省内来看，福州发展处于尴尬境地，2000年以来经济规模占省域经济比重呈缓慢下滑趋势，经济总量不如泉州，人均不如厦门，急需寻找新的引擎（图4-10、图4-11）。

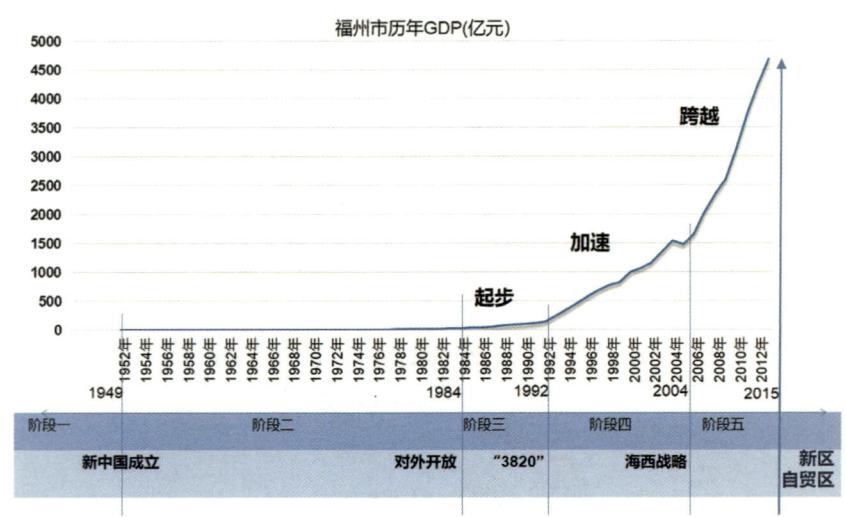

图 4-10　福州市历年 GDP 与发展阶段关系示意图

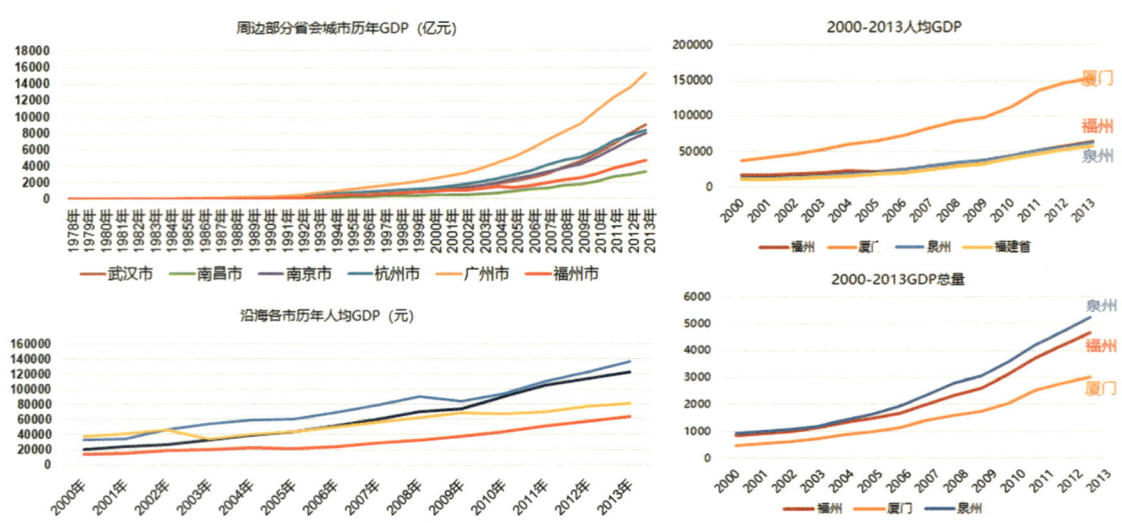

图 4-11　福州和其他城市经济发展比较图

阻碍福州快速发展的一大问题就是其中心城区空间制约和城市发展的"散打式"的空间发展轨迹，具体表现为以下三方面（图4-12、图4-13）。

（1）城市单中心蔓延，发展空间不足。目前福州城市人口和公共服务设施主要集中在鼓楼区和台江区，主城区部分地区人口密度超过4万人/平方公里。福州主城三面环山，且受到闽江和乌龙江限制，导致城市拓展空间不足。

（2）港城分离，产业空间碎片化。福州罗源湾港区、闽江口内港区、松下港区和江阴港区四个港区与主城空间距离较远，且港区与产业园区布局分散、规模小，竞争力低。当前主城的十多个工业园区，用地布局零散，产业雷同，集群效益有限。

（3）空间发展方向不明，四面出击。近年来福州市向北建设马尾、快安、琯头片区，向南建设了南台岛、仓山片区，向西建设大学城、闽侯片区。并采取"东进南下"空间拓展策略，但以简单的环形放射状为主的城市快速交通体并未能引导城市向东向南，无法实现"跨江（闽江、乌龙江）面海（东海）"的空间跨越。

2）以新区推动滨海地区空间整合，提升城市竞争力

福州主城已难以承担未来各项战略性功能，而空间的自然制约使其拓江向海发展成为必然，城市战略重心必将转向东部滨海地区的福州新区，以新区作为福州"东扩南进"的战略抓手。

（1）功能与空间优化，推动福州从单中心蔓延走向多中心组团发展。

按照"生产南北拓展、服务向东延续"的整

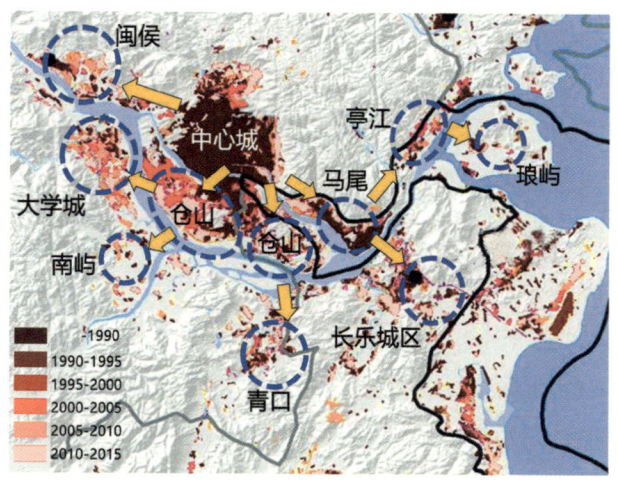

图4-12 福州主城历年用地拓展卫星遥感分析图

图4-13 福州滨海地区功能结构规划图

体思路，以"多中心、组团式"为理念，引导老城功能和人口逐步向新区疏散。生产功能逐步向江阴、蓝园、元洪，以及北部罗源湾等外围产业园区转移，城市服务功能向三江口和滨海新城延伸，强化提升新区功能，大力发展大三江口、长乐滨海新城、福清湾滨海新城、闽台蓝色产业园等多个组团，拓展延伸产业链，推进福州从单中心蔓延走向生态组群，从金字塔层级体系走向多中心的网络体系（图4-14、图4-15）。

（2）加强新区与主城产业的互动与整合，促进多层级的港产城融合。

依托新区较好的先进制造业基础，将中心城区无法容纳的高附加值先进制造业和高技术产业项目能够大量向新区转移，为中心城区引进高端的科技创新产业和现代服务业腾挪空间，在依托新区产业发展打造新的经济增长极的同时实现老城区产业转型升级。

在新区内部形成产城港联动发展的组织模式，依托罗源湾港区、闽江口内港区、松下港区、江阴港区、长乐国际空港发展产业园区、保税物流园区、宜居新城等组田，发挥园区、港区、城区的多元带动作用，加快人口和产业集聚，塑造沿海、沿江生产生活岸线，推进产城港融合发展。同时加强新区与中心城区的科技联动发展，促进创新资源高效配置。

规划在福州形成以服务贸易和科技创新、先进制造业为主导的两大产业走廊。这两条走廊包括福州主城、大三江口中央活动区（南台岛东部、马尾—快安、营前）、长乐滨海片区（长乐滨海新城、临空经济区、数字福建产业园）和环福清湾城镇群（福清湾滨海新城、福州元洪投资区、高山组团和平潭综合试验区）。先进制造业走廊包括环罗源湾组团、亭江-琅岐组团、青口汽车城、福清城区、江阴港和闽台蓝色产业园（图4-16）。

（3）以台海地区区域组合枢纽为目标，统筹多功能的区域复合交通廊道，构建分工协作的交通枢纽体系和多层次轨道交通系统，建设福州一体化综合交通枢纽

国家级新区交通系统的目标在于支撑新区区域性门户枢纽的实现，具体策略往往包括打造水陆空无缝衔接的综合交通体系和多层次的轨道交通，

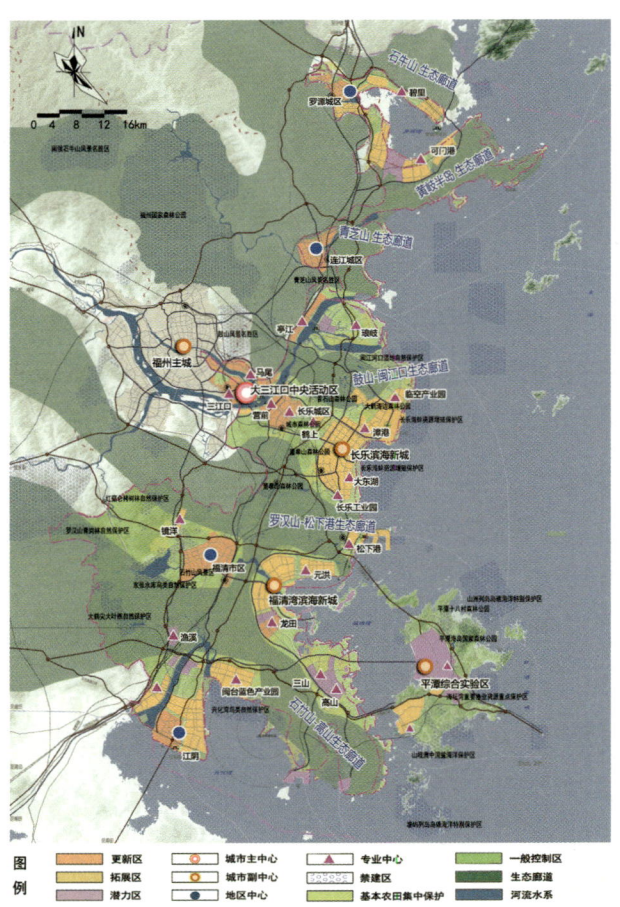

图4-14 福州滨海地区政策区指引图

图 4-15 福州滨海地区产业布局规划图

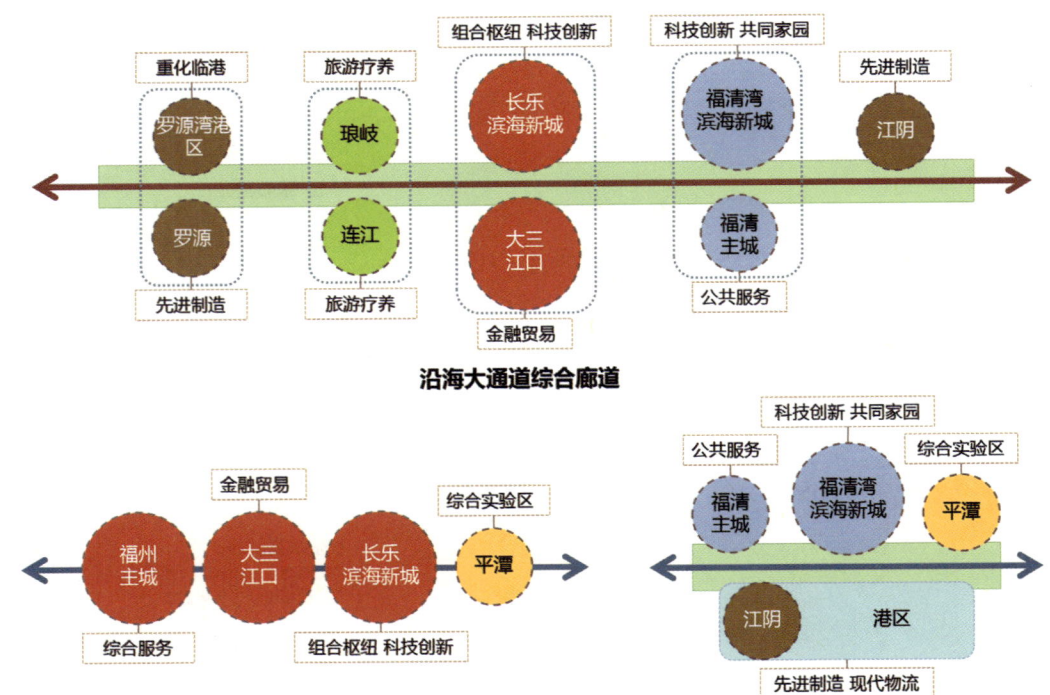

图 4-16　区域廊道功能构成示意图

以福州新区为核心的滨海地区交通体系的规划即包括了以下三个方面（图 4-17、图 4-18）。

① 整合区域公路与铁路网络，构筑"一纵两横"的区域综合交通廊道。"一纵"为沿海大通道综合交通廊道，"两横"为京台客运主通道与京台货运主通道。

② 按照"内客外货"为主的原则整合重大交通设施布局。重点推进闽江口内港区"退货转客"的功能转型，在琅岐岛建设福州港国际客运中心，扩建机场、建设福州东站，弱化闽江口内港区的货运服务功能；提升罗源湾港区与江阴港区货物运输能力，加强水陆联运，最终形成"一客两货"的区域综合交通枢纽格局，并依托重大交通设施发展适合的临港产业。"一客"为依托福州南站、福州东站、长乐机场、福州港国际客运中心的构建区域客运组合枢纽，"两货"包括北部货运枢纽与南部货运枢纽。北部货运枢纽利用罗源湾深水港区（散货中心），协同罗源铁路枢纽，形成北部货运枢纽。南部货运枢纽利用江阴港区深水港区（集装箱中心），协同渔溪铁路货运枢纽。

③ 基于公交优先构建"高铁—城际轨道—城市轨道"三层次轨道交通系统，支撑福州滨海地区的组团式城镇组群格局；重点依托高铁站点与快轨大站打造三个层级 TOD 枢纽，带动与支撑城镇群发展。

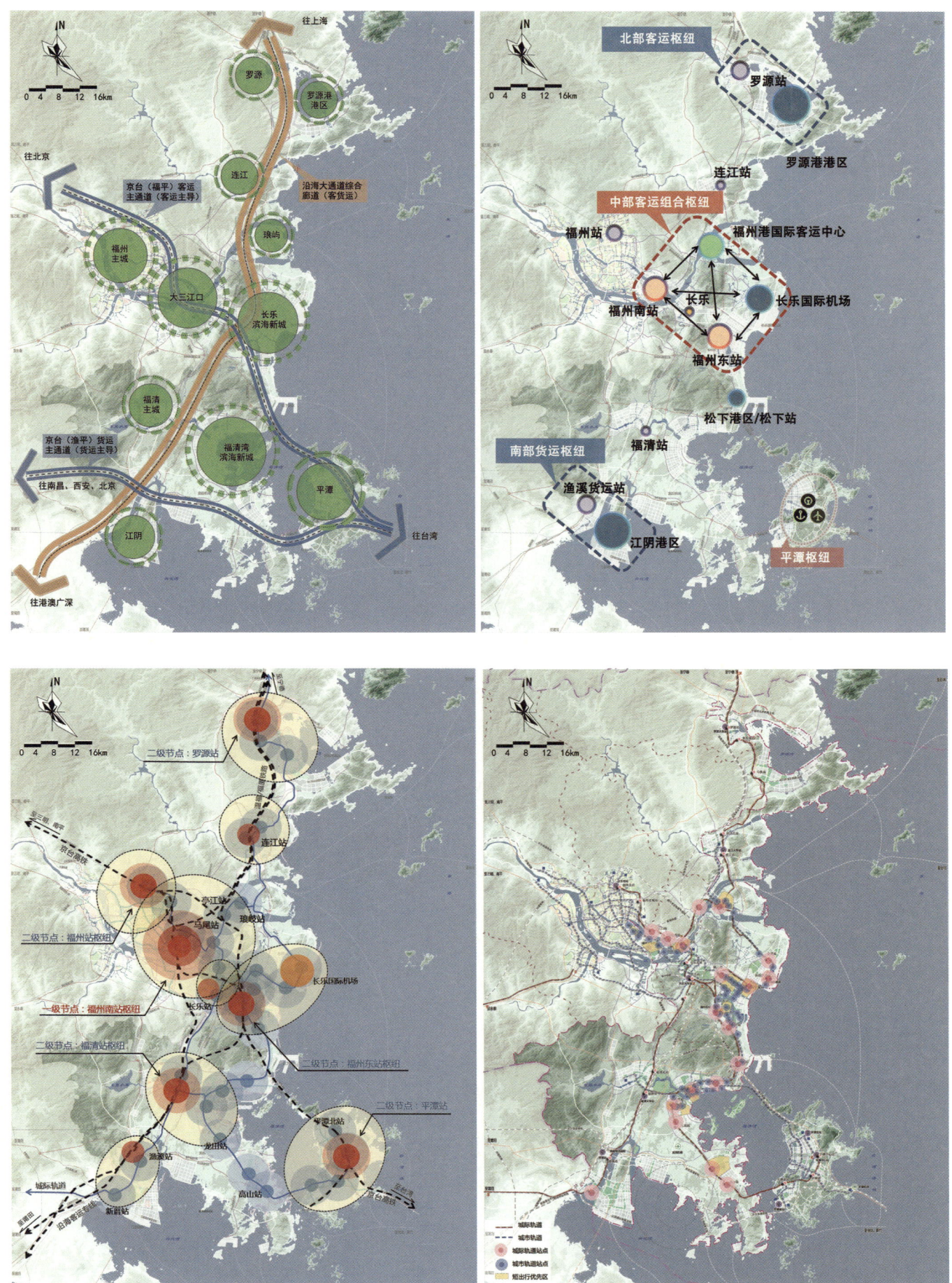

图 4-17 区域综合交通走廊示意图（上左）、"一客两货"交通枢纽规划图（上右）和轨道交通系统规划图（下）

图 4-18 福州滨海地区综合交通规划图

(4)锚固基本生态格局,构建一体化生态格局,打造生态文明建设示范区。

福建省是国务院确定的全国第一个生态文明先行示范区,福州作为"山在城中,城在山中,水在城中"的独具山水特色的城市,在开放博大、兼容并蓄的文化底蕴下,应加快生态文明先行示范区的建设,争当生态文明排头兵。规划突出底线思维、保护生态格局、强化山、河、海、绿、城的有机融合,综合考虑陆域、海域生态系统的安全性需求,划定陆域和海洋生态红线(图4-19)。

在此基础上,构建由内陆向滨海的、由山林生态区、城镇发展区逐步过渡到滩涂、海岛海洋的、由深绿到深蓝的基本生态格局。同时,结合福州新区生态本底、生态敏感性分析,综合考虑生态安全格局及结构性生态空间,建构由生态源地、重要生态斑块、沿海生态带、生态廊道、城乡绿带、生态节点等组成的生态网络。减轻生境破碎化影响,维持生态系统结构过程完整性、保护生物多样性,维持自然水文循环和生态系统健康。并提升城乡居民生活质量,提供多样性户外空间(图4-20)。

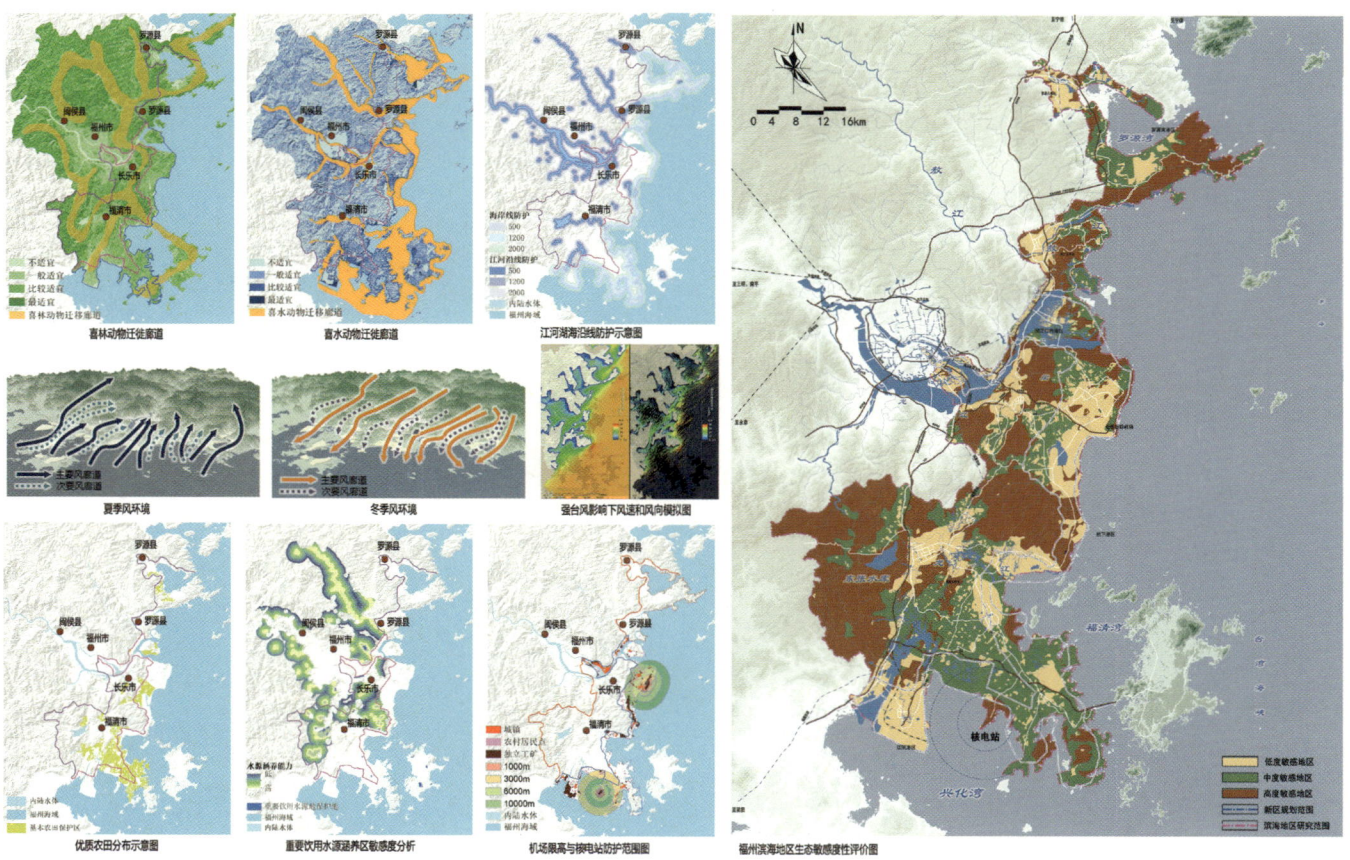

图 4-19　福州滨海地区生态要素综合分析图

滨海地区规划由内陆向滨海形成由山林生态区、城镇发展区逐步过渡到滩涂、海岛海洋的由深绿到深蓝的基本生态格局。其中，深绿指山林生态区，浅绿代表生态廊道和城镇生态区，浅蓝指滩涂岸线和港口，深蓝为海岛和海洋。同时，形成鼓山 - 闽江口、石牛山、黄岐半岛、青芝山、罗汉山 - 松下港、石竹山 - 高山六大生态廊道。廊道既是城镇组群、城市组团之间重要的大型绿楔，也是联通各生态斑块、保护多样化乡土环境绿色网络的重要骨架（图 4-21、图 4-22）。

4.2.3 小结

福州新区的设立是由国家战略、海峡格局和市场规律共同决定的必然选择，是福州发展战略机遇的集中体现。福州正迎来历史上最佳的战略机遇期，福州将成为实现中华民族伟大复兴使命的核心战略城市。"2049"的福州新区将以服务贸易、先进制造、科技创新、综合枢纽和共同家园等五方面为目标，成为区域服贸自由示范、闽台共建共荣特区、两岸共同心灵家园，成为实现中华民族伟大复兴使命的重要成就之一。福州的愿景将取决于是否能抓住此次福州发展的机遇，以福州新区的发展为依托，凝心聚力，创新突破，真正带领形成海峡两岸的发展核心。

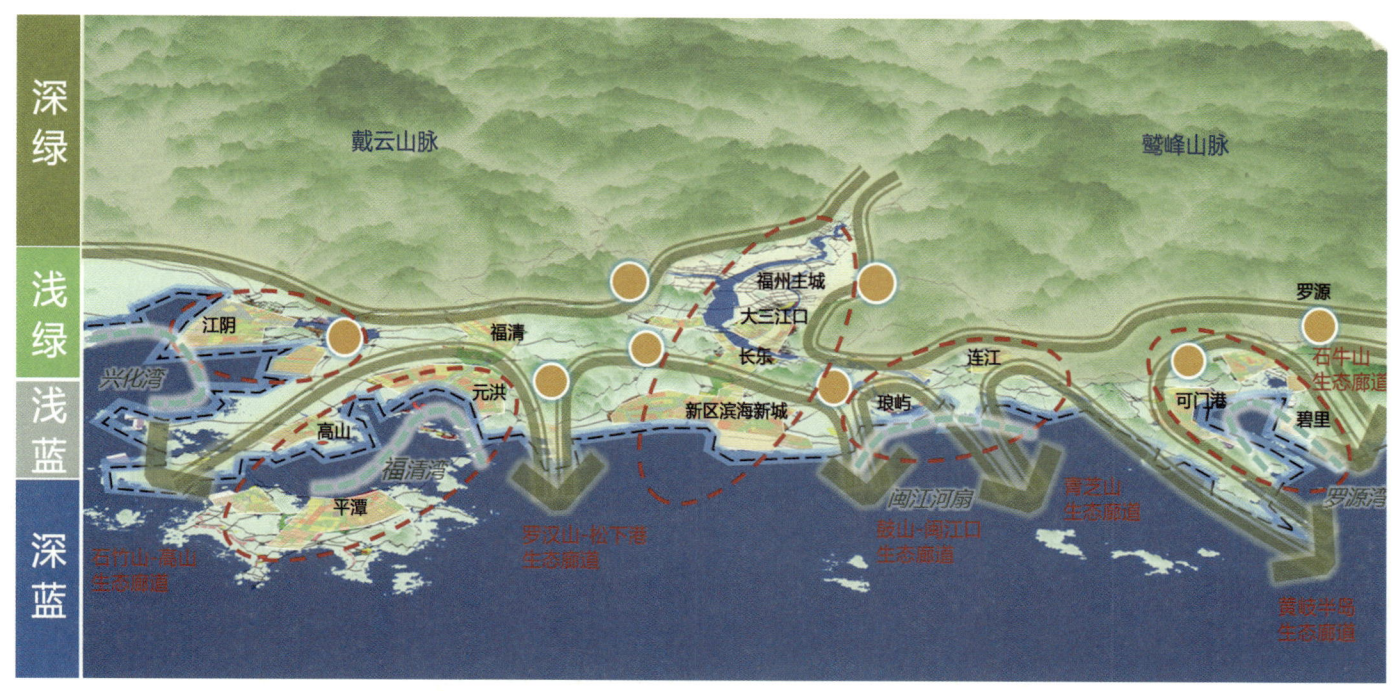

图 4-20　福州滨海地区生态格局示意图

图 4-21　滨海地区生态结构规划图

图 4-22　滨海地区旅游与历史保护规划图

4.3 案例 2：哈尔滨新区总体规划（2016-2030）战略研究

4.3.1 规划背景

哈尔滨是中蒙俄经济走廊上的重要枢纽，国家战略定位中的"沿边开发开放中心城市""东北亚区域中心城市"及"对俄合作中心城市"，是中国最早、最重要的对俄开放窗口。随着以"一带一路"为重点的对外开放新格局的逐渐形成，哈尔滨作为黑龙江的省会，将迎来新一轮的发展机遇，肩负起搭建国际合作平台，推进与东北亚的开放合作，带动东北老工业基地振兴，促进全省全面振兴发展的重大使命。基于此 2015 年 12 月 16 日，国务院批准设立哈尔滨新区，总范围 493km²，包括哈尔滨市松花江以北的松北区、呼兰区的部分区域以及松花江以南的平房区。国家发改委印发《哈尔滨新区总体方案》，将新区定位为"三区一极"，即中俄全面合作重要承载区、老工业基地转型发展示范区、特色国际文化旅游聚集区、东北地区新的经济增长极。以对俄合作为主题的哈尔滨新区的设立是全面实施"黑龙江和内蒙古东北地区演变开发开放规划"国家战略，建设《中蒙俄经济走廊 - 黑龙江陆海丝绸之路经济带战略规划》的重要举措。"哈尔滨新区总体规划（2016—2030）"战略研究的核心任务就是要对俄全面合作的视角下，准确有效落实国家战略，打造对俄合作中心城市，带动东北区域的全面振兴（图 4-23）。

图 4-23 哈尔滨新区在"一带一路"中的区位

4.3.2 对俄全面合作的基础与前景

新世纪以来,随着《中俄睦邻优化合作条约》《中俄投资合作规划纲要》的签署,以及《中华人民共和国东北地区与俄罗斯联邦远东及东西伯利亚地区合作规划纲要（2009-2018）》的批准,中俄经贸合作成为双边战略合作的重要领域,双方经贸合作的内容涉及基础设施、产业园区、旅游、人文环保等多个领域。同时,中俄在经济方面存在很强互补性也加强了双方合作的基础,如中方需要俄方能源、军工等产品,俄方需要中方机电、纺织服装等轻工业产品。中俄海关进口贸易额逐年上升,俄罗斯对中国直接投资在2013年触底之后开始反弹,而黑龙江省对俄进出口总额在2008年金融危机之后也重返增势（图4-24）。

另一方面,随着"一带一路"倡议的实施推进,中俄双方合作的前景也愈发明朗。位于中蒙俄经济带上的黑龙江省,拥有包括哈尔滨在内的五个对外口岸和三个国家级边境合作区。其中哈尔滨作为黑龙江对俄合作的中心,依托现有基础和条件,有条件在不同方向上跟俄罗斯进行能源、旅游、资源物资、港口贸易等方面的对接,具备成为中俄全面合作重要承载区平台的条件。

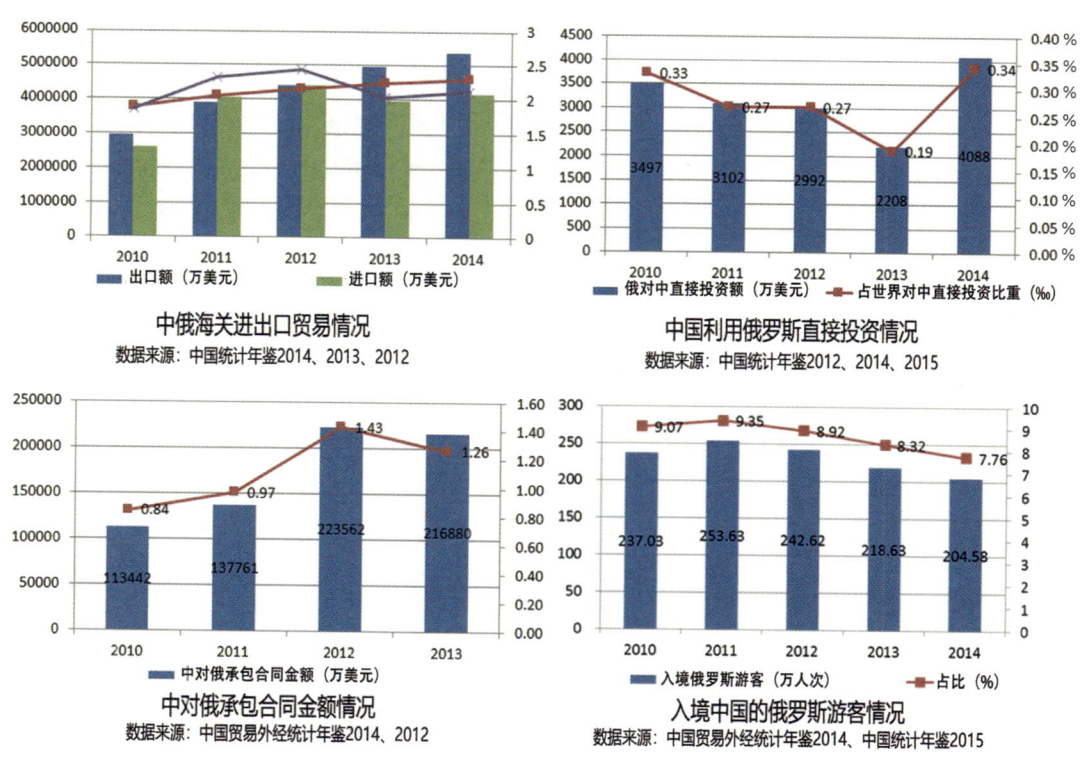

图 4-24 中俄合作环境分析图

4.3.3 对俄全面合作视角下的哈尔滨新区战略应对

哈尔滨新区地处京哈通道和绥满通道"T"字形交汇处,是连接中俄蒙经济走廊和亚欧国际货物运输大通道的重要节点,是中国对俄重要的门户枢纽,规划着重从加强对外开放门户枢纽建设、打造对外开放的产业体系与合作承载平台、建设国际生态旅游城市三个层面进行深化落实。

1. 加强开放通道与门户枢纽的建设

虽然新区有良好的交通与区位基础,但距离对外门户枢纽的要求还存在两大不足:首先是缺乏对外口岸的建设。哈尔滨传统"T"字形对外区域通道在"一带一路"开放格局中融入度不高,铁路口岸功能较弱,无公路口岸,主要为公路运输(2012年铁路运量为公路的19%,水运为公路的3%,而铁路与港口货运量年下降5%)。航空无直达莫斯科航班,机场吞吐量及能级不足,太平机场在全国机场旅客吞吐量排名中为22位。新区目前为哈市对外联系如满洲里、黑河的窗口区域,虽为绥满通道与哈黑、哈伊通道必经之地,但内部无对外口岸,目前仅为通过性节点地位。

其次,新区整体枢纽能级不高,内部缺乏重大交通枢纽与设施建设。对比18个国家级新区,新区交通枢纽基础薄弱,无机场,无强港,且哈齐高铁站客流量不大,接入线路单一。而新区到达空港地区的交通系统也便捷度不高,到哈市港口、机场通道有限,远期随一江两岸城区的进一步发展,到港通道的交通压力也将增大;到哈市中心客运枢纽哈尔滨站缺乏大容量公交联系。因此,从希冀以区域交通枢纽建设带动地区与城市发展的动力机制来看,哈尔滨新区现状处于弱势。

针对现状的不足,本规划提出通过整合区域通道和推动区域枢纽协同共建两大策略加强哈尔滨新区开放门户枢纽的建设。

1)区域通道整合构建

规划以中俄合作为重点,对近年来哈俄合作的环境、合作的基础进行分析,规划建设从哈尔滨出发,以国内、省域主要城市、中俄口岸为支撑的四大主题对接通道。一是向西北的能源对接通道。向西北依托中方口岸满洲里与俄方口岸赤塔进行对接,结合该通道上的大庆、齐齐哈尔、满洲里等城市的发展,打造能源对接通道。二是向北的旅游合作通道。向北依托中方口岸黑河与俄方口岸布拉戈维申斯克、别洛戈尔斯克对接,结合该通道上的绥化、北安、黑河、漠河等城市的发展,打造旅游合作通道(表4-3)。三是向东北的资源物资交流通道，向东北依托中方口岸抚远与俄方口岸哈巴罗夫斯克对接。结合该通道上的佳木斯、抚远等城市的发展，打造资源物资交流通道。四是向东的港口贸易通道，向东依托中方口岸绥芬河与俄方口岸符拉迪沃斯托克进行对接。结合该通道上的牡丹江、绥芬河等城市的发展，打造中俄港口贸易通道（图 4-25）。

表 4-3　哈尔滨主要区域通道与设施一览表

合作通道	主要控制点	主要交通设施
旅游合作通道	哈尔滨-黑河/漠河-俄罗斯斯科沃罗季诺	高速公路：吉黑高速、北漠高速；国道：G202、G332、G111；铁路：滨北铁路
资源物资交流通道	哈尔滨-佳木斯-同江-抚远-俄罗斯哈巴罗夫斯克	高速公路：哈同高速，建黑高速；国道：G102，G221；铁路：哈佳铁路；航运：松花江水运航道
港口贸易通道	哈尔滨-绥芬河-俄罗斯符拉迪沃斯托克	高速公路：绥满高速；国道：G301；铁路：滨绥铁路，哈牡客专
能源对接通道	哈尔滨-大庆-齐齐哈尔-满洲里-俄罗斯赤塔	高速公路：绥满高速；国道：G301；铁路：滨洲铁路，哈大齐客专，嫩江、松花江水运航道

图 4-25　中俄合作通道分析图

2) 强化枢纽建设

由于哈尔滨新区交通枢纽基础薄弱，规划一方面建设面向国际的战略枢纽；另一方面要从区域出发，加强新区与市域内的主要对外枢纽的快速联系，提升新区对外开放能级。

建设面向国际的四大区域性战略枢纽，包括两大外部枢纽和两大内部枢纽。外部枢纽指新区外的国际航空枢纽和东北亚国际铁路物流门户枢纽；内部枢纽为对青山货运枢纽，哈北站客运枢纽。

强化新区与枢纽间的快速联系，通过5条高速公路及国道、1条城际铁路、3条轨道线路强化与国际航空枢纽的联系，通过3条高速公路及国道、4条铁路、1条轨道线路强化与东北亚国际铁路物流门户枢纽的联系（图4-26）。

2. 打造对外开放的产业体系与合作承载平台

作为中俄经贸合作的门户地区，新区现状产业总体存在开放度不足、规模能级不高以及科技创新偏弱的问题。哈尔滨整体的经济外向度偏低，对外贸易依存度仅为8%，小于其他东北区域大型城市。新区经济总量偏小，仅占哈尔滨地区生产总值的12.5%。在东北三大国家级新区中位列末位；在18个国家级新区中，人口规模12位，经济总量排名第13位。从增长贡献看，新区发展高度依赖投资，2015年新区固定资产投资占国内生产总值的比重高达83.6%，远高于20%~30%的平均水平。

在新常态背景下，经济发展转向创新驱动。新区的高新技术产业发展滞后，自主创新能力弱，创新体系不完善，资源转化率偏低。2014年哈尔滨在所有副省级城市中高新技术企业收入排名倒数第二。

规划从新区产业现状特征分析出发，抢抓"一带一路"、中国制造"2025"和军民深度融合发展重大战略机遇，提出"开放引领、创新驱动"的产业发展思路。

1) 构建对外开放的产业体系

依据国家产业政策导向和产业发展趋势，发挥新区引领示范作用，并结合哈尔滨市科技研发优势领域以及新区现有产业基础，突出改造升级"老字号"巩固壮大传统优势、深度开发"原字号"延伸传统优势产业链条、培育壮大"新字号"的思路，提升新区竞争力。除拥有技术领先的制造业外，新区还需构建发达的现代服务体系。根据区域产业发展需求，结合新区产业基础和资源禀赋条件，利用对外开放机遇，哈尔滨新区规划形成大健康产业、高端装备制造业、新兴产业、现代服务业等四大产业。

图 4-26 哈尔滨区域交通枢纽协同共建示意图

2）搭建科创平台

规划借鉴国内外老工业基地转型的经验，结合哈尔滨新区科研机构的优势，围绕创新要素，打造"创新驱动、转型提升"的科创智谷。首先是营造创新创业生态圈，完善创新体系。新区应利用哈尔滨工业大学、哈尔滨工程大学以及其他科研机构的优势，通过项目纽带合作、建设平台、产业技术联盟合作等方式，积极开展政—产—学—研合作，构建"科学园＋技术园＋产业园"多层级创新模式（图 4-27）。

其次，规划加强创新平台的建设。围绕现有优势产业和科技服务体系，重点搭建科技合作、科技创新、服务贸易和大众创业四大创新平台；通过与俄罗斯、以色列、日本、韩国、白俄罗斯、乌克兰等科技合作为重点，建立哈尔滨（东北）国际科技合作联合创新中心；利用国际、国家以及省内重点研究机构的集聚，结合新区制造业优势，重点提开在信息技术（物联网、地理信息、云计算、物联网、电子商务）、高端装备制造、制药及生物科技、新材料和机器人五大领域的影响力；同时创新服务贸易发展模式，利用新区成为试点区域的机遇，依托大数据、物联网、移动互联网、云计算等新技术推动服务贸易模式创新（图 4-28）。

最后，规划重视创新空间的落地规划，发展多样化科技创新空间。规划建设三片主要的科技创新承载空间，分别是松北科技创新片区、利民创业产业片区、平房产业创新片区（图 4-29）。

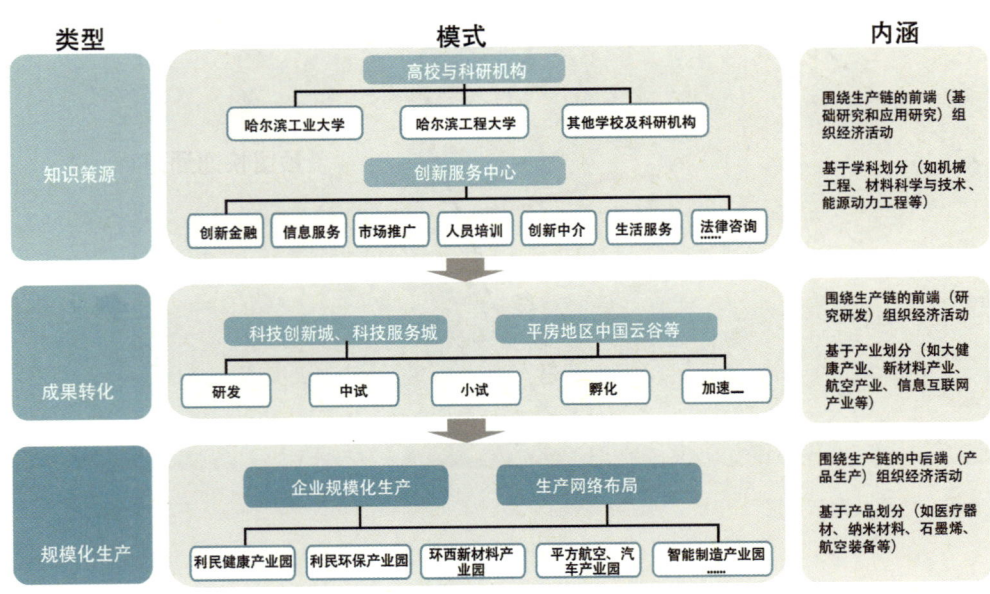

图 4-27　哈尔滨新区多层级创新模式示意图

第4章 国家战略转变下的思考与应对

图 4-28 哈尔滨新区产业布局规划图

图 4-29 哈尔滨新区对外开放承载空间示意图

3）落实对外开放的承载空间

哈尔滨新区应以最高开放标准——自贸区开放体系为发展目标，全面推广自贸区建设。以哈尔滨新区为核心申建黑龙江自由贸易试验区，推进新区与临空经济区、综保区与铁路集装箱中心站片区三区联动发展，强化新区与省内三个口岸城市合作。对标国内其他自贸区，落实已批复的自由贸易试验区在全国范围内可复制的改革经验。在新区积极推行国际标准、国际规则、国际标识，重点在贸易便利化、投资自由化、行政体制创新、科技体制创新、金融制度创新、服务业扩大开放、完善税收政策等方面加快探索，逐步实现管理法制化、服务规范化、环境国际化。

同时为加强自贸区与对外枢纽、平台的统筹建设，规划以"两大交通枢纽、三大自由贸易区、七大合作平台"的整体规划思路，落实对俄合作的支撑功能。两大对外联系枢纽为国际航空枢纽和东北亚国际铁路物流门户枢纽。依托临空经济区重点发展面向俄罗斯、东北亚、欧洲、北美的国际航空物流。充分发挥内陆港、综保区、华南城等重点功能平台在对外开放中的支撑作用，进一步放大哈欧国际班列、哈绥符釜陆海联运班列的带动效应。七大合作平台涉及产业合作、国际商贸合作、文化旅游、科技合作、金融合作、信息合作等方面。

3. 塑造东北亚魅力新城

哈尔滨市的旅游产业规模偏小，国际化程度偏低。在全国 35 个著名旅游城市中，哈尔滨旅游人次排名 21、总收入排名 21。新区旅游业还处在起步阶段。规划结合哈尔滨新区自身地缘优势，分析文化与特色，从国际旅游区规划、生态体系架构、城市形象塑造三大方面打造"生态优先、文旅交融"的东北亚魅力新城。

1）加强文化旅游建设

规划提出，起初阶段的哈尔滨新区应与主城的功能互补，以松花江两岸的旅游共建为主。实施"旅游业＋"战略，推动旅游业与商贸、文化、体育等深度融合，打造"大旅游"发展格局，重点打造文化游、四季游、体验游、生态游四大精品旅游产品。与主城共同形成"四带、六区、多节点"的旅游结构。同时注重旅游配套设施建设，发挥区位交通优势，打造综合服务平台，建设东北亚旅游集散中心。通过冰雪文化和东北亚文化两大文化品牌的建设，丰富新区的文化内涵新区。依托太阳岛和冰雪大世界的冰雪旅游形象塑造工程，规划从冰雪文化旅游、冰雪艺术开发到冰雪主题酒店、文化相关产品制造的全冰雪产业链条，形成东方冰雪"迪士尼"的高端旅游品牌。同时建设东北亚特色文化街区，大力开发主题文化体验旅游。以弘扬东北亚文化为宗旨，融合哈尔滨、俄罗斯、日本、韩国、朝鲜特色文化，打造东北亚世界奇观、历史遗迹、古今名胜、民间歌舞表演、休闲旅游融为一体的著名人造主题公园（图 4—30、图 4—31）。

2）架构区域生态体系

为解决新区目前绿地总体数量不甚合理，空间分布不均衡，生态环境质量整体不高的现状，规划从区域出发，进行生态敏感性评价。生态敏感性评价结合新区的用地现状与其他空间规划中的现状空间分区来进行。其中，用地现状由哈尔滨新区近期的高分辨率多波段卫星遥感影像解译而来，而其他空间规划的分区划定主要来自国土、林业与环保部门的相关数据（图 4—32）。

通过生态敏感性评价构建生态保护的底线，完善生态安全格局，保护新区内重要湿地及生态屏障功能，通过河流水系、道路廊道、城市绿道等绿廊绿带相连，共同构成"廊道＋轴带＋节点"网络化的绿色空间结构。同时划定城市开发边界，禁建区、限建区、适建区，明确管控要求。最终新区范围内共建设 16 处城市公园，实现规划期末人均公园绿地面积大于 $13m^2$。

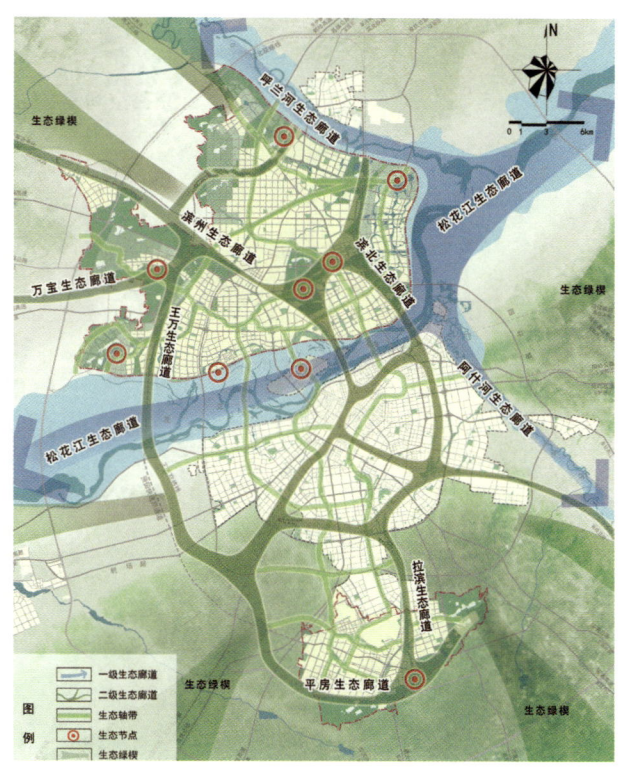

图 4-30　哈尔滨新区旅游规划图　　　　　　　　　图 4-31　哈尔滨新区生态结构规划图

3）强化城市设计，塑造丰富的城市形象

规划深入挖掘新区内涵，结合自然基底，突出"大江大河"的格局，对新区实施规划和管控，为市民提供丰富宜人、充满活力的城市公共空间，建设令人愉悦的美丽新区。

首先，规划突出"大江大河"肌理，重视新区滨江地区的形象设计，严格控制滨江片区的界面设计与高度。

其次，规划结合生态保护，强化开放空间体系，提高宜居水平。增强城市通透性和开放性，将开放空间引入新区内部，突出沿江开放空间带、区域开放空间轴、板块开放空间走廊和邻里开放空间等四级开放空间体系，最大化地利用开放空间，为城市增添丰富多样的公共空间。第三是进行特色风貌分区，展现新区多样魅力。依据新区组团或板块的各自特色，将新区分为 7 个风貌区，明确各区整体风貌，建筑色彩与风格，打造整体风格协调、滨水空间多样、地标节点突出、紧跟时代潮流的国际化新区风貌。最后，规划强化城市设计管控，严控高度与强度。贯彻"梯度开发、生态引领"的基本原则，强化建筑高度控制、建筑界面控制与建筑体量控制。对滨江区域提倡高强度开发，对中部腹地规划维持中等开发强度，对临河区域则要严格控制开发强度。

图 4-32 哈尔滨新区总体城市设计指引图

4.3.4 小结

哈尔滨新区的成立处于我国初步形成全面对外开放格局，调整国内区域发展差异，推进新旧动能转换等的复杂背景下。因此，此时国家级新区承载的国家对外开放的战略使命尤其突出。

本规划结合哈尔滨新区建设的实际需求，紧紧抓住国家赋予哈尔滨新区对俄合作的战略使命，基于目标导向，分析新哈尔滨区对外开放发展的特征与问题。结合对国内已批的 18 个国家新区对标研究的结果，总结新区的对外发展路径。最后确定围绕开放门户建设、产业体系与合作平台构建、城市魅力塑造等三大方面，打造中俄全面合作重要承载区的战略。组织规划的各大要素，规划层层分解、落实。最终建立与对外发展相对应的三大类、44 项新区发展综合指标体系，架构起以国家战略定位为核心的完整的规划内容体系。

参考文献

[1] 国家发展和改革委员会.国家级新区发展报告 (2015)[M]. 北京：中国计划出版社出版, 2015.

[2] 彭小雷，刘剑锋.大战略、大平台、大作为：论西部国家级新区发展对新型城镇化的作用 [J]. 城市规划，2014(2): 20-26.

[3] 郝寿义. 国家综合配套改革试验区研究 [M]. 北京：科学出版社, 2008.

[4] 上海同济城市规划设计研究院有限公司，福州新区 2049：总体发展战略规划 [R]. 2015.

[5] 上海同济城市规划设计研究院有限公司，哈尔滨新区总体规划（2016-2030）[R]. 2016.

第5章　突出生态文明与可持续发展

5.1 可持续发展的理念内涵

5.1.1 可持续发展的内涵

可持续发展最为广泛接受且影响最大的定义是"能满足当代人的需要，又不对后代人满足其需要的能力构成危害的发展"，发表于1987年世界环境与发展委员会的《我们共同的未来》。其后的《里约环境与发展宣言》《21世纪议程》等国际性文件中，可持续发展的理论不断被定义和丰富。

我国是人口大国，有限的资源经过人均分配更加趋紧，人均耕地仅为世界平均的1/4、人均水资源量不足世界平均的1/3、人均森林占有率仅为世界平均的1/8。以往粗放的发展模式导致了环境退化、资源过度和过速利用，同时积累了繁杂的生态环境问题。面对"家底不足，消耗严重"的局面，我国提出要推进生态文明建设，把可持续发展提升到绿色发展高度，给后人留下更多的生态资源。

2000年，我国编制并发布《中国21世纪人口、资源、环境与发展白皮书》，首次把可持续发展战略纳入我国经济和社会发展的长远规划。随着可持续发展战略成为我国的基本战略[1]，可持续发展在我国的经济、社会、环境等各方面得到运用，可持续发展的定义得到发展和重新表述："既顾及当前利益、近期利益，又顾及未来利益与长远利益，当前、近期的发展不仅不损害未来、长远的发展，而且为其提供有利条件的发展。"可持续发展突出"发展"的主题，强调公平性原则；可持续发展强调发展的可持续性，提出人类的经济和社会的发展不能超越资源和环境的承载能力，突出可持续原则；可持续发展明确了人与人的公平性关系，提出人与自然协调共生的价值标准。2012年6月，我国正式对外发布《中华人民共和国可持续发展国家报告》，报告中提出我国进一步深入推进可持续发展战略的总体思路。

---

1. 1997年的中共十五大把可持续发展战略确定为我国"现代化建设中必须实施"的战略。2002年中共十六大把"可持续发展能力不断增强"作为全面建设小康社会的目标之一。

党的十八大以来，以习近平同志为总书记的党中央站在战略和全局的高度，对生态文明建设提出了新思想、新论断和新要求。习总书记在十八大报告中提出生态文明建设主要包括"优、节、保、建"四大战略任务：优化国土空间开发格局、促进资源节约加大自然生态和环境保护力度和加强生态文明制度建设。

5.1.2 可持续发展的战略规划应对

如何建立与可持续发展理念相适应的规划思路，以规划推动城市发展从粗放型向集约型的模式转变，是战略规划需要解决的重要问题之一。近年来开展的战略规划对可持续发展理念的落实主要聚焦于以下四个方面。

1）基于资源紧约束的空间发展模式转变

一个城市可以承担的人口规模是有限的，在水、土地等资源要素的约束下，其发展要充分贯彻以水定人和集约用地的原则，统筹资源环境承载能力，促进城市从外延粗放扩张型向内涵增长型转变。以北京、上海为代表的一批大城市，在新的战略规划和总体规划编制时均强调了要守住底线，加大存量用地挖潜力度，提高土地利用效率，促进城市的空间优化和转型发展。

2）立足底线管控的生态安全格局构建

近年来我国各地洪涝、地质灾害、生态退化等问题频发，生态安全不断受到威胁。在这种背景下，一方面，以广东为代表的一部分地区率先实施了生态红线划定和管控制度，探索了一套生态底线管控制度，经过多规合一、空间规划等诸多实践和摸索，正式确立了"三区三线"的空间管控和治理模式；另一方面，"南昌大都市区规划（2016—2030）"在并无太多可借鉴的前例的条件下，通过遥感识别等多种技术手段分析了区域的生态问题，以多要素评价和叠合探讨了刚性和弹性生态红线的划定方案，重点探讨了生态环境保护等情境下的城镇开发边界的划定。

3）加强保护和修复的绿色基础设施建设

为有效应对生态绿色空间被侵蚀、生态系统退化的问题，我国近年来相继出现了海绵城市、生态修复、城市修补等众多集中某项领域或议题的建设类规划。在此基础上，绿色基础设施作为生态环境保护和修复的重要举措也受到越来越多的重视。绿色基础设施作为生态保护和修复的重要人工化手段，在构建生态廊道、提升生物多样性、优化生态安全屏障体系方面起着重要作用。

4）贯彻制度构建的区域治理模式创新

随着城镇化的快速推进，许多城市发展的"内部"问题开始呈现"外部化"和"区域化"的特征（姚凯、赵民等，2017），因此催生了区域治理的制度构建，如京津冀地区率先提出要的协同治理大区域模式。然而，关于生态环境的区域治理，现阶段我国的实践仍然较少。新疆维吾尔自治区在2014年针对其石化工业集聚、污染问题比较严重的奎屯—独山子—乌苏区域，提出重点大气污染联防联控的区域环境治理方案，以期通过跨行政区的区域协调和统筹实现发展和环境的和谐共生，通过区域治理模式的创新引入为可持续发展提供新模式和新方案。

建设生态文明先行区、践行可持续发展理念的重要区域性规划（图5-1）。

国家基于生态文明建设，提出长江经济带发展要以"共抓大保护、不搞大开发"为战略导向，南昌大都市区作为长江经济带上的重要城镇发展群，一方面，生态本底条件优越，区域内"山水林田湖草"资源丰富，是国家少有的生态优越型的城镇密集区；另一方面，近年来鄱阳湖呈现湖区水质下降、水生态持续恶化的趋势，鄱阳湖地区面临十分严峻的生态保护压力。

如何协调好大湖地区的生态保护与发展的关系，为建设美丽中国做好先行示范，是本次区域规划的关注重点。规划以遥感分析为基础，通过生态要素评价、CA模拟分析等方法，尝试划定区域生态红线和城镇增长边界，厘清山水林田湖与城镇的关系，构建大都市地区开发与保护相协调的区域发展蓝图。

5.2 案例1：南昌大都市区规划（2016—2030）

5.2.1 规划背景

南昌大都市区包括南昌市域，抚州市的临川区、东乡县；宜春市的高安市、丰城市、樟树市、奉新县、靖安县；上饶市的余干县和九江市的永修县，总面积约2.3万 km²。"南昌大都市区规划"（上海同济城市规划设计研究院有限公司，2016）是江西省落实《长江经济带发展规划纲要》、

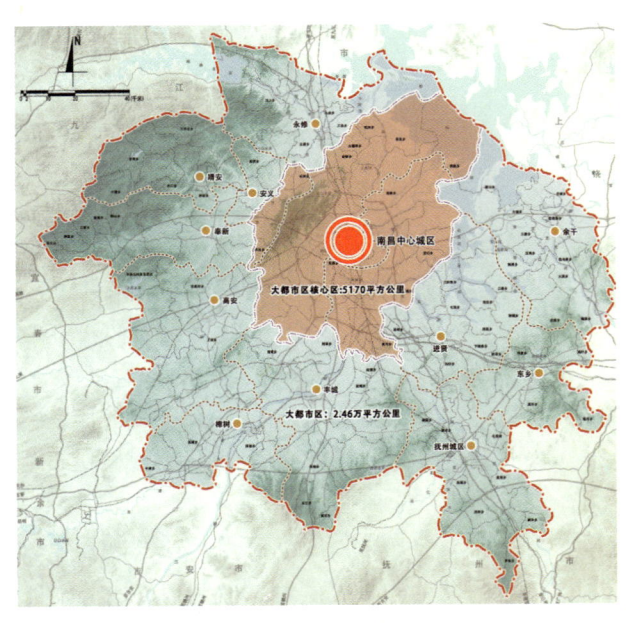

图5-1 南昌大都市区空间层次范围图

5.2.2 协调保护与发展的都市区生态红线的划定

生态红线划定的主要任务是在区域生态环境敏感性评估的基础上，分析区域生态系统的结构和功能，明确区域重要的生态保护空间，确定区域生态红线空间格局（表 5-1）。

1. 生态敏感性评价

选择对城市发展有重要影响的的自然地理和生态环境要素，如地形地貌、生物丰度、植被覆盖度、水网密度、地质灾害危险性、洪水淹没风险等，分析各个要素影响的大小并确定各因素空间权重。在此基础上，经过综合叠加分析得出南昌大都市区生态敏感性分析结果。结果显示，南昌大都市区的生态敏感性空间主要集中在东北、西北和正南三个方向，京九、沪昆和向莆廊道上生态承载能力相对较高（图 5-2）。

表 5-1 生态红线区域类型

序号	类型	划分标准	主导生态功能
1	自然保护区	国家级、省级、市县级	生物多样性保护
2	风景名胜区	国家和省级	自然与人文景观保护
3	森林公园	国家和省级	自然与人文景观保护
4	地质遗迹保护区	世界、国家和省级地质公园	自然与人文景观保护
5	湿地公园	国家和省级	自然与人文景观保护
6	饮用水源保护区	日供水万吨以上的水源保护区及备用水源地	水源水质保护
7	洪水调蓄区	《国家蓄滞洪区修订名录》中的以及区内具有洪水调蓄的重要河道	洪水调蓄
8	重要水源涵养区	区内海拔 200m 以上，具有水源涵养功能的山体	水源涵养
9	重要渔业水域	国家级水产资源保护区	渔业资源保护
10	重要湿地	区内湖泊（含滩涂）等重要生态功能湿地	湿地生态系统保护
11	生态公益林	国家和省级生态公益林	水土保持
12	鄱阳湖重要保护区	湿地等多功能系统维持	鄱阳湖保护
13	特殊物种保护区	具有特殊动植物物种资源区域	生物多样性保护

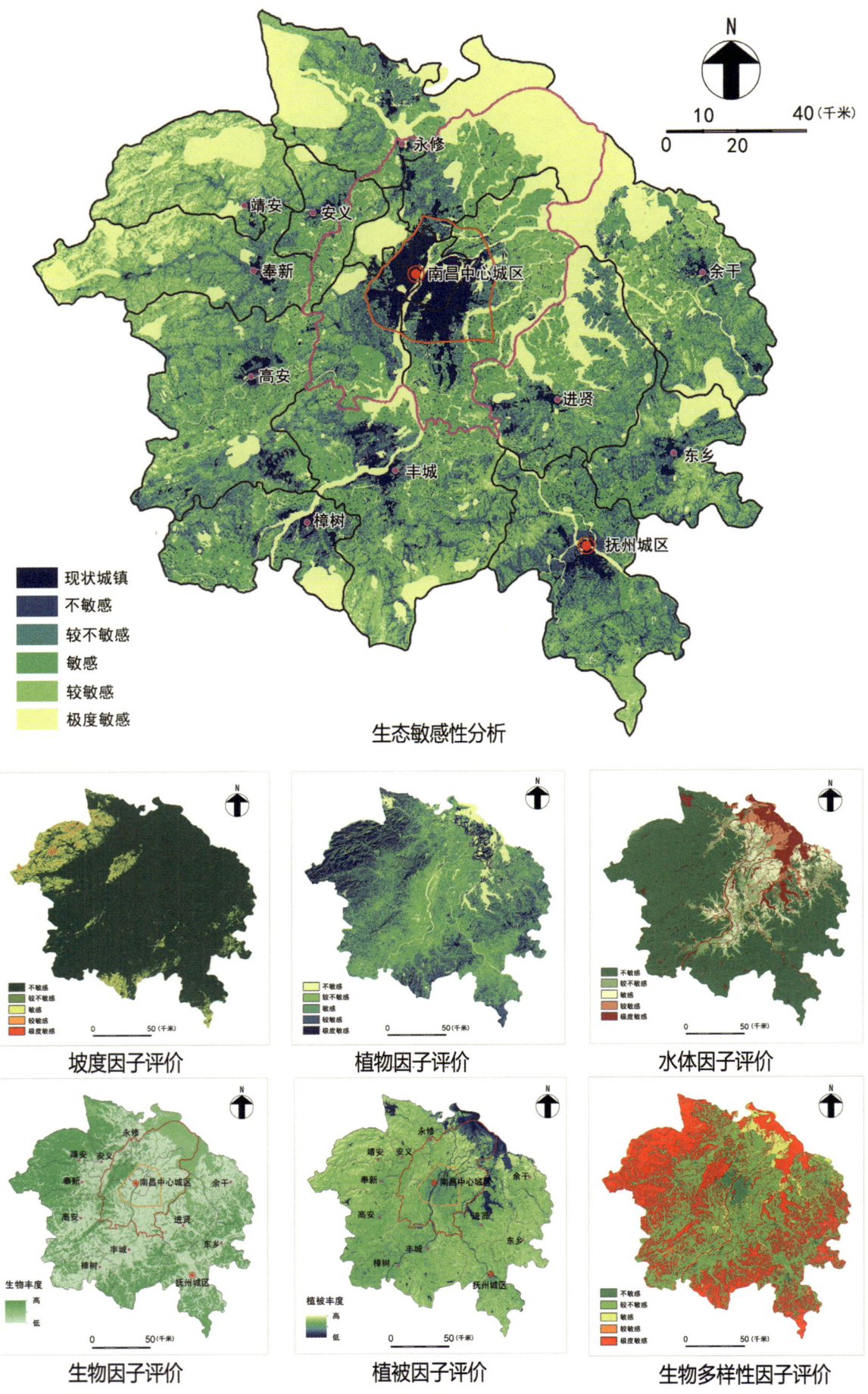

图 5-2 南昌大都市区生态环境本底分析以及生态敏感性分析

2. 生态红线区域的类型及标准

根据《国家生态保护红线划定指南》《江西省生态保护红线》，南昌大都市区生态红线共包含自然保护区、风景名胜区、森林公园、地质遗迹保护区、湿地公园等13种生态保护要素。

3. 生态红线格局的多情景比较

通过对以上13种生态要素的叠加分析结合区域生态敏感性分析，从高、中、低三个层面划出南昌大都市区的三种生态安全格局。低安全格局以基本生态红线保障为主，红线区域包括政府划定的自然保护区、森林公园、基本农田保护区、水源地、大型水体和大型山体，包括鄱阳湖流域、南昌市大都市区山区等最需要保护与不能够破坏的地区。低安全格局下，生态红线面积146 709 km²，约占南昌市大都市区面积的59%（图5-3）。

中安全格局下在基本生态功能红线的基础上，进一步考虑生态敏感性评价结果和南昌绕城高速发展需求，对基本生态红线进行修正，其中绕城高速以内以发展为主。在此格局下，红线面积16 167 km²，约占南昌市大都市区面积的65%（图5-4）。

高安全格局完全以实施最严格的生态保护为导向，在在基本生态红线的基础上，根据生态敏感性，对区域内的生态敏感区域做最严格的保护，如南昌绕城高速以内的东南角和西北角不考虑新增，全部纳入红线。在此格局下，红线面积17 413 km²，约占南昌市大都市区面积的71%（图5-5）。

4. 生态红线划定方案

统筹考虑都市区城镇发展与生态保护的需求，规划最终确定以生态中安全格局为推荐方案，将

图5-3 南昌市大都市区地区低安全生态格局

图5-4 南昌市大都市区地区中安全生态格局

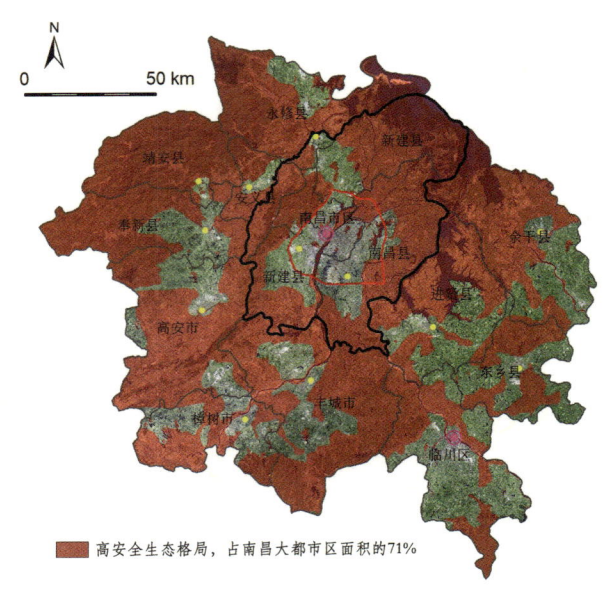

图 5-5 南昌市大都市区地区高安全生态格局

生态敏感性评价中高度敏感和较为敏感的地区划入生态红线范围，同时结合城市空间结构与生态格局，划定区域绿地系统、大型生态廊道、生物迁徙通道等，作为结构性控制发展用地，一并列入生态红线（图 5-6）。

5.2.3 基于 CA[1] 多情景模拟的城镇增长边界划定

城市发展变化受到自然、社会、经济、文化等多种因素的影响，因而其行为过程具有高度的复杂性。由于这种复杂性，城市模拟必须考虑各种复杂因素的影响。CA 模型由于其强大的空间运算能力，常用于自组织系统演变过程的研究。近年来，CA 被越来越多地用于城市系统的模拟，并且取得了许多有意义的研究成果。本规划中用 CA 模型将复杂的城市系统进行分解，通过分析模拟每个地块单元的自我演化，对规划期末的城镇空间演变进行多情景模拟，从而为合理划定城镇空间增长边界提供依据。

1. 南昌大都市区 CA 模型建立与校准

1）综合约束要素的设定

参考城市经济学基础理论，同时考虑数据的可获得性，本规划中主要选择空间性约束变量和规划控制约束变量两大类作为影响城镇增长的最主要的要素，用于 CA 模型的变量。

空间性约束变量包括高程、坡度、城市干道、县道、省道、国道、高速、铁路、机场，以及各种市、县级发展中心。这些要素是南昌大都市区城镇化扩张的主要驱动力。研究计算出各种空间驱动力的变化影响力，作为 CA 模型设置的基本系数（图 5-7）。

规划控制约束变量包括城市规划结构导向、禁止及限制建设区域、土地等级等。规划控制南昌大都市区"东湖、西岭、南丘"的整体生态格局，城市空间扩展主要集中在南昌大都市区核心区、（南）昌九（江）一体城镇产业扇面、丰（城）樟（树）高（安）城镇产业扇面以及向莆发展走廊。前文中生态敏感性评价和生态红线区域也是作为重要的生态约束要素。

---

1. 元胞自动机（Cellular Automaton，CA），是时间和空间都离散的动力系统。散布在规则格网（Lattice Grid）中的每一元胞（Cell）取有限的离散状态，遵循同样的作用规则，依据确定的局部规则作同步更新。大量元胞通过简单的相互作用而构成动态系统的演化。

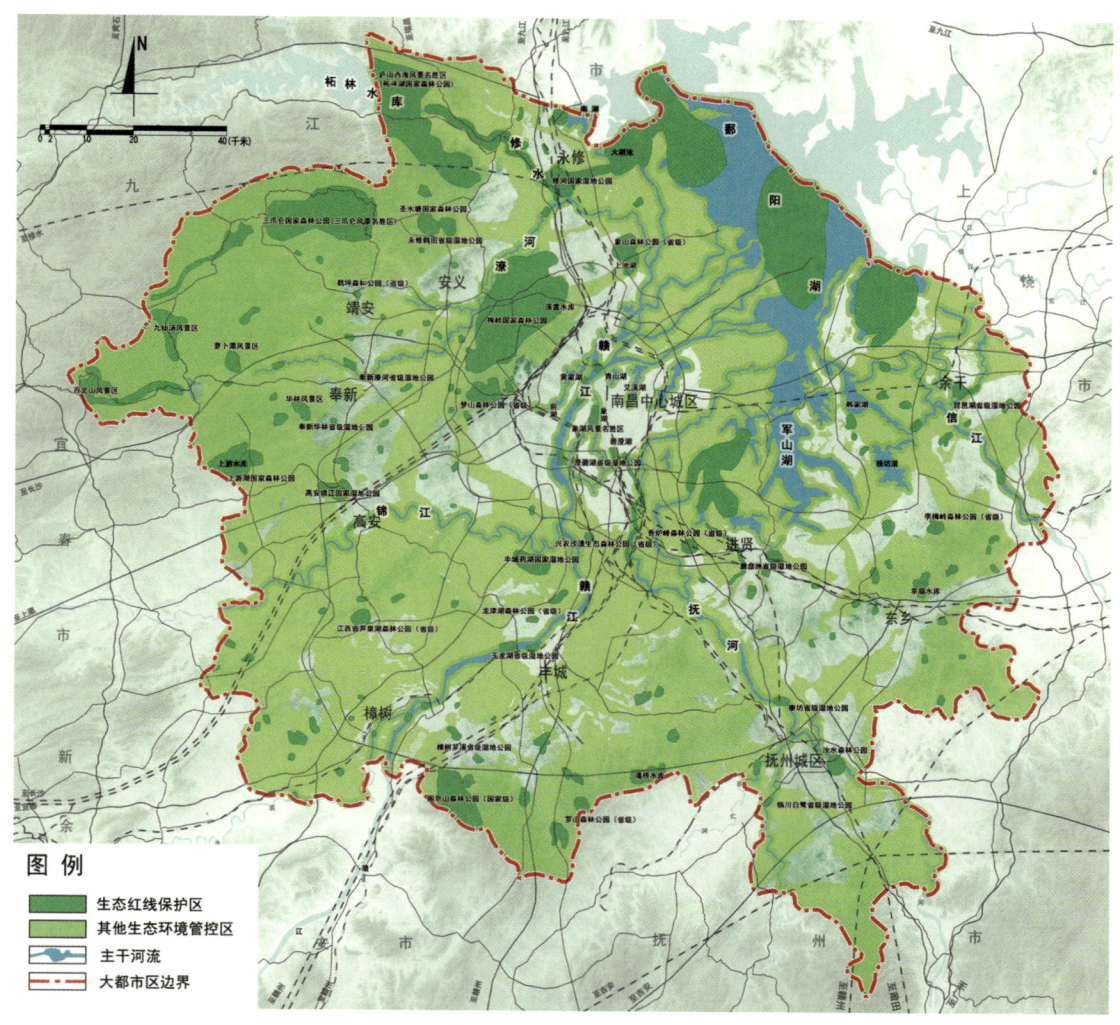

图 5-6 南昌市大都市区地区生态红线划定方案

2) CA 模型建立与校准

本次采用 TM 卫星遥感影像解译的 1994—2004 年土地利用变化对 CA 模型的参数进行校正，利用 2014 年的土地类型对模拟精度进行检验。首先，利用逻辑回归模型对南昌大都市区 1994—2004 年的城镇增长规律进行提取；然后，以 2004 年土地利用现状作为 CA 模拟的初始化状态，将规律输入到 CA 模型获得 2014 年的城镇用地分布，对比 2014 年模拟的土地情况与实际情况的差别，以验证 CA 模型的有效性。从图 5-8 的对比结果来看，在不考虑空间规划政策调控干预的情况下，CA 模拟抽样检测精度达到 90.7%，这说明 CA 模型对城市扩张进行模拟具有较高的可信度。

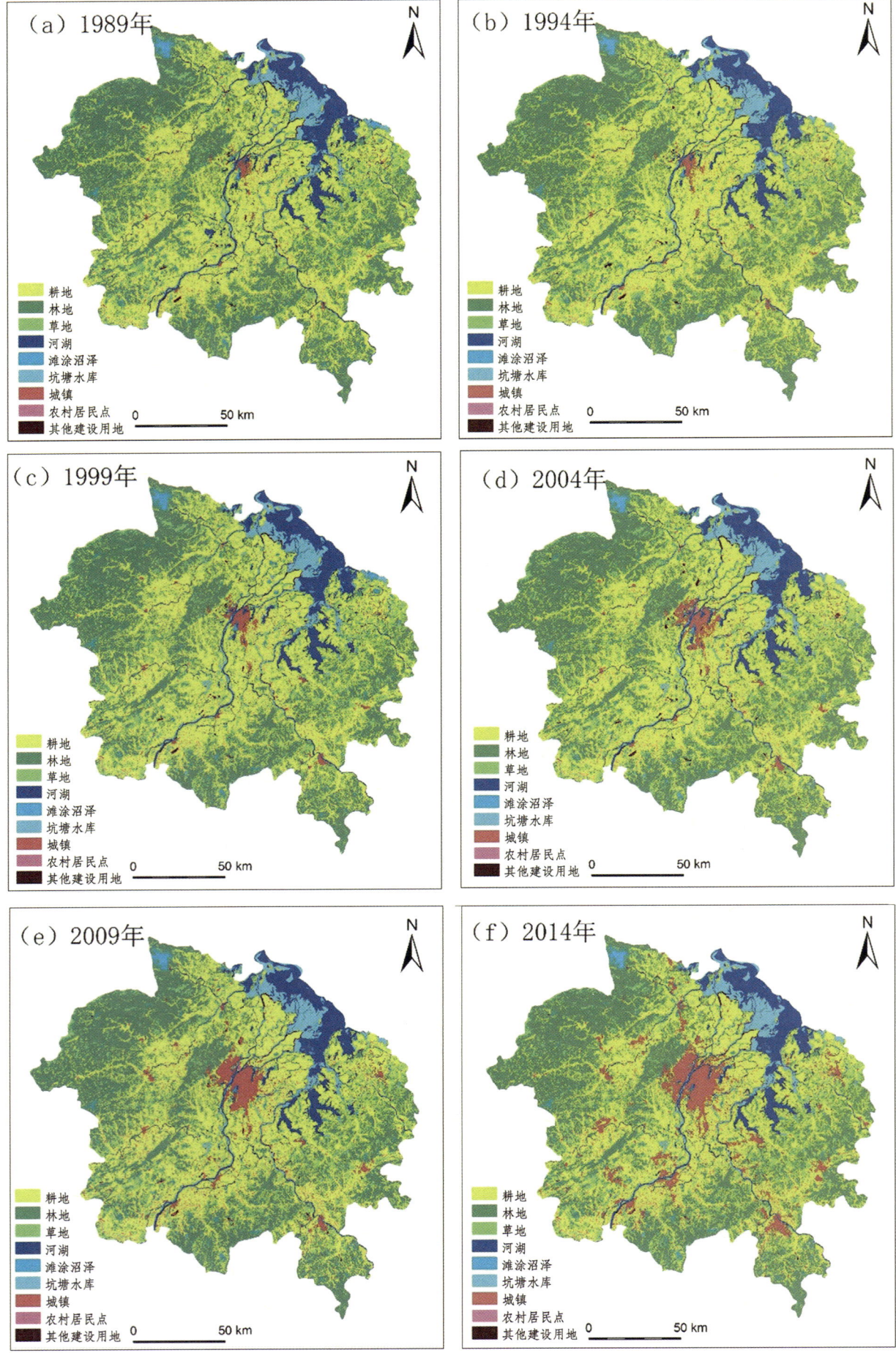

图 5-7 1989—2014 年南昌大都市区土地利用变化图

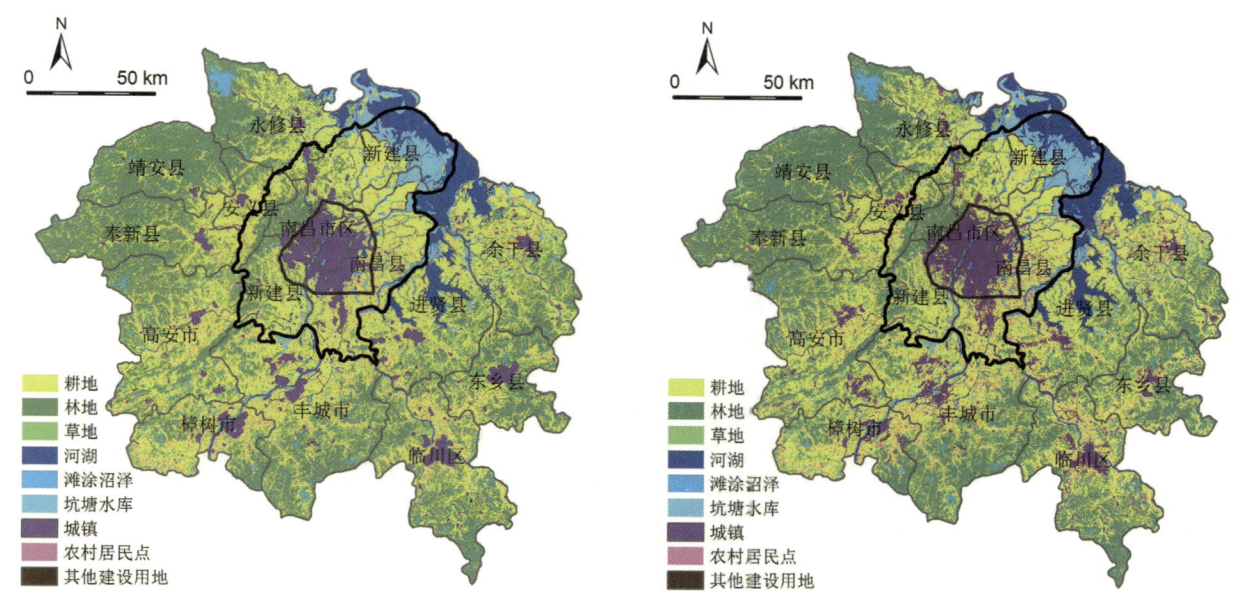

图 5-8 南昌大都市区 2014 年城市用地（左）与 2014 年模拟结果（右）

建立的逻辑回归 CA 模型为：

$$s_{t+1}(ij) = \begin{cases} Developedm, & p_{ij}^t(ij) > p_{threshold} \\ Undevelop, & p_{ij}^t(ij) \leq p_{threshold} \end{cases}$$

式中，$s_{t+1}(ij)$ 为元胞在 $t+1$ 时刻的状态；$p_{threshold}$ 是 [0,1] 之间的阈值；p^t 是元胞发展为城市用地的概率。

2. 城镇增长边界划定的多情景模拟与评价

规划采用 2014 年南昌市大都市区土地利用图作为 CA 模拟的起始年份，通过设定不同的城镇空间开发模式，模拟大都市区 2050 年在三种不同情景约束下的城市用地用地空间的变化。

1）边缘扩张型情景

边缘扩张型发展情景下，直接利用历史变化规律进行模拟，使用要素计算以空间性约束变量为主，除了不能占河流、湖泊、大型山体与水库外，城市发展过程不做任何制约。重点考虑为满足经济快速发展对建设用地的需求，以及城乡建设用地的合理布局（图 5-9）。

模拟结果显示，所有新增城市用地将围绕着现状建成区扩张，南昌市核心区与周边城镇均延续历史发展规律，使得城市周边大量的林地和优质耕地被占用，对粮食生产和生态环境造成不可逆转的损害。城市扩张量与原有城市的规模呈现明显的正相关关系，南昌核心区城市扩张较快，周边县市扩张较慢；整个区域内城市的发展将符合优势集中的规律，大城市所在地区开发建设条件和发展基础较好，对周围的辐射带动作用强，城市扩张较大。

2）生态保护优先情景

生态保护优先情景下，以生态敏感性图层作

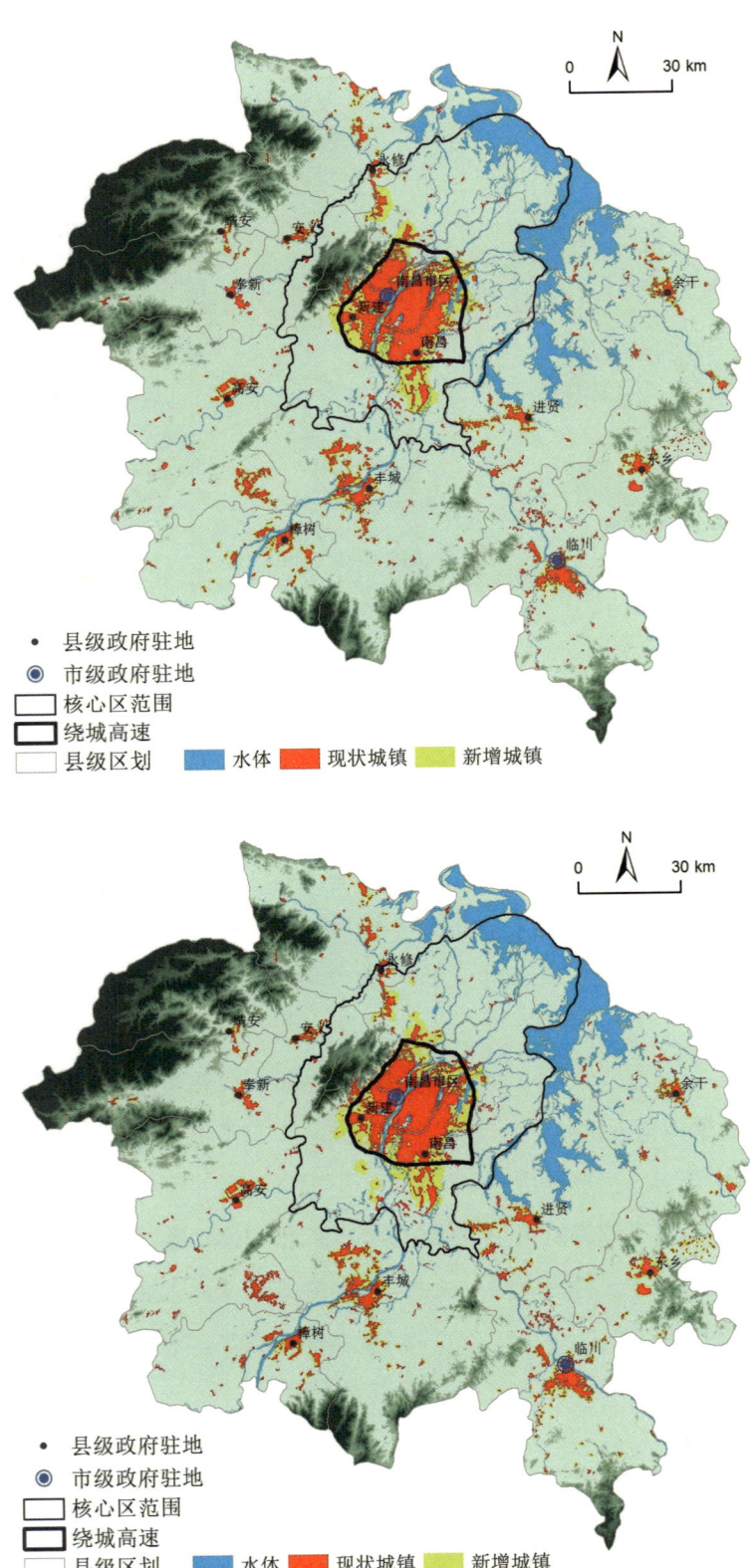

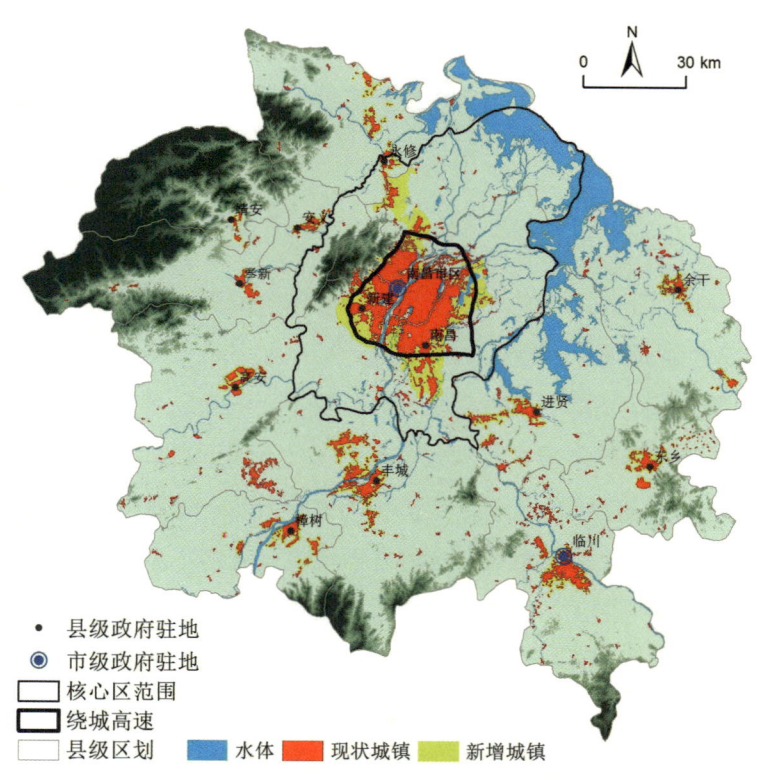

图 5-9 边缘扩张型情景（左上）、生态优先型情景（左下）和协调发展型情景下（右上）下南昌大都市区城镇用地空间变化模拟

为约束要素输入，只发展生态敏感性较低的区域，同时以生态红线作为约束条件，重点考虑区域生态环境的改善，生态敏感区等的合理布局和保护，最大程度地满足生态保护的需要。在此情景下，城市扩张选择区域内生态重要性较低的斑块进行，生态重要性越高，转化为城市斑块的可能性越低。

模拟结果显示，在生态敏感分区的约束下，南昌市核心区的发展规律与边缘型扩张有显著不同，如核心区西北部的林地，南昌市周边的重点生态敏感区都得到了保留。城镇出现跳跃式发展，形成新的开发区。城市扩张量与其原有规模的相关性较低，表现为一定的去中心化，大城市的扩张强度与小城市的扩张强度之间的差距减小。

3）协调发展情景

协调发展情景下，城市扩张模拟以交通区位因子等要素作为扩张适宜性图层，同时使用生态红线对模拟边界进行约束，获取城市快速扩张和生态保护的平衡。

模拟结果显示，通过生态红线的约束保障了基本生态用地的安全，而生态红线以外，将选择区域条件良好，交通便利等最具有发展潜力的区域进行开发。在城市周边的发展依然按照城市的自有规律进行扩张，但是首先要生态保护红线的约束，城市的增长将在可控的生态保护目标下进行。

4）情景比较分析

边缘扩张型发展模式下，城市总体来说是不受限制的肆意"摊大饼"扩张，这种扩张模式容易给城市带来交通拥堵、污染物排放增加、大气污染、热岛效应、开放空间减少等问题。生态优先型情景下都市区可新增的发展空间十分有限，无法满足城市发展的需要。同时，受可利用空间的限制，城镇的发展呈现零散化的现状，不利于都市区整体的统筹。协调发展情景下，城镇发展以生态重要性低值区是扩张的主要方向，既避免了对重要生态空间的占用，又有效增大与外界环境的接触面。这种发展模式是结合了边缘扩张情景与生态保护优先情景两种模式，可实现更加可持续的城市发展战略，是一种相对理想的方案。因此，综合比较三大情景，本规划选择协调发展情景为推荐方案，结合南昌市现有的资源条件以及今后的一系列发展规划，首先预计在省市共同的推动下，南昌市北部的昌九廊道将会得到重点发展，并与规划经行的铁路相结合，最终成为重要的新兴发展区。在南昌市南部，考虑南昌市在江西省的地理位置，需要体现南昌市互融互通的城市功能，选择东南区域为未来城市发展方向。并结合盛行风以及河流走向，将工业新区置于南昌东部，同时保留城市北面出口的生态用地，将其调整至南昌市西南部成为生态新区。

3. 城镇增长边界的划定

规划以协调发展情景为推荐方案，在此基础上提取城市空间扩张边界线，确定南昌大都市区增长边界。规划确定 2030 年城镇空间增长边界内的城镇建设面积为 1 725.91 km^2，占大都市区总面积的 7.5%（图 5-10、图 5-11）。

在此基础上，规划突出了沿鄱阳湖西岸对接庐山的生态廊道、云居山—柘林湖的生态廊道，九岭山对接幕阜山的生态廊道，沿鄱阳湖东岸对接龙虎山的生态廊道和阁皂山对接赣中南山脉的生态廊道，保护并修复区域野生动物栖息地和迁徙走廊，共建区域生态网络框架（图 5-12、图 5-13）。规划建议建立大都市区协调发展领导小组及联席会议制度，由省政府成立"环鄱阳湖—南昌大都市区协调发展领导小组"，专项负责城市群的统筹发展、协调省直有关部门和各市关系，通过联席会议制度对跨区域、跨流域生态保护、水系治理和重大建设项目布局进行统筹协调及监督检查。

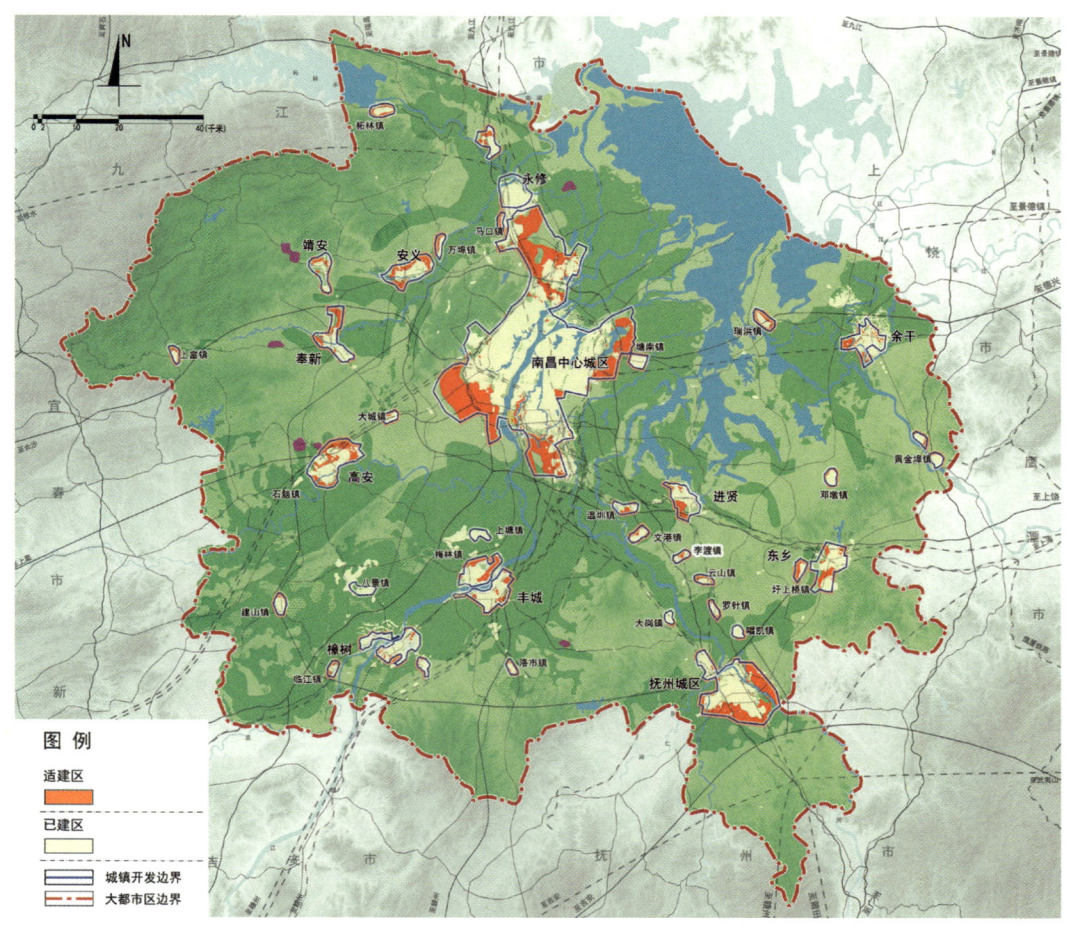

图 5-10 南昌大都市区城镇增长边界划定方案

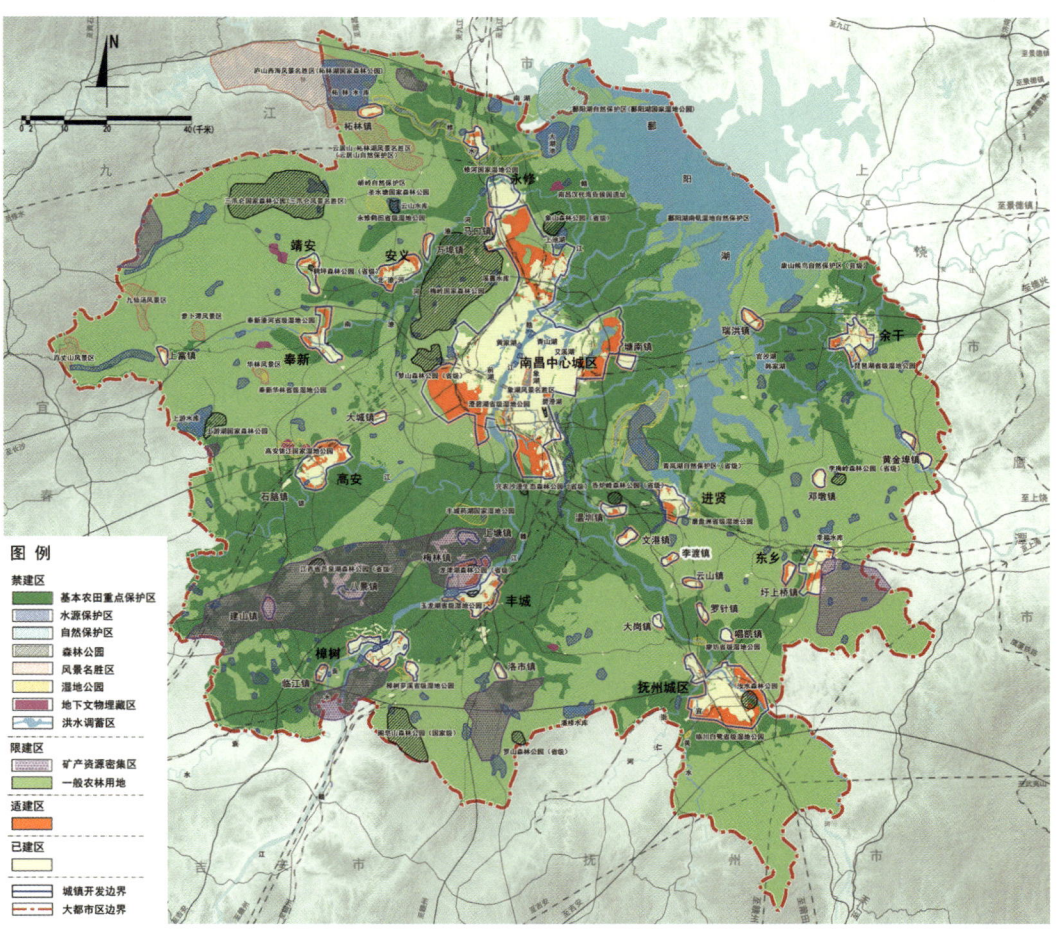

图 5-11 大都市区生态空间管制规划图

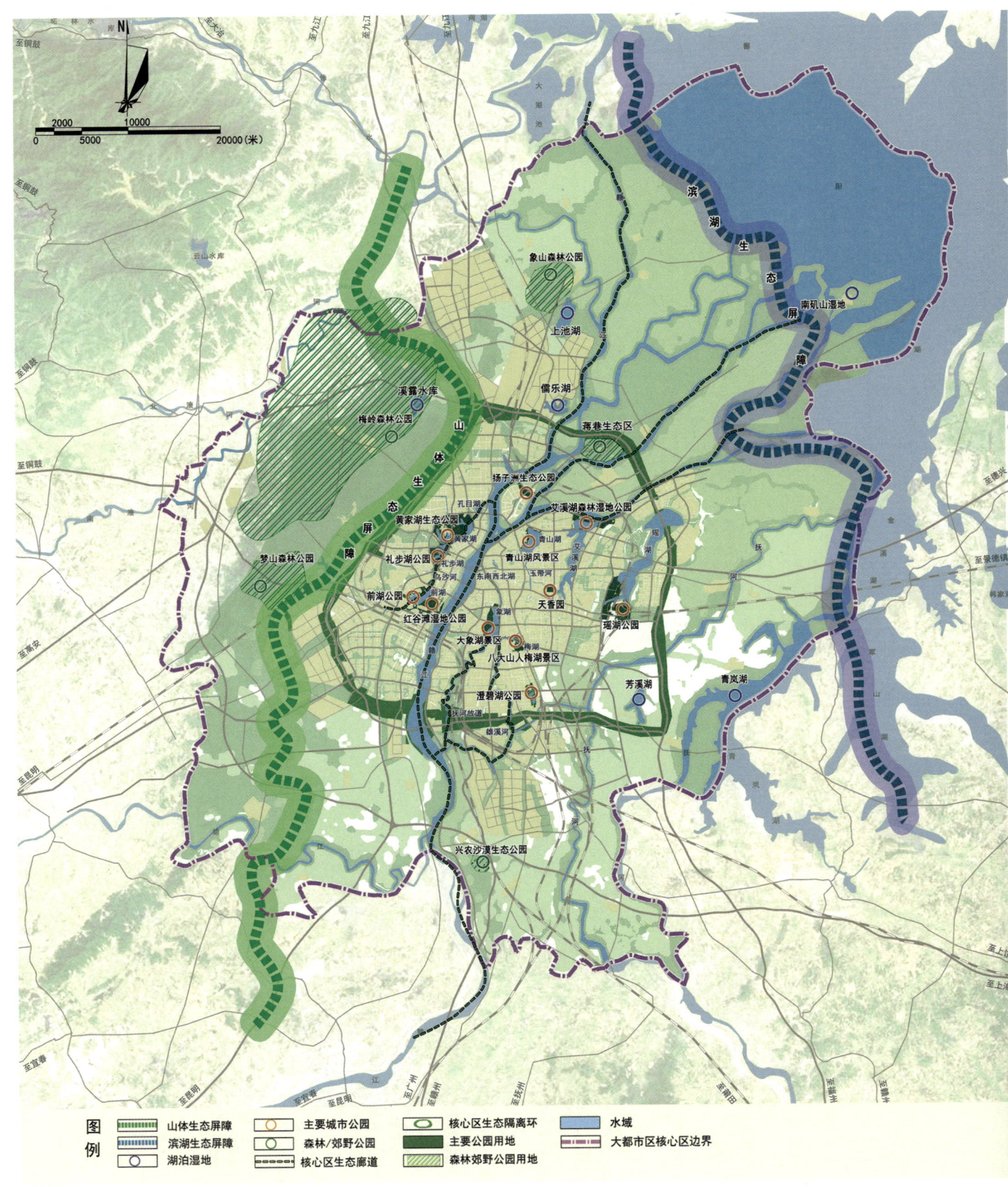

图 5-12 大都市区核心区生态体系规划图

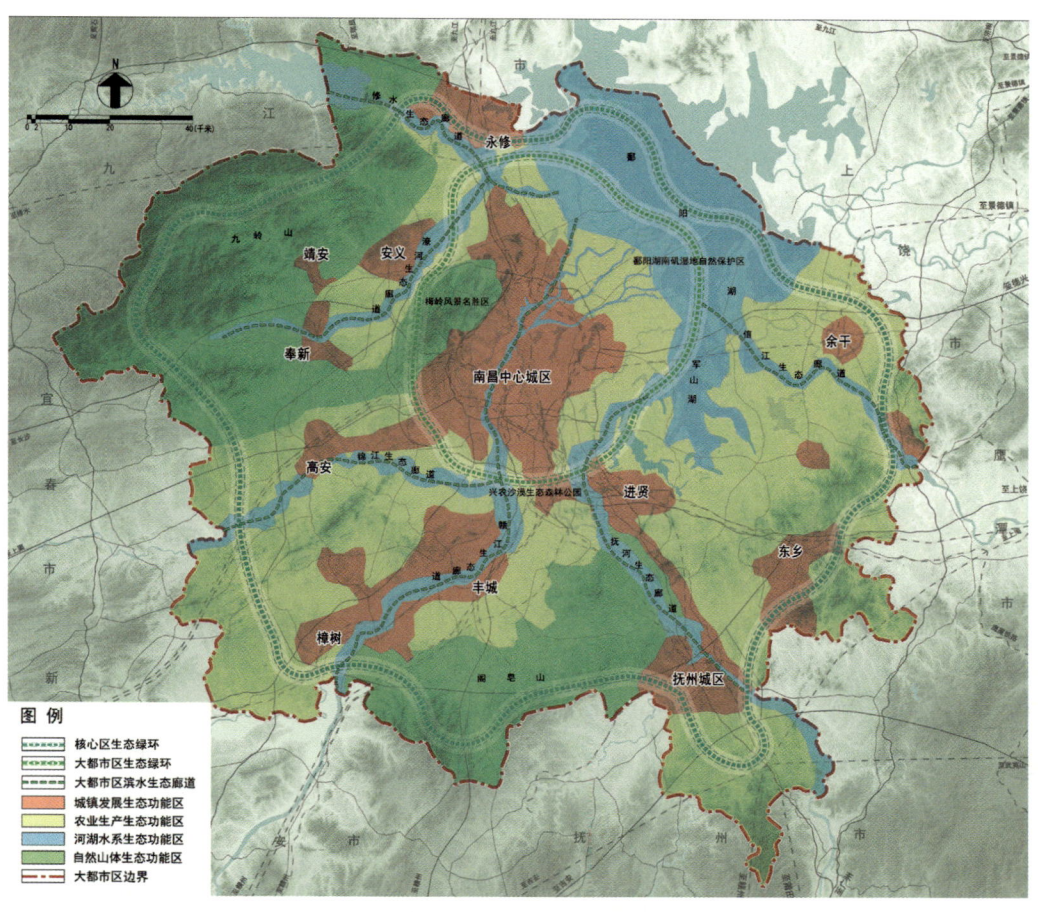

图 5-13 大都市区生态空间规划图

5.2.4 小结

生态红线、城镇增长边界（开发边界）的划定离不开定量研究，特别是大都市区域层面在数据采集上相对复杂、困难，通过引入遥感数据分析技术平台，为区域层面划定生态红线、城镇开发边界提供了科学可信的依据。但大都市地区是一个复杂的城镇动态系统，仍然存在一些问题需要进一步研究。

生态红线划定不是现有保护地要素的简单叠加，应通过科学的评估方法识别生态功能极为重要和生态环境极为敏感脆弱的区域，纳入保护红线。生态保护红线在 2020 年底将完成全国划定工作，但生态红线应如何在下层次规划中的有效传导和管控，仍需关注研究。

当前城镇增长边界（城开发边界）的划定方法尚未统一，仍然处于研究阶段。本次规划中运用 CA 模型对城镇发展演变不同情境的模拟结果作为城镇增长边界划定的依据，在开发边界的划定方法上有一定的创新性，但仍有存在一定的不足。首先，目前对于城镇空间演变的模拟还是主要从增量的角度来考虑，对存量利用的影响考虑较少。其次，本研究中仅选择了两类的约束因子用于 CA 模型，但城市空间增长收到更复杂的要素影响，如何将这些更复杂的要素纳入考虑仍需进一步研究。最后，城镇扩张具有动态性和不确定性，如何更好地协调弹性与刚性协调的问题也需要进一步研究。

5.3 案例2："奎—独—乌"区域城镇协调发展规划（2015-2030）

5.3.1 规划背景

"奎—独—乌"地区位于新疆维吾尔自治区中部，包括奎屯、独山子和乌苏三个相邻城市以及新疆生产建设兵团第七师，分别隶属于伊犁哈萨克自治州（州直管）、克拉玛依市、塔城地区和兵团，同时涉及少数民族自治地区、央企和兵团等多方利益主体。整个区域在区划不断演变的过程中，逐步形成了"一河一路之隔，三地四方共存"的空间格局（图5-14）。

"奎—独—乌"地区集聚了我国石化工业的巨大产能，是新疆人口聚集和经济增长较快的重要地区。在近年来高速发展过程中，由于行政区划的壁垒，重复建设、无序竞争、粗放扩张等问题已然凸显，对区域生态环境造成了严重威胁。从2009年到2014年，"奎—独—乌"区域大气环境整体优良天数下降12%，在采暖季节叠加逆温层效应后，主要大气污染物二氧化硫（SO_2）、氮氧化物（NO_X）、PM_{10}以及挥发性有机物（VOCs）全面超过国家标准。除了独山子石化这一央企的存在，在巨大的利益驱使下，奎屯和乌苏纷纷构建自己的炼化体系，"三地四方"目前规划的炼油产能已超过2000万吨，重复建设现象日渐加剧（图5-15）。

这一系列的问题受到自治区的高度重视和关注。2014年颁布的《新疆维吾尔自治区大气污染防治行动计划实施方案》明确提出"推进重点区域大气污染联防联控。继续做好乌鲁木齐区域大

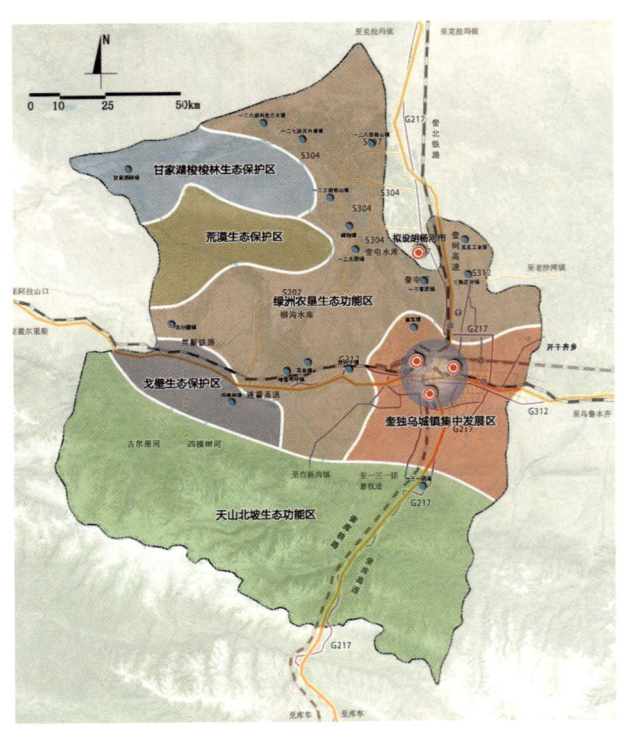

图5-14 "奎—独—乌"区域规划范围

气污染联防联控工作，并在奎屯—独山子—乌苏区域、克拉玛依市、石河子市、库尔勒市分别设立自治区级大气污染联防联控区"。同年《"奎—独—乌"区域城镇协调发展规划（2015-2030）》（以下简称《协调规划》）的编制工作正式启动，在自治区人民政府领导下，由住房和城乡建设厅牵头，发改委、环保厅和兵团建设厅，以及奎屯、独山子、乌苏三个地方政府及其所属的伊犁州、克拉玛依市和塔城地区及兵团七师共同参与推进，并成立了《协调规划》编制领导小组。同时，"奎屯—独山子—乌苏区域大气污染联防联控工作方案"（以下简称《联防联控方案》）同步编制。

"协调规划"是以"奎—独—乌"区域的发展为主线，研究资源和环境的承载能力，协调城市与

第 5 章 突出生态文明与可持续发展 | 115

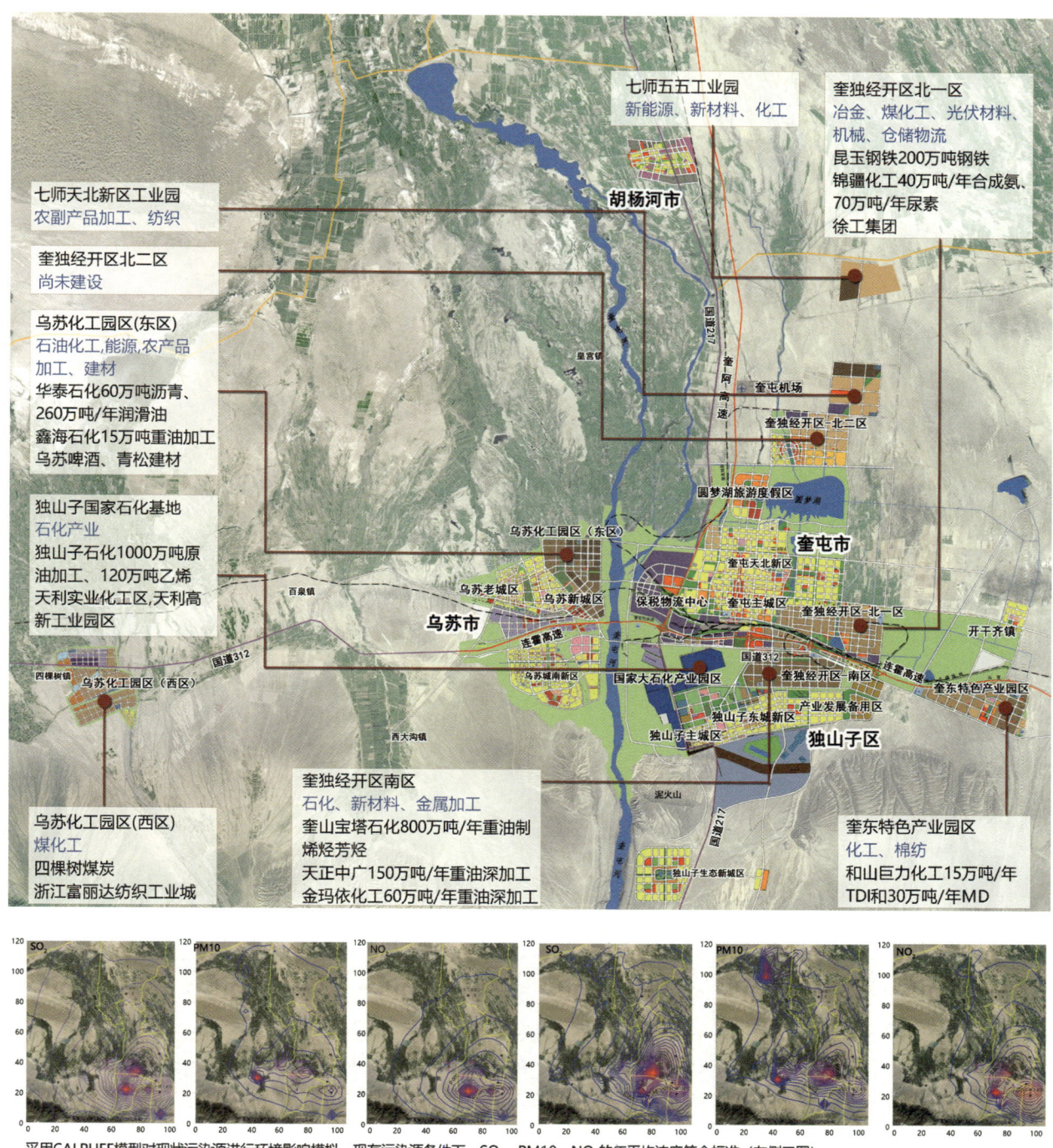

图 5-15 "奎—独—乌"区域规划工业园区分布图

自然、城市与城市之间的共生关系的一项重要工作。从环境治理的角度出发，随着城市群的逐渐形成，大气污染的区域性特点也更为明显，城市之间污染物的扩散、输送规律更为复杂，单个城市的污染治理模式很难解决问题，区域协调的诉求正当其时（图5-16）。

在发展诉求的统筹、公平路线的构建以及区域机制的建设中，"协调规划"编制组发现，"奎—独—乌"区域的发展离不开资源和环境的承载能力这一根本问题，而其中对"奎—独—乌"地区最大的制约因素是大气环境容量。因此，"协调规划"利用"联防联控方案"同步开展的契机，引入大气环境容量测算的规划方案评估方法，基于大气环境容量完成规划方案的评估，以期在规划方案的空间、制度、模式等的谋划阶段引入环境治理的协调机制。

5.3.2 基于大气环境容量测算的规划方案评估

1. "奎—独—乌"地区面临的主要大气污染问题

1）区域污染问题的同步性

随着区域内工业园区不断扩张和工业企业连片发展，受大气环流及大气化学的双重作用，城市间大气污染相互影响明显。区域内城市大气污染累积过程呈现明显的同步性，不同城市重污染天气一般在一天内先后出现。区域大气污染呈现以煤烟型为主、臭氧污染为辅的复合型污染趋势。大气污染物在独山子区与奎屯市、乌苏市城市间跨境构成相互关联

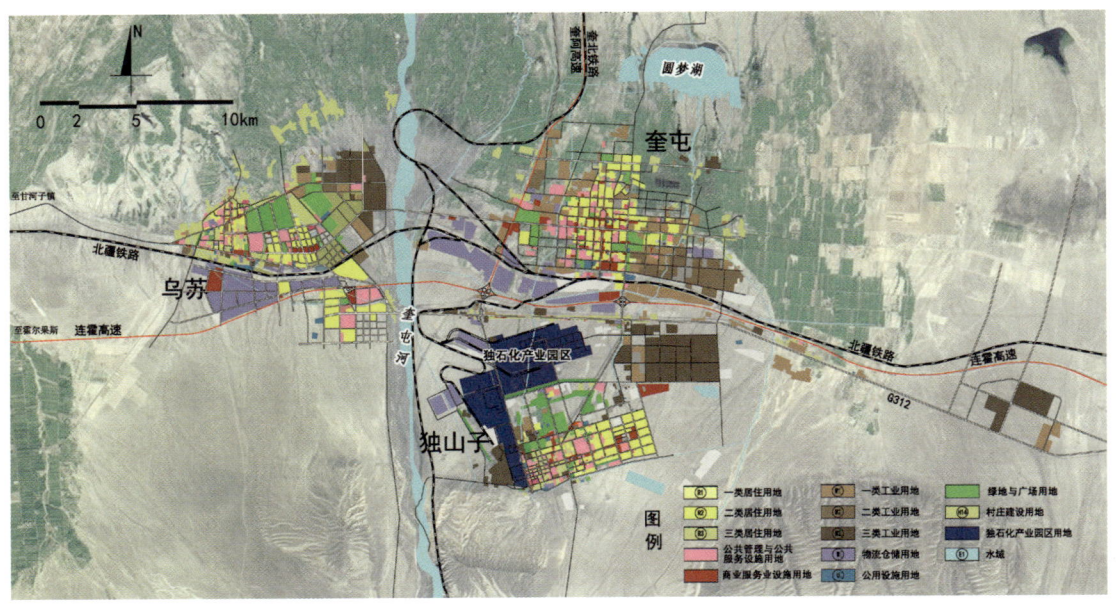

图5-16 "奎—独—乌"区域现状空间格局图

的区域性大气污染带，空气质量污染指数呈现同步变化趋势。

2）区域污染的空间聚合度高

由于主要石化企业均布置在三地交界地区，在以奎屯市为中心 10km 范围内形成明显的大气污染的"共轭区"。通过 CALPUFF 模型测算三城市共轭区的挥发性有机物、二氧化硫、氮氧化物及烟尘排放量分别占区域总排放量的 96%、86.7%、87.9% 和 70.7%。区域前九家企业等标污染负荷占 91.24%，其中中国石油天燃气股份有限公司独山子石化分公司占 45.46% 图（5-17）。

2. 大气环境容量测算评估模型的构建

规划采用 A 值法和污染模拟技术建立大气环境容量测算评估模型。A 值法属于地区系数法，根据给出大气总量控制区的面积，结合总量控制系数 A 值即可得出该面积上污染物允许排放总量，从而能够有效测算出不同情境下的环境容量，对城市空间拓展、产业发展等形成总量上的约束。

污染模拟技术可以对不同情境方案的污染强度、污染空间分布等进行分析，对空间方案用地布局的污染敏感性进行评估，重点关注居住、公共、商业等高污染敏感性用地类型，选择适宜污染扩散模型的方案，同时对空间布局模式形成反馈，不断完善空间布局方案。

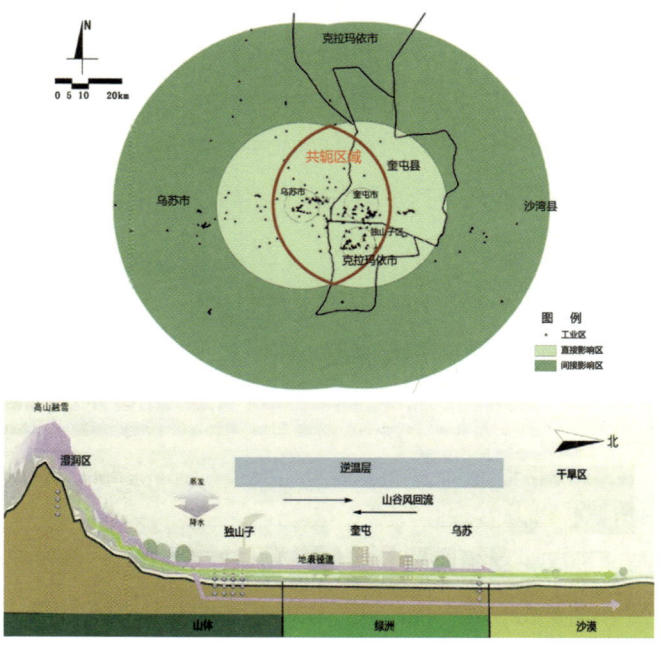

图 5-17 "奎—独—乌"区域主要污染企业共轭示意图

1）区域理想总量核算

(1) 总量控制区内污染物允许排放量计算模型为：

$$Q_k = \sum_{i=1}^{n} Q_{ki} = \sum_{i=1}^{n} \left(A \times (\rho_{ki} - C_{ki}) \times \frac{S_i}{\sqrt{S}} \right)$$

式中，Q_k 为总量控制区内第 k 种污染物、年允许排放总量限值，10^4t/a；Q_{ki} 为第 i 个控制分区，第 k 种污染物年允许排放量限值，10^4t/a；A 为地理区域性总量控制系数，10^4t/km²·a；ρ_{ki} 为第 i 个控制分区环境空气质量标准（年均值），mg/m³；C_{ki} 为第 i 个控制分区环境空气质量本底值（年均值），mg/m³；S 为总量控制区面积，km²；S_i 为第 i 个控制分区面积，km²。

(2) 总量控制区内低架源允许排放量计算

控制区内排气筒几何源高 <30m 的污染物排放源称为低架源，低架源允许排放量由下式计算：

$$Q_{bk} = \sum_{i=1}^{n} a Q_{bki}$$

式中，Q_{bk} 为总量控制区内 k 种污染物低架源年允许排放量，10^4t/a；Q_{bki} 为第 i 个控制分区低架源 k 种污染物年允许排放量，10^4t/a；α 为低架源污染分担率。

(3) 冬季采暖期控制区污染物允许排放总量计算

冬季采暖耗煤增加很多，同时又因大气逆温层厚，扩散程度低，导致城市大气环境质量在严重下降。据统计我国各地冬季通风量约为全年均值的 0.67 倍。

设采暖季各控制区污染物的允许排放量为 Q_{wki}。其计算公式为：

$$Q_{wki} = a_a \times \frac{N}{12} \times Q_{ki}$$

式中，N 为采暖期月数；a_a 为季节调整系数。

2）模型参数选择

(1) 总量控制系数和低源分担率

对于不同的城市或地区，总量控制系数 A 值和低源分担率 a 也各不相同，我国各地区总量控制系数 A 值及 α 值选取见表 5-2。

根据《环境空气质量标准》（GB 3095—2012），按照 A 值的确定原则，以达标率

90%的控制目标，按公式 $A=A_{min}+0.1(A_{max}-A_{min})$ 计算出评价区的总量控制系数 A 值为 7.14；低矮面源排放分担率 α 取 0.15。

（2）控制因子的年均质量浓度标准

大气总量控制区中建成区和园区按《环境空气质量标准》（GB 3095—2012）二级标准，其他区域按一级标准执行，见表 5-3。

参考新疆 2013 年环境质量年报中喀纳斯本底值和那拉提背景值，确定控制区二氧化硫浓度本底值 0.006mg/m³、氮氧化物浓度本底值 0.006mg/m³；奎屯市、独山子区、乌苏市环境空气自动监测站 2013 年 PM10 年均浓度分别为 0.110mg/m³、0.076mg/m³、0.085mg/m³，均超过《环境空气质量标准》（GB 3095-2012）中二级标准，参考奎独乌区域多风沙天气现状，PM_{10} 本底值取 0.040mg/m³。

（3）其他参数

大气环境容量控制区所在区域采暖天数为 180 天，因而采暖期月数取 N = 6；季节调整系数取 a=0.67。

3. 多情景方案构建及不同方案的环境容量评估

1）区域污染物排放目标

针对"奎—独—乌"地区大气污染严重、区域环境空气质量优良率下降的现状，规划在充分对接自治区环保厅编制的《奎屯—独山子—乌苏区域大气污染联防联控工作方案（2014-2017）》（2015 年）的基础上结合分析的相关成果，分别制定了污染物排放控制目标、环境空气质量目标等方面的底线要求。

表 5-2 我国各地区总量控制系数 A 和低源分担率 α 值列表

地区序号	省（市）名	A	α
1	新疆、西藏、青海	7.0-8.4	0.15
2	静风区（年平均风速小于 1m/s）	1.4-2.8	0.25

表 5-3 控制因子的年均浓度限值（单位：μg/m³）

污染物	SO_2	NO_x	PM_{10}
标准浓度年均限值	60	40	70

规划确定区域总体控制近期目标为二氧化硫年排放量不超过 3.89 万吨、氮氧化物年排放量不超过 3.08 万吨、烟（粉）尘年排放量不超过 2.88 万吨，总 VOCs 排放量控制在 5.21 万吨以内。

2）构建多情景方案

规划基于可持续发展的理念，紧守生态底线，以环境友好、经济繁荣、空间高效为目标导向，以经济成本、行政成本、机会成本为情景方案可实施性的影响因素，构建三个情景方案。三个情景方案具有共同的几个前提：环保措施相同，各情景应在加大节能减排、提升治理技术的前提下对环境保护提出更高要求；由于大石化的搬迁涉及到国家层面的战略选择、搬迁方向选择、成本效益分析等重大问题，暂不考虑独山子大石化搬迁。三个情景在环境、经济、空间三个目标维度上各有侧重（表5-4）。

在三种情景下，哈拉干德工业园及五五工业园的规划规模保持不变，独山子石化园区规划规模变化较小，乌苏西工业园、乌苏东工业园、奎东特色工业园及奎独经开区的规划规模有较大幅度增加。其中，乌苏西及乌苏东工业园的规划规模，情景2为情景1的1.6～1.7倍，情景3为情景1的2.5～4.7倍。奎东特色工业园及奎独经济技术开发区的规划规模，情景2为情景1的2.6～2.9倍，情景3为情景1的4.7～7.2倍。

3）多情景方案的环境容量评估

在多情景方案的基础上，规划采用大气环境承载率指数对各个情景的大气环境承载力

表5-4 "奎-独-乌"不同规划情境方案对比

	情景一	情景二	情景三
产业	产业全面多元化转型，实现新兴产业战略替代	产业适度转型，向下游拓展，积极引入新兴产业	延续当前产业模式，巩固石油化工等优势产业
人口	产业转型人口集聚能力适度提高	劳动密集型产业带动人口集聚能力大幅提高	人口延续现状平稳增长
环境	污染源大幅清退（底线之上、环境较好）	污染源适量清退（底线之上、环境改善）	污染源有一定增加（采暖能源改善后，基本达到大气污染排放标准）
空间	调整用地结构，全面产城融合	优化用地结构，适度产城融合	延续布局结构，严控外围增长

进行评价。规划情景三中，奎独乌区域、乌苏市各大气污染物、奎屯市 PM10、氮氧化物大气环境承载率均大于 1。规划情景二中，乌苏市 PM10、氮氧化物和奎屯市氮氧化物环境承载率均大于 1。规划情景一中，各区域大气污染物环境承载率小于 1。总体而言，情景一最能满足环境要求（表 5-5—表 5-7）。

根据预测分析，在情景一情况下，NO_2、PM_{10}、SO_2 最大浓度点出现在乌苏东，各因子均可满足《环境空气质量标准》（GB3095-2012）中的二级标准。在情景二情况下，NO_2、PM_{10}、SO_2 最大浓度点也出现在乌苏东，其中除 NO_2 超标外，PM_{10}、SO_2 均可满足《环境空气质量标准》（GB3095-2012）中的二级标准，NO_2 的超标倍数为 1.23 倍。在情景三情况下，NO_2 最大浓度点也出现在乌苏东；PM_{10} 最大浓度点出现在独山子东北区域、奎屯东南部，两因子均可满足《环境空气质量标准》（GB 3095—2012）中的二级标准。SO_2 最大浓度点出现在独山子东北区域、奎屯东南部，超标倍数为 1.98 倍。

表 5-5 情景 1 大气理想环境容量

区域 污染物	奎屯市中心城区和园区		独山子区中心城区		乌苏市中心城区和园区		奎独乌区域	
	环境容量	预测排放量	环境容量	预测排放量	环境容量	预测排放量	环境容量	预测排放量
SO_2 t/a	27 719	3 963	26 719	13 996	20 469	10 174	74 907	28 133
NO_x t/a	6 422	3 027	18 946	8 540	14 479	11 005	39 847	22 572
PM_{10} t/a	7 629	1 900	8 015	7 701	11 128	8 399	26 772	18 000

表 5-6 情景 2 大气理想环境容量

区域 污染物	奎屯市中心城区和园区		独山子区中心城区		乌苏市中心城区和园区		奎独乌区域	
	环境容量	预测排放量	环境容量	预测排放量	环境容量	预测排放量	环境容量	预测排放量
SO_2 t/a	28 180	10 425	28 294	13 431	20 485	15 912	76 958	39 769
NO_x t/a	6 467	7 756	19 289	8 110	14 482	18 778	40 239	34 645
PM_{10} t/a	7 820	5 556	9 974	7 389	11 140	13 873	28 934	26 816

表5-7 情景3大气理想环境容量

区域	奎屯市中心城区和园区		独山子区中心城区		乌苏市中心城区和园区		奎独乌区域	
污染物	环境容量	预测排放量	环境容量	预测排放量	环境容量	预测排放量	环境容量	预测排放量
SO_2 t/a	26 021	21 288	27 478	16 153	19 942	40 575	73 442	78 015
NO_x t/a	6 254	14 125	19 111	8 744	14 359	51 251	39 725	74 120
PM_{10} t/a	6 926	13 671	9 013	8 886	10 718	20 937	26 656	43 494

4. 基于多情景方案环境评估的空间对策

通过对三种情景的对比分析可以发现，情景三模式下的预测浓度对区域的影响最大，对环境的影响不可接受，该情景下浓度值有超标现象，情景三不适合区域，建议空间方案考虑情景一或二的模式。同时，鉴于情景一模式是目标导向下的理想方案可能对产业的引进和发展造成影响，不利于资源的开发和利用，且实施成本比较高。情景二通过产业适度转型，对污染源的有效控制，对经济发展、空间集约和环境质量改善有积极作用，同时兼顾三方诉求，通过独山子相对较大，奎屯次之，乌苏相对较小的调整实现区域整体效益的提升，是较为适合区域未来发展的合理路径。因此，规划建议在情景二的基础上进行优化，调整产业结构，提高技术水平，保证区域环境质量，实现经济与环境的可持续发展。

通过各污染区域对中心区域的影响及各区域污染物对中心点的灵敏度对比分析，乌苏东工业园对区域几何中心的影响最明显，奎独经济技术开发区次之。因此，在规划中应优先考虑对乌苏东工业园产业结构的调控。五五工业园污染物排放对区域几何中心的灵敏度反应最弱，这也与当地的实际风向及地形地貌情况相吻合，在规划时可以考虑"两高一资"项目向该区域规划布局。

结合模拟分析，规划提出通过针对性性治理现状污染源、调整产业布局和建构生态隔离廊道等措施，优化产业空间结构。在产城适度融合的指导原则下，重新梳理产业园区与城区布局的关系。在充分尊重地方合理发展诉求的基础上，统筹推进区域空间一体化发展，推进增量规划向存量规划的转型。同时，适应社会治理方式的变革，建设完善的城镇住区组团。

在总体层面，规划提出建立8个政策区进行空间指引，分别为生态廊道控制区、生活优化完善区、服务功能拓展区、物流发展引导区、产业优化区、产业承接区、独石化控制区、

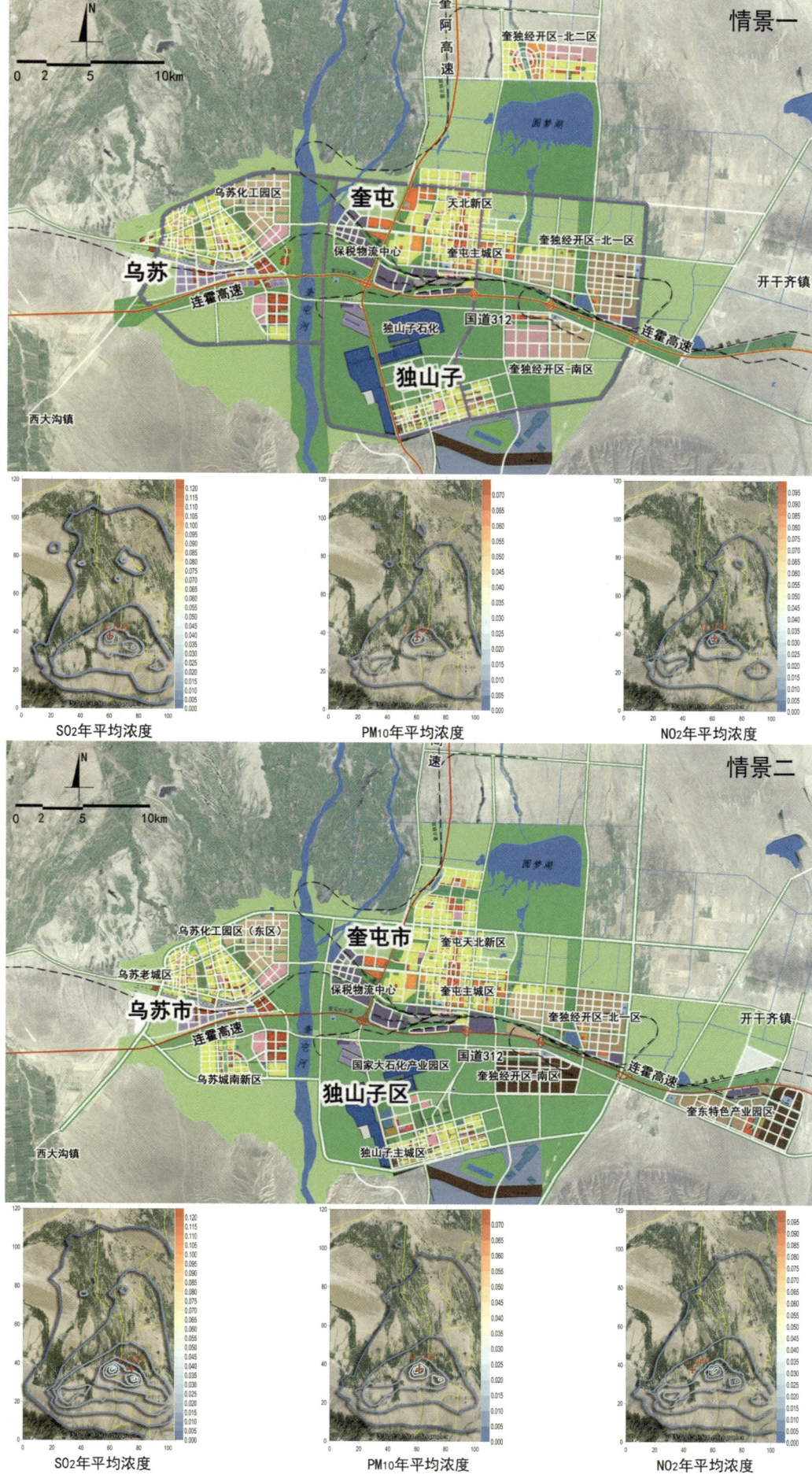

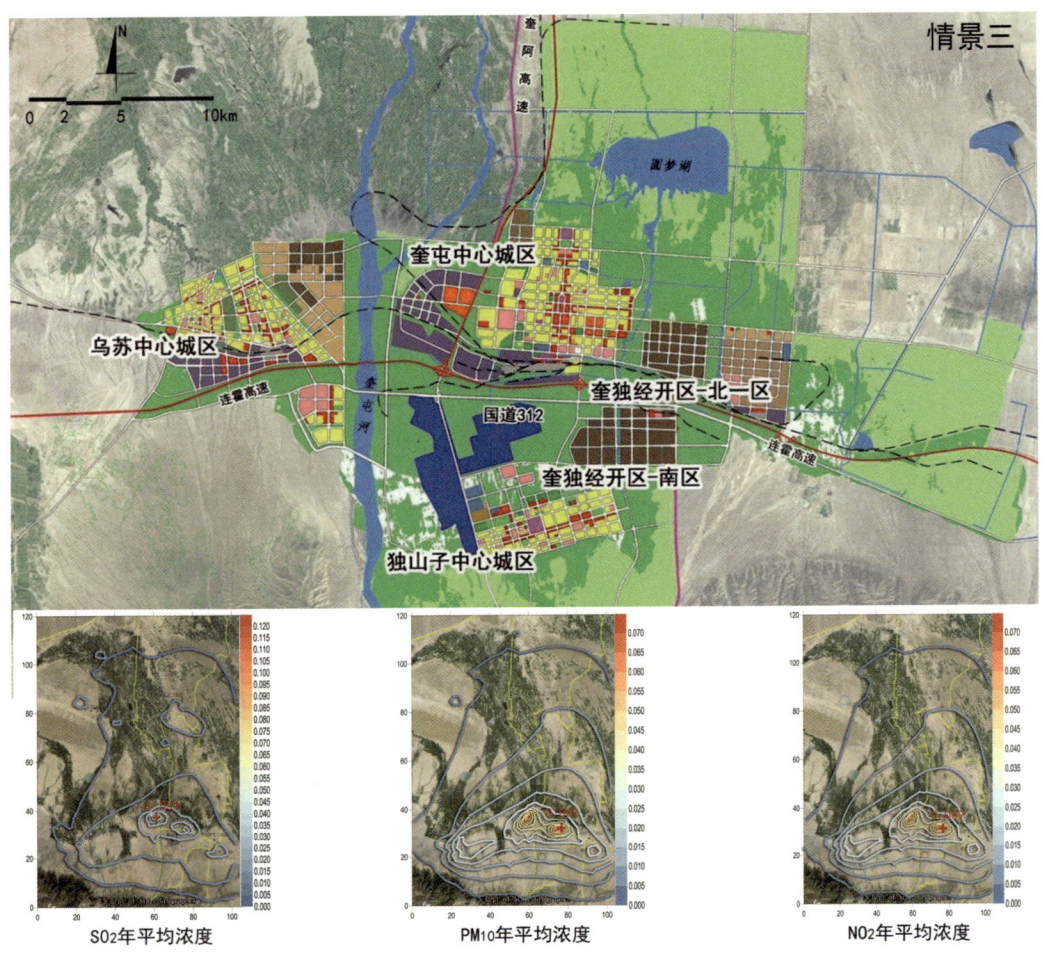

图5-18 "奎—独—乌"多情景方案及相应的环境容量评估结果

旅游功能区。在政策区的指引下,奎屯市、独山子区、乌苏市城区围绕生态绿核呈集聚式发展,总体形成"四区、十二组团"的空间结构。

5. 以多情景评估为基础构建区域联防联控机制

"奎—独—乌"整个大气控制区总面积为9 014km²,占"奎—独—乌"辖区面积的41.5%,其中重点控制区范围为奎屯市(含第七师)、独山子区、乌苏市3个城市为中心半径25km的范围,面积2 806km²,占"奎—独—乌"辖区面积的12.9%,主要的环保要求为建城区内重污染企业实施"搬、停、并、转"。工业园区应严格按照批准的总体规划、产业规划及定位的要求,合理选择产业结构及布局,各类项目全面落实各项环保措施保证达标排放;一般控制区为重点控制区向外延30km的区域(扣除南部山区),面积为6 208km²,占"奎—独—乌"辖区面积的28.6%,主要的环保要求为允许建设项目,但要严格控制污染物新增排放量。在实行区域内现役源2倍削减量替代(图5-19、图5-20)。

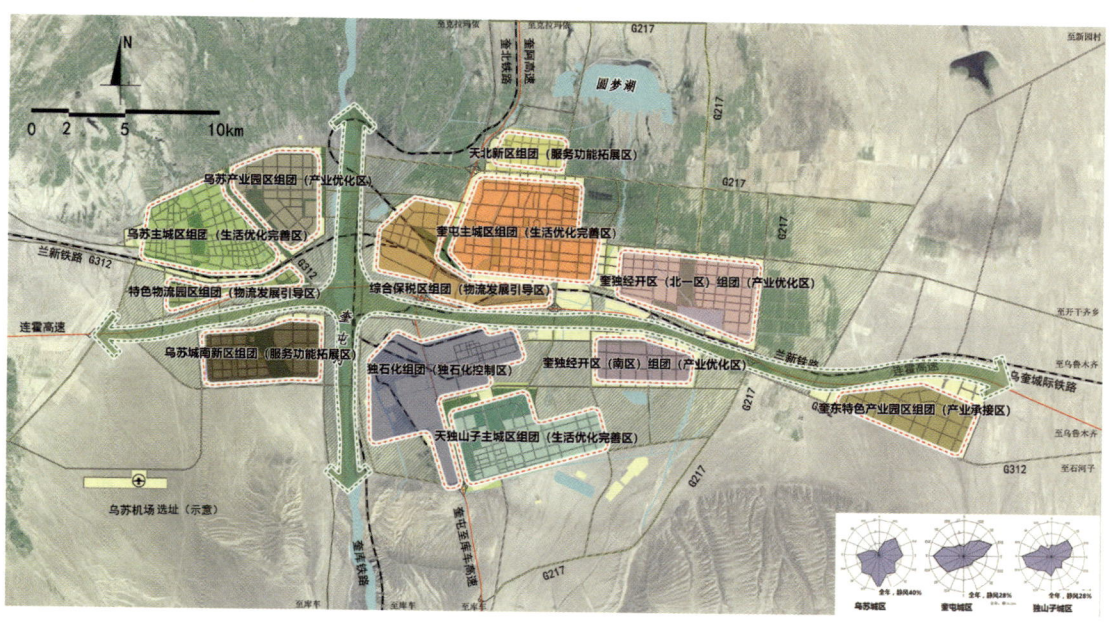

图 5-19 "奎—独—乌"区域空间结构规划图

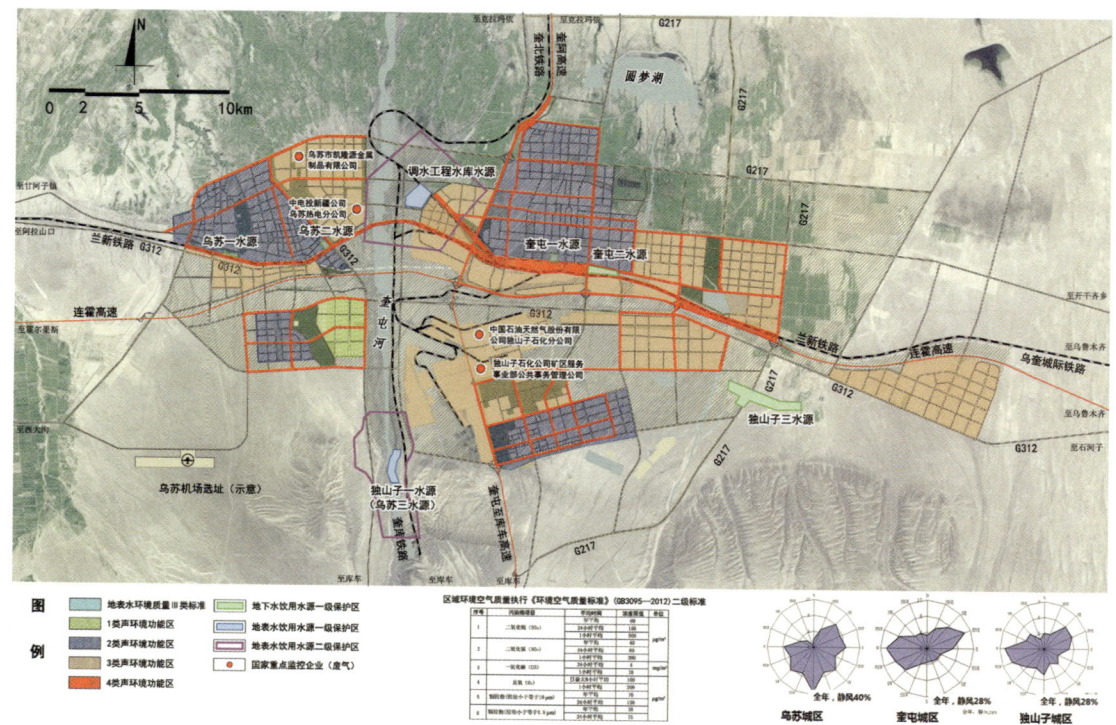

图 5-20 "奎—独—乌"区域环境保护一体化规划图

5.3.3 小结

"奎—独—乌"区域协调规划通过多情景方案的设定，假设不同的发展道路和模式，以环境容量测算和环境污染模拟作为评价准绳，实现环境约束下的底线控制和空间治理。

在环境评价领域，我国多采用"事后环评"，即规划或项目已基本完成设计方案时介入，这种模式势必造成对于可持续发展问题的应对滞后于规划设计方案的形成，使空间方案同可持续发展问题脱节。在"事后环评"的模式下，环评工作通常和空间方案产生并无关联，而很多问题往往在空间方案阶段已经埋下种子，例如城市外部和内部各系统的选址不合理的问题对后期影响相当大。

"奎—独—乌"规划的实践，是在识别生态环境问题基础上的方法创新，通过环境评价技术方法的引入，把"事后"变为"事前"，把事后修正变为事前干预。这种规划编制模式不仅是对规划编制技术方法的一种完善，也是对"事前"环境评价的有益尝试，同时也是对规划内涵的不断丰富。其实这类方法能够从我国古代的营城理念中探得雏形。古人把自己对于自然的很多认知通过"风水"的方式固定下来，来指导人们造屋选宅。在科学技术不断发展的今天，我们可以有更多的方式更深入得理解自然、认知环境，通过更多更科学的方法指导规划。

5.4 案例3：武汉长江新城概念规划

5.4.1 规划背景

武汉长江新城位于湖北省武汉市长江北岸、主城区东北部，包括黄陂、新洲两区南部和江岸区东北区域。本次规划范围东至倒水河，南至长江北岸，西至滠水河、府河、张公堤路，北至318国道，面积约555km²（图5-21）。

长江新城建设是武汉提升中心地位、增强区域辐射带动功能的重要举措，将成为支撑武汉从工业化中后期向后工业化时期转型的重要空间载体，有助于武汉在长江经济带引领作用的发挥和支撑武汉建设国家中心城市目标的实现。与此同时，在生态文明建设及长江经济带"共抓大保护、不搞大开发"的时代背景下，长江新城也将成为探寻"科学、绿色、可持续"发展路径的特殊先导区。武湖地区作为武汉城市原城市结构中的六大绿楔之一，湖泊众多、水网密布、生态敏感度极高，长江新城建设将为此类生态资源优渥地区寻求生态优先下的可持续发展路径提供借鉴。

武汉市第十三次党代会提出"规划建设长江新城，以超前理念、世界眼光，打造代表城市发展最高成就的展示区、全球未来城市的样板区"，坚持高起点定位、高标准规划、高质量建设、高效率推进。

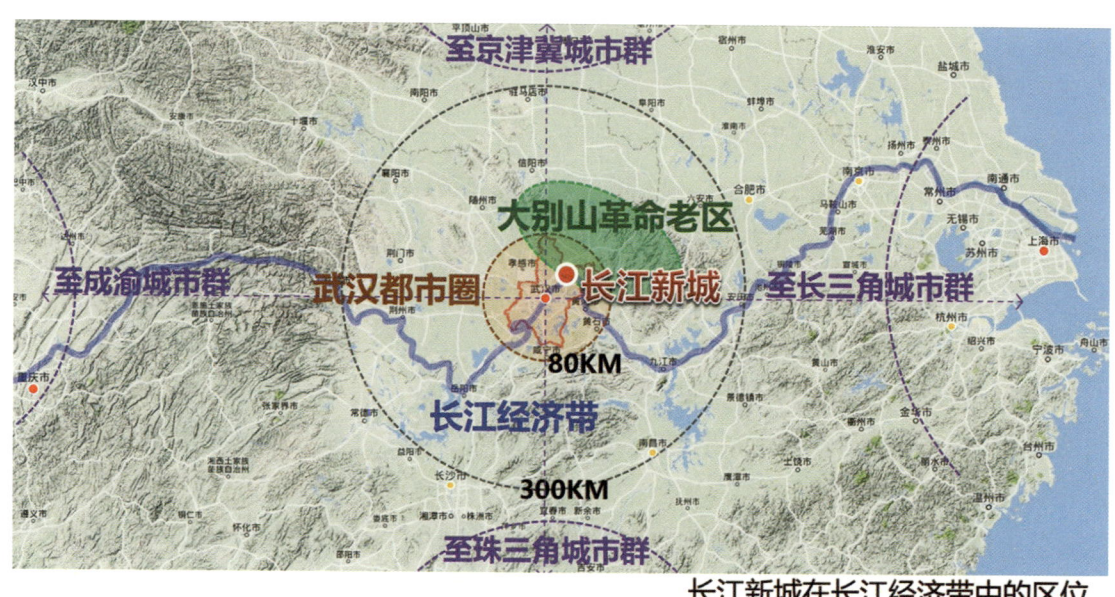

长江新城在长江经济带中的区位

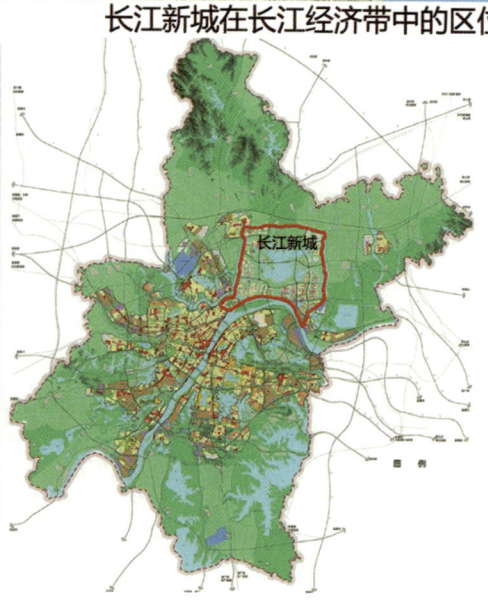

长江新城在武汉都市圈中的区位　　　　长江新城在武汉市的区位

图 5—21　长江新城的区位

5.4.2 以可持续城市发展模式为导向的长江新城规划

规划在深入研究新形势下长江新城发展机遇及潜力的基础上，借鉴国际先进城市经验，以生态文明的时代价值观为基础，以可持续的城市发展模式为导向完成长江新城的空间规划。在长江新城概念规划中，可持续城市的发展模式的核心包括两个层面：生态优先、弹性多元的空间格局；绿色低碳、睿智增长的发展路径。

1. 生态优先、弹性多元的空间格局

长江新城规划空间布局紧密围绕生态有机、弹性开放和多元混合三大主要原则，在严格划定生态安全本底和城市开发边界的基础上，对外构建弹性开放组团式的格局融入区域发展框架，对内创新组团模式，强调每个单元内部功能复合多元，以适应城市功能的多样化和应对技术变革对城市土地利用的影响，统筹协调新城空间结构和功能布局（图5-22）。

1）锚固生态安全格局，构建蓝绿交织的生态网络

规划首先对长江新城片区的生态本底进行了综合评价。评价从社会经济指标、生态资源指标、自然地理指标、水系安全指标四个视角进行综合分析，识别生态高度敏感区。社会经济指标包括综合交通要素、土地要素和建设要素，目标是评价规划区的开发价值潜力，以优先选取开发成本较低的区域作为城市建设用地；生态资源指标包括综合生态系统因子、城市热岛因子、植被覆盖因子，目标是评价规划区范围内的生态风险程度，让城市建设用地选择避开风险程度较高的区域；自然地理指标包括地形起伏度、植被覆盖程度、水域分布、洪水淹没范围、基本农田分布等因素，目标是评价规划区范围内用地适宜性，适宜性较低的区域不应作为城市开发建设用地；水系安全指标包括综合降雨因子、水网密度、蓄滞洪期水位标高等因素，目标是评价规划区范围内洪涝安全性，以优先选择安全性最高的地方作为城市开发建设用地；最后，综合四个方面的评价，针对长江新城整体提出中重（需要保护）、北中（慎重开发）、南轻（适度开发）的生态格局（图5-23）。

其次，在生态格局基础上落实水安全防护要求。规划扩大武湖及其它湖泊水域面积至100km^2，与滠水、长江及北部山区小流域水系连通，结合生态与景观需求，打造多功能的城市"水库"。在湖面与城市建设区之间构筑生态缓冲区，实现水安全弹性屏障，构筑台地式多样景观，丰富亲水活动。堤路结合，处理景观和安全关系。方案实现保障蓄洪容积10.21亿 m^3，蓄洪区域超过215km^2，包括湖泊水面区100km^2，生态缓冲区115km^2，满足长江、滠水的分洪要求，兼有区域防洪排涝、改善生态环境、城市景观以及提供休闲娱

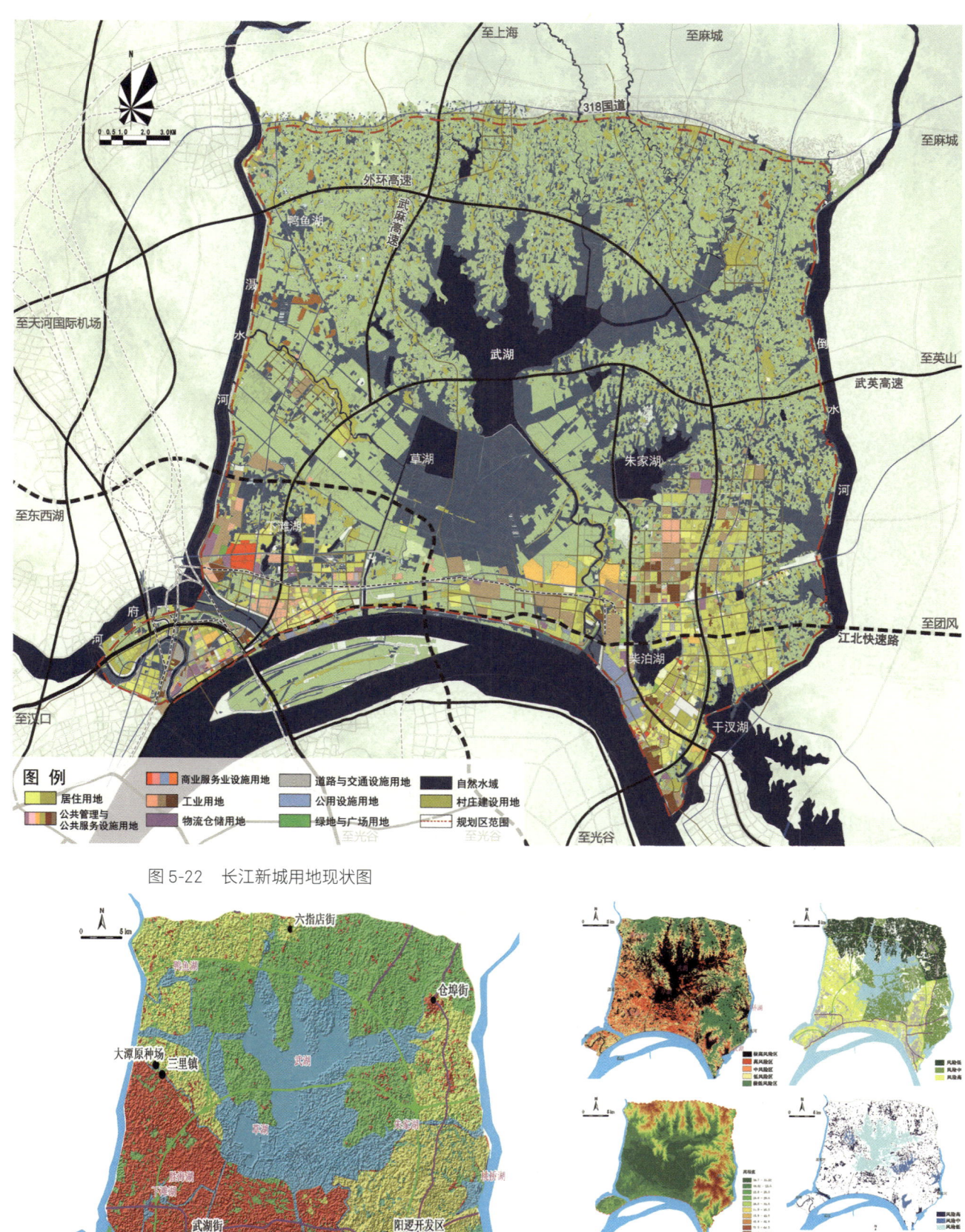

图 5-22 长江新城用地现状图

图 5-23 长江新城生态安全分析图

乐等功能。同时，规划以维持良好的湖泊生态环境同时营造城市景观为目标，依托武湖、草湖等核心水体构建城市水库，并对武湖实施上、下湖隔堤工程，上湖为湖区水库，下湖为水网湿地。上湖区以自然生境为主，体现绿水青山特色，下湖区打造城市湿地绿肺，彰显水城共生，体现水脉延绵、活水润城（图 5-24）。

第三，构建蓝绿网络。规划整体强化江、河、湖等多要素叠合的水系城市特征，彰显水、城共生的水系城市底蕴，进一步凸显长江新城"枕湖依江、河网交织、林田共生"的自然山水格局，同时适应主导风向和水网脉络走向，构筑由外向内层层渗透的多层次、成网络、功能复合的生态空间体系，强化生态空间对新城空间结构和布局的硬约束，保障城市可持续发展。并以放射状生态廊道锚固新城发展格局，以武湖为中心，形成八条放射状、通畅性生态走廊，集聚林地、水系等生态要素，增加公园、绿道等休闲空间，构建新城生态骨架，锚固新城组团状的发展格局。以环城森林、环湖湿地公园构建"城—湖"、"城—河"、"城—江"之间的生态屏障，优化各片区空间，并结合楔形绿地建设，全面提升环境品质（图 5-25）。

2）构建弹性开放结构，实现与区域空间的有机协同

规划为长江新城构建弹性开放结构，使长江新城从空间、交通和生态三个层面更好地实现与武汉和更大的区域范围内的协同发展。

（1）空间协同

长江新城的带动作用，有利于武汉深度融入区域发展格局，对接国家"一带一路"、长江经济带等战略，提高武汉的辐射带动能力。依托汉新欧、沪汉蓉、京广、沿江等综合交通走廊，推进陆海内外联动，实现东西双向开放，形成向东南、向西北两大经济扇面，建设内陆开放型经济高地；推进培育长江中游城市群差异化、互补型的区域空间组合，构建武汉"1+8"城市圈网络化、一体化的发展体系，共同打造中国新经济增长极，引领参与全球竞争。在武汉城市总体规划确立的城市结构基础上，以城市功能和宜居品质提升为出发点，以空间结构优化为核心，突出生态底线约束作用和交通廊道引领作用，构建开放式、多中心、网络化的空间结构。在武汉市既有"1+6"城市空间格局的基础上，将"1+6"升级为"1133"空间格局。基于此注重长江新城与城市重大功能板块的协调发展，与主城的关系上，重点研判在高端服务业发展的差异性和互补性，研究与主城在交通一体化发展的策略；与东湖高新的关系上，重点制定创新发展的差异化策略和路径；与天河枢纽的关系上，重点研究高效、便捷衔接的交通体系；与天兴洲和武钢地区的关系上，重点思考如何形成整体发展的功能网络体系和空间体系，共同打造长江门户形象。

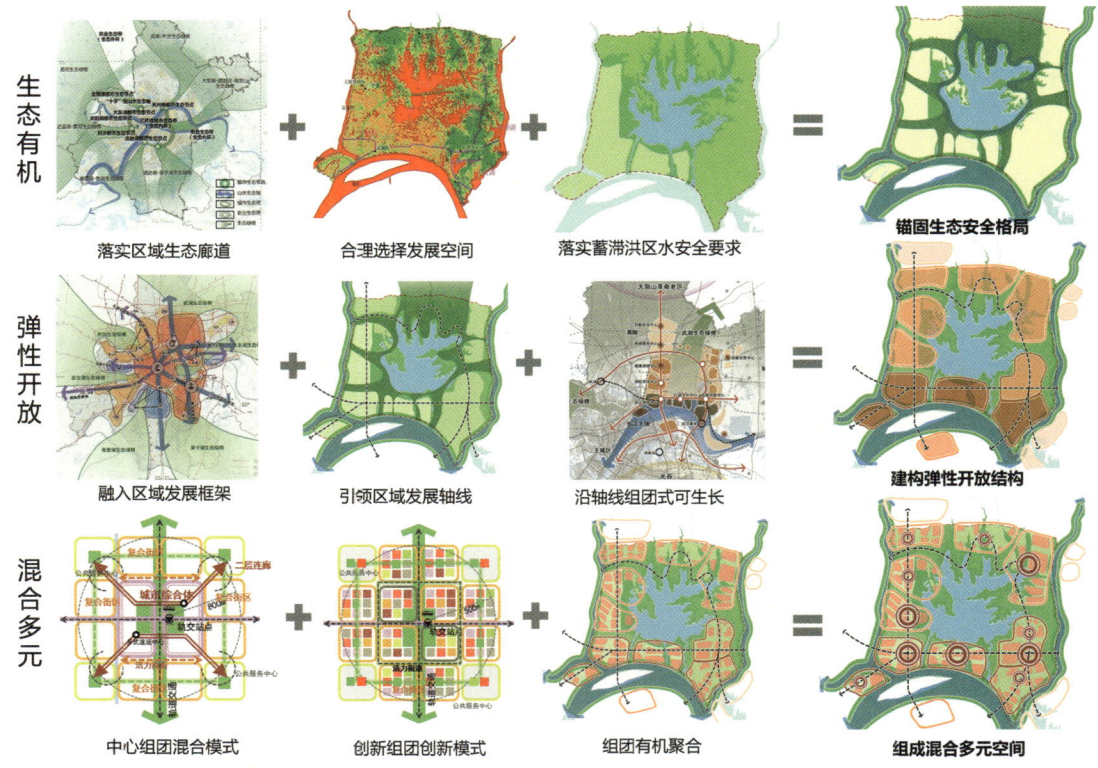

图 5-24 武汉长江新城规划要素叠加示意图

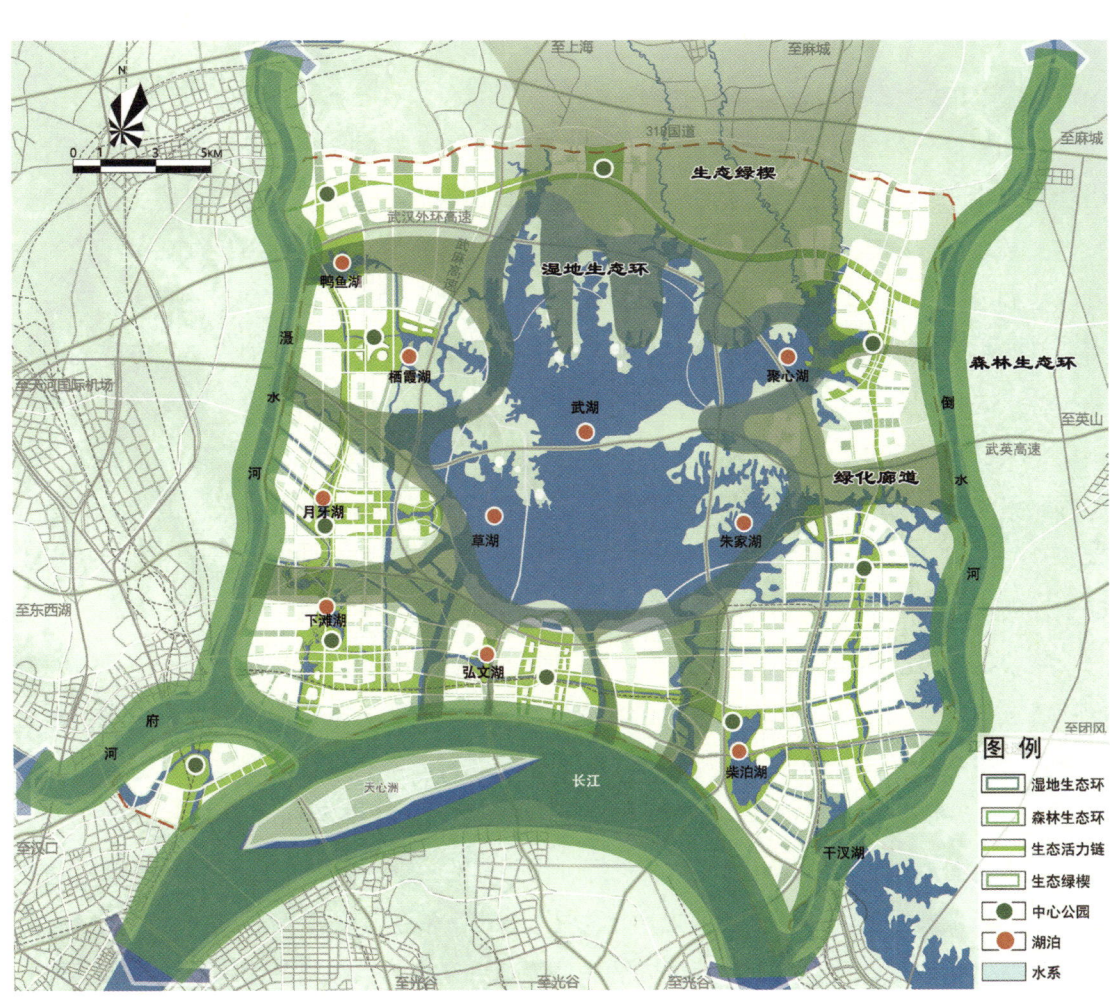

图 5-25 长江新城蓝绿网络规划图

（2）交通协同

长江新城处于天河机场、阳逻港、鄂州顺丰机场大通道的节点位置，江北铁路，武英、武麻高速，江北快速及三环、四环、外环等大交通穿越，其中阳逻港是长江中上游最大的集装箱港，可见长江新城"铁水公空"的综合交通优势突出，应站在武汉大都市区的角度来统筹考虑区域交通，实现区域铁路、航空、水运、高速公路的一体化发展。相应的规划策略为构筑"双快"多层次交通圈，高效衔接市域对外枢纽及重点区域；依托快速轨道和高快速路组成的"双快"交通系统，构建"30-45-60分钟"时空目标圈层，实现快速共享区域对外交通资源，促进区域交通一体化。依托"双快"交通系统，实现：30分钟到达主城两江四岸核心区、青山武钢战略预备区，直达汉口站、武汉站、天河机场等对外交通枢纽；45分钟全面覆盖主城区，衔接东湖高新、黄陂、新洲等周边新城区；60分钟覆盖大光谷、大临空、大车都等武汉市域重点区域。

3）创新组团模式，组成混合多元空间

规划以现代的城市生活和未来人居生活模式为出发点，融合个人及社区企业文化，提供更高水平知识经济所需空间载体为目标，制定城市空间组织模式。在该模式下，人们更多地去寻找自己的事业，更加独立的工作，或创造新的领域。小企业将会在高度灵活的空间内找到合适的位置，并通过设计、原型制作和发展产业进行快速的更新迭代。社区将获得更高的主导权，去控制他们的环境，有更易利用的信息，更大的能力去自发形成他们的多样性，去计划更多的文化和城市活动。通过组团式布局，让城市的发展富有弹性，能够适应将来的各种可能。在每个组团内部，又细分为若干空间单元，有住宅区、产业区、公共服务设施等。每一层空间都注重功能混合、自我平衡，可以在一个比较小的空间尺度里满足人们工作、生活的基本需要。在武汉长江新城（概念）总体规划中提出三种组团组织模式，即中心组团、创新组团和田园组团。

中心组团体现商业集聚、多元复合，每个组团用地面积约 1.5～3km^2，其中 500m 圈层以商业与商务为主导，用地高度混合；800m 圈层以创新与居住功能为主导，配置服务设施。围绕中心公园布局公共服务职能。多线轨交站直连中心商业综合体。完善区域立体步行网络，实现无缝接驳。亮点突出，集中展现中心形象，进行高强度集聚开发（图 5-26）。

创新组团体现创新创业，商住兼容，每个组团用地面积约 1～1.5km^2。其中 300m 圈层以组团级公共服务用地和创新研发用地为主；500m 圈层以创新与居住主导，配置服务设施。强化土地复合利用，步行范围内的职住平衡。环绕站点布局集组团商业中心，多元活力，环站点布局复合街区。营造社区活力街道空间，结合绿道构建完整慢行网络，组团开发强度相对均质（图 5-27）。

田园组团体现休闲组团，弹性留白，每个组团用地面积约 1～1.5km² 面积。其中 300m 圈层以组团级公共服务用地和休闲服务用地为主；500m 圈层以居住主导，配置服务设施。合理开发，生态主导，休闲养生区与站点紧密结合，步行联通站点与公共服务区，结合绿道构建完整慢行网络（图 5-28）。

依托三类组团功能，构筑生态有机、弹性开放、复合多元的概念性总体布局。采取不同的开发模式，应对生态安全以及水安全要求，组团间由生态廊道分隔，通过生活环线联系各中心，形成整体有机互动格局。构筑弹性可生长空间结构，以组团发展模式，沿轴线分期展开。依托生态网络呈组团式布局，各片区形成产城融合、环境融合的综合功能单元。以水绿网络为空间框架，镶嵌功能复合的城市组团，由高效运输网络串联，共同构成人与自然和谐发展的城市有机生命体，形成"一带一网、三轴五心、十大片区"的空间结构（图 5-29）。

一带即沿长江发展带。保护沿江生态环境，沿江重点布局高端商务金融、行政文化、自由贸易等功能，打造武汉及长江新城发展强脊。一网即水绿生态网。构筑十大湖泊群，并将水体渗透进城市组团，结合水网布置城市开敞空间和市民活力空间，以高品质环境吸引高端产业和人才的入驻。三轴是指结合轨道交通走廊，形成城市公共活动发展轴线，向西联动汉口、机场地区，向南跨江对接光谷地区，向北呼应大别山革命老区、向东预留长江主轴拓展空间，构筑长江新城开放弹性发展骨架。五心包括国际交流中心、行政文化中

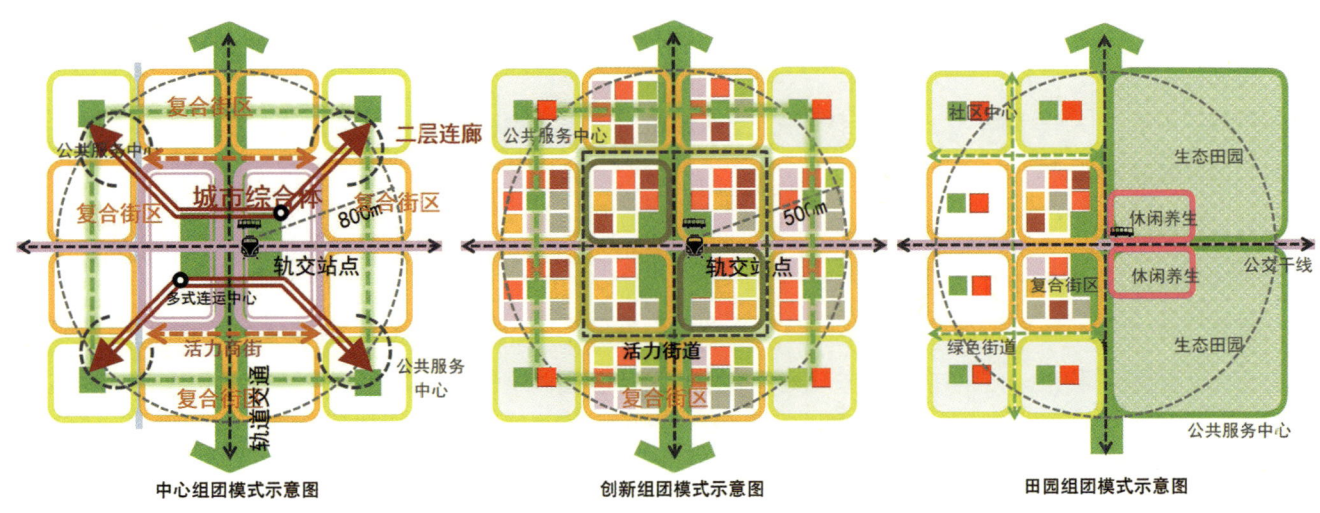

图 5-26　中心组团模式示意图　　　图 5-27　创新组团模式示意图　　　图 5-28　田园组团模式示意图

图 5-29 长江新城总体空间结构规划图

心、创新创智中心、滨江商务中心和生态总部中心。十大片区包括中央活力区、滨江商务区、行政文化区、共享创新区、港口自贸区、健康游赏区、先期启动区、湖源文化区、生态总部区和田园休闲区（图 5-30）。

2. 绿色低碳、睿智增长的发展路径

睿智增长是城市科学发展的根本路径。要坚持绿色发展、循环发展、低碳发展，着力推进资源节约集约利用。规划中对于这一发展路径的落实主要体现在两个方面，一是前文介绍的在空间结构层面坚持集中急凑、混合多元的土地利用模式；二是绿色低碳、立体混合的交通模式，即本节的主要内容。长江新城规划中提出可持续的城市交通应是在便捷、高效的基础上融入无污染化、人性化、立体化、智能化的特色（图 5-31）。

第 5 章 突出生态文明与可持续发展

图 5-30 长江新城总体空间布局概念图

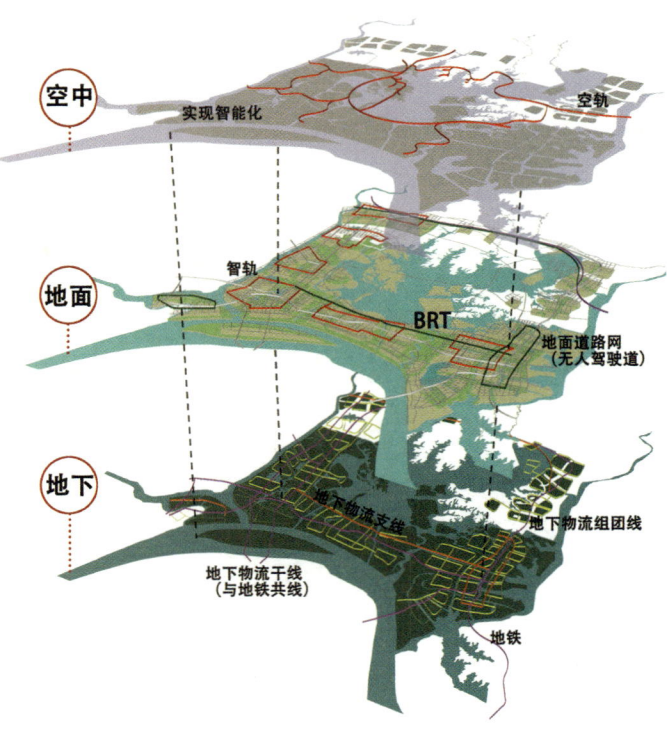

图 5-31 长江新城立体多维交通组织模式图

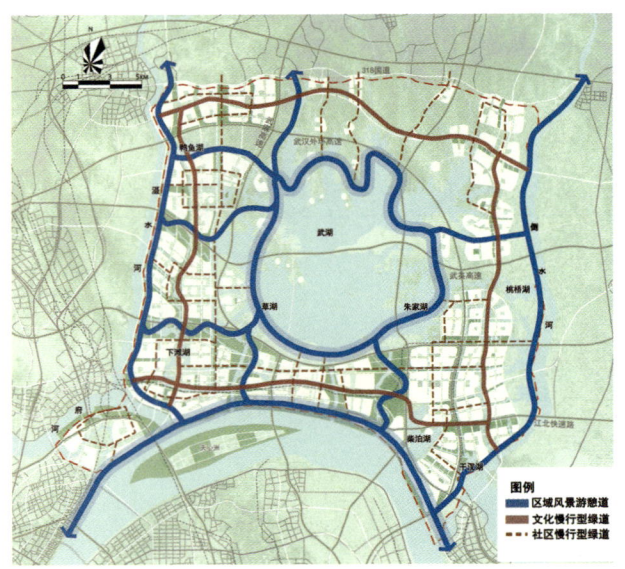

图 5-32 长江新城总体慢行系统图

首先，规划强化新城内部的步行交通组，并关注步行尺度，减少城市街道的汽车空间、延伸行人街道，改善自行车道，将大部分的市中心地区开放规划为步行友好街区，给人们更多的公共空间来享受城市公共设施。鼓励多运动，健康出行。未来，步行和骑行将成为人们最主要的出行方式，汽车几近完全退出市中心，从而打造环保、宜居、健康、可持续的未来城市（图 5-32）。

其次，规划方案中强化智能交通在新城建设中的应用。从城市设计和环境保护的层面上看，自动驾驶汽车可以产生巨大的效益。自动驾驶可以井然有序，自动有效率地接送乘客。完美的人工智能让汽车知道潜在的乘客位置，从而可以一次接送几名同路的乘客，即时优化合乘共享。一个依靠自动驾驶共享搭乘汽车的城市可能会造成更少的环境影响。伯克利实验室的科学家 Jefferey Greenblatt 发表在 Nature 上的模型推导出，如果所有车辆都能自动驾驶并且由电驱动，那么排放量将会减少 90%。

第三，规划方案强化地下空间综合利用。未来的地下空间，将集中地下轨道、地下物流系统、地下人防设施、地下商业等多层、多模式的利用，将更多的地面空间解放给生态空间和步行空间。未来的地下物流系统将得到更广泛的利用，通过自动导向车（AGV）和两用卡车（DMT）等承载工具，依托大直径地下管道、隧道等运输通路，对固体货物实行输送的一种全新概念的运输和供应系统。地下物流系统不仅能够保证快速、高效的运送，也是解决城市交通拥堵、减少环境污染，是提高城市货物运输的通达性和质量的重要途径。

第 5 章　突出生态文明与可持续发展

图 5-33　长江新城综合交通体系图

最后，规划提出构筑立体多维的交通组织模式。其中，空中建设空轨 + 空中步道，集快速交通与景观游览功能于一体；地面强化 BRT+ 智轨 + 无人驾驶道，并构筑大容量快速交通—附近组团间的中速交通—组团内的中低速交通—慢行交通所构成的一体化网状地面道路交通结构。无人驾驶出行占私人驾驶比重达到 20%，公共交通、轨道交通出行占比达到 30% 以上；地下形成地铁 + 地下道路 + 地下物流系统。地下物流通过大直径地下管道、隧道等通路，对固体货物实行输送和供应，不易受气候影响，可实现智能化、无中断，使运输过程得到有效衔接。规划地下物流干线与轨道线共用地下走廊。地下物流占总物流量比例达到 30% 以上。结合城市公共服务中心构筑若干综合换乘竖井，带动立体式发展（图 5-33）。

5.4.3 小结

探索可持续的城市发展模式是当前城市规划的重要任务。当前大部分城市规划对可持续发展理念的落实主要是从生态和环境的角度切入和强化。武汉长江新城概念规划在生态优先的基础上，进一步从绿色、高效、节能的角度对可持续的土地空间利用和交通组织模式两个方面对可持续的城市空间格局和增长模式进行了探索，是对可持续城市发展模式的创新发展，为未来城市规划领域探寻"科学、绿色、可持续"的发展路径提供了一个良好的示范。

参考文献

[1] 龙瀛,韩昊英,毛其智.利用约束性CA制定城市增长边界[J].地理学报,2009,64(8):999-1008.

[2] 姚凯,赵民,裴新生等.跨行政区协调发展规划编制的实践与思考——以新疆"奎—独—乌"地区规划为例[J].城市规划学刊,2017(1):48-55.

[3] 刘勇,芦茜,黄志军等.大气污染物对人体健康影响的研究[J].中国现代医学杂志,2011,21(1):87-91.

[4] 上海同济城市规划设计研究院有限公司,南昌大都市区规划（2016-2030）[R].2016.

[5] 上海同济城市规划设计研究院有限公司,"奎—独—乌"区域城镇协调发展规划（2015-2030）[R].2015.

[6] 上海同济城市规划设计研究院有限公司,武汉长江新城概念规划[R].2018.

第 6 章　关注人本需求与空间品质

6.1　人本需求的理念内涵

6.1.1　"人本"规划的时代内涵

人本主义规划最早源于古希腊以崇拜大自然和神灵为寓意的雅典古城。古希腊的城市规划和建设最突出的特征就是追求人的尺度、人的感受以及同自然环境协调。经历了古罗马时期实用主义取而代之、人本主义观念相对淡化之后，文艺复兴运动真正将人本主义作为一种指导思想，主张以现实生活中的"人"为中心，肯定了人在社会生活中的价值与作用。该时期的经典著作之一古罗马维特鲁威《建筑十书》，多次谈到了人本主义的规划思想。

基于"人"是城市发展的基础，城市规划的目的在于组织协调"人"在城市中的空间活动的基本判断，"以人为本"同样成为当代城市规划的主流思想之一（周素红、蓝运超，2001）。国际经验方面，随着发展环境及其面临问题的变化，作为对新时期社会经济需求的回应，以人为本已成为当前国际大都市战略规划的基本出发点。规划对社会目标的关注更为突出，人本需求在规划中得到更好的体现。吸引人、服务于各类型的人群成为规划重要内容之一，其中既包括保障充足的住房供给，满足更多类型人群的需求；也包括住区本身对混合功能、绿色空间及娱乐功能的关注；同时还强调公共交通支撑和职住平衡等（表6-1）。

同时，国内"科学发展、以人为本、和谐统筹"等国家发展目标与话语体系的转变，也为我国城乡规划的价值回归和理论生长奠定了基础。经过市场化大潮的冲击和洗礼，城乡规划的社会内涵和政策属性重新获得广泛认知，价值的回归与目标的重构推动了城乡规划理念向着公平、科学、人本的方向演进（张京祥、罗震东，2014）。来自城镇化高级阶段对于发展品质的追求，随着城乡居民生活水平的不断提高，关注人的需求、改善人居环境逐步成为规划的重点。2011年，中国城镇化率突破50%，标志着我国已开始迈入"城市时代"，转型发展、质量提升日渐成为城镇化发展的首要目标。区别于传统城镇化侧重于"土地城镇化"，新型城镇化更重视"人的城镇化"。2014年3月，中共中央、国务院印发了《国家新型城镇化规划（2014-2020年）》，作为今后一个时期指导全国城镇化健

表 6-1　国际大都市规划目标一览表

城市	目标时间	规划目标
纽约	2050 年	保持增长、繁荣兴旺的城市；公正与平等的城市；可持续的城市；韧性的城市；高效的政府
伦敦	2031 年	成为最好的全球城市：为所有的人和企业扩张机会、有最高的环境标准和生活质量、处理 21 世纪城市危机处于世界领先水平
巴黎	2030 年	都市区层面：经济活力、增强吸引力的交通系统、具有吸引力的生活设施、自然生态系统管理 地方层面：增加住房、增加新工作岗位、小汽车依赖性更低的生活、增加城市中的自然
悉尼	2030 年	永续发展的悉尼：强大的全球城市，宜居的本地城市
香港	2030 年	亚洲国际都会：提供优质生活环境、提升经济竞争力、加强与内地的联系
新加坡	2030 年	包容的、高度宜居、经济活力、绿色生态
芝加哥	2040 年	宜居的社区、人力资源、有效率的管治、区域机动性

资料来源：课题组根据各城市规划整理

康发展的宏观性、战略性、基础性规划，明确指出新型城镇化所要坚持的首要原则，就是以人为本、公平共享，"要以人的城镇化为核心，合理引导人口流动，有序推进农业转移人口市民化，稳步推进城镇基本公共服务常住人口全覆盖，不断提高人口素质，促进人的全面发展和社会公平正义，使全体居民共享现代化建设成果"。简言之，新型城镇化就是"以人为本"的质量型、内涵型城镇化，其中的关键之一，也即由偏重城市物质形态的扩张向满足人的需求、促进人的全面发展转变。2015 年 12 月，时隔 37 年后中央城市工作会议再次召开，习近平总书记、李克强总理发表重要讲话，强调："做好城市工作，要顺应城市工作新形势、改革发展新要求、人民群众新期待，坚持以人们为中心的发展思想，坚持人民城市化为人民，这是我们做好城市工作的出发点和落脚点。"2017 年 10 月，中国共产党第十九次全国代表大会召开，进一步明确了新时代社会主义建设必须坚持以人民为中心的发展思想。坚持以人民为中心，必须体现在经济社会发展的各个环节，不仅要使发展成果更多更公平惠及全体人民，并且要坚持在发展中保障和改善民生，在发展中补齐民生短板、促进社会公平正义。"以人为本"理念作为规划出发点和立足点的地位得以不断强化。

6.1.2 人本需求在规划中的战略应对

规划价值取向中"以人为本"理念的强化带来"基于人的需求"的规划方法探索。在"以人为本"理念的指导下,城市发展战略的编制的关注重点逐渐从"物质空间"转向"人的需求",在视野上将更多从人的视角出发,关注日常生活和社会的微观运行;在方式上将倾向于协作式、参与式的规划。(杨保军、陈鹏等,2014)。

从规划方式来看,公众参与已成为规划编制过程中的重要环节,其广度和深度不断提高。如规划与社会学的结合,通过问卷调查、座谈访谈等方式,聚焦社会较为普遍关注的规划问题,在规划调研阶段便自下而上地了解当地人群的实际意愿并在规划中予以反馈。同时,规划也更加关注成果的公众可读性,在向公众呈现规划成果时,除考虑专业内容的规范和严谨性外,也注重成果的形象性与公众可读性,如为便于市民理解和参与城市总体规划,上海专门制作了《上海市城市总体规划(2017—2035)》的公众读本并举办了关于总体规划的系列讲座。

从人的需求出发,城市发展建设应该能够创造人性化的生活家园、公共性的活动空间、生态化的人居环境、安全性的自由乐土、可持续的发展前景(任致远,2012)。因此,提升城乡人居空间品质成为人本需求下规划的重要关注点。如上海、北京、广州等大城市以及一些省市提出"十五分钟生活圈"的提出即为对人本需求的响应;一系列提升城乡品质、改善生活环境为目标的规划内容也在城市发展战略中出现,成为以人为本这一城市科学发展理念的重要保障。

6.2 案例1:湖北城镇化与城镇发展战略规划 [1]

6.2.1 规划背景

湖北省作为我国中部人口和经济大省,是国家整体发展战略中承东起西、联系南北的"枢纽",其城镇化推进的质量和水平关系到"中部崛起"战略的成效。湖北省现有城镇化进程主要是以大项目建设为基础、以省域政策导向为调节、以建制城市为主要载体的"自

---

[1]. 赵民教授为本研究的总负责人,张立副教授和上海同济城市规划设计研究院规划三所参与了《湖北省城镇化与城镇发展战略规划》的编制工作。

上而下"的发展模式。因此,在全省城镇化取得可喜成绩的同时也面临着不容忽视的问题,如:快速的城镇化进程导致的区域发展不平衡日益加剧,以人口转移为标志的城镇化状态还很不稳定;生态环境压力不断加大,局部地区的城镇建设出现了无序的局面,相当一部分城镇"新市民"未能真正融入城镇社会及享受同等的城镇社会福利。尤其是 2000 年以后,湖北省的发展速度与其他中部省份相比有一定滞后,县域经济、小城镇和农村经济发展缓慢,外迁人口规模急剧扩大,人口的跨省迁移形成了大量的农村留守人口(老人和儿童),带来了很多社会问题(图 6-1)。

2010 年湖北省政府组织了《湖北省城镇化与城镇发展战略规划》研究咨询工作,以探寻湖北省未来城镇化与城镇发展的新思路、新观点和新路径。

项目课题组在开展研究之前,首先对城镇化和城镇发展本身内涵做出解读,认为"城镇化是人类生活方式的转化,是以人口转变为主的社会、经济和空间集聚的过程"。因此,要保持城镇化的可持续性和健康发展,使社会各阶层都能共享城镇化成果,必须从关注城镇化速度转变为关注其质量。基于这一理念,课题组认为,本次研究在关注国家政策、外部资本、产业转移、区域交通格局等对湖北城镇化进程产生重要影响的外部要素之外,更加需要关注城镇化的主体和城镇空间的使用者,即为谁城镇化?他们的需求是什么?

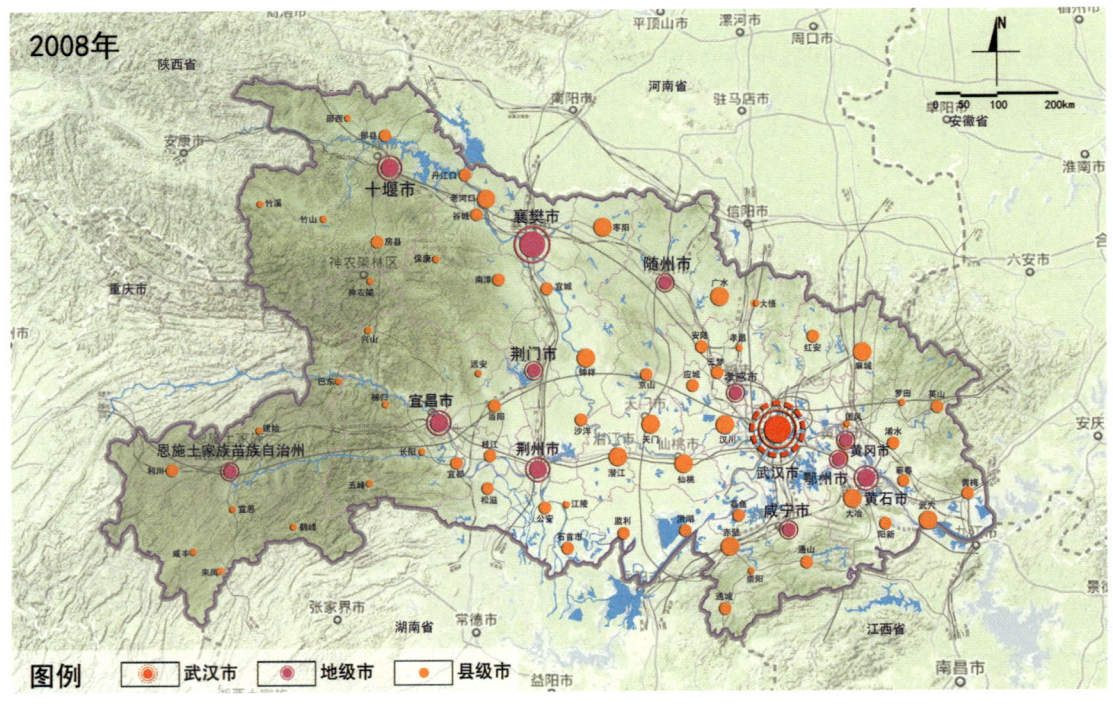

图 6-1 湖北省城镇体系现状图(2008 年)

6.2.2 基于居民意愿的城镇微观动力机制与城镇化趋势研究

1. 立足人本需求的研究方案设计

长久以来，湖北省的发展过分依赖大城市与城市工业化，导致城镇化落后于工业化，农业产业化和市场化又落后于城镇化，使大城市与农村小城镇分别成为"长腿"和"短腿"。至 2009 年，湖北省有小城镇（建制镇）740 个，位列全国第 7，但规模普遍较小，大部分镇的镇区规模不足 5000 人，经济实力普遍不强。在 2004 年、2008 年国家统计局公布了两届全国"千强镇"的名单，湖北小城镇入围数量由 3 个变成空白；2007 年数据农民人均纯收入全国前 1000 位的城镇中无一处湖北省。尽管"十一五"期间，湖北省先后实施了"百镇千村"示范工程、"仙洪"新农村建设试验区、脱贫致富奔小康试点、新农村建设试点乡镇以及鄂州市城乡一体化试点等示范试点建设项目，但或由于试点区域的特定性、或未在本质上增强农村或小城镇的自我"造血"功能，其经验尚无法在全省推广，对推进湖北省整体城镇化进程的作用有限。实际上，从空间构成要素看，小城镇是湖北省城镇体系的重要组成部分，作为"城之尾，村之首"，亦是农村剩余劳动力转移的前沿阵地。厘清湖北省小城镇发展的内在逻辑和动力机制，对于深入理解湖北省城镇化发展进程和制定发展战略具有非常重要的理论和现实意义。

对小城镇动力机制的分析涉及到城镇产业发展、农村剩余劳动力的流动状况、小城镇财政收支和建设资金来源情况、以及土地出让的收益分配等情况，研究所需的大量基础资料并不能通过统计数据获得。为了更好地掌握小城镇发展的内在逻辑，了解湖北小城镇发展滞后的深层机制，课题组首先进行了 4 个县、5 个镇、10 个村，20 个企业和 20 名村民的初步调研，并培训了调查人员。摸清基本情况后，对访谈手册和调查问卷进行了修订完善，再分三批派出了共计 63 名调研人员对省内 28 个县市、57 个小城镇、110 个村、200 多家企业、1000 多名村民进行调研。

调研的小城镇分布在湖北省各个区域，包括东部、中部、西部、武汉周边、山区和平原；职能类型包括了工业型、旅游型、边贸型、资源型、生态型；经济发展情况包括发达的，也包括落后的；规模包括近 10 万人的人口大镇，也包括不足 2000 人的小镇等。样本基本可以反映湖北省小城镇的全貌。调研方式除了踏勘、访谈、座谈和电话回访外，还发放了 1391 份调查问卷，问卷调研除了对农（居）民家庭基本情况作基本了解之外，还对其居住意向进行调查收集（图 6-2）。

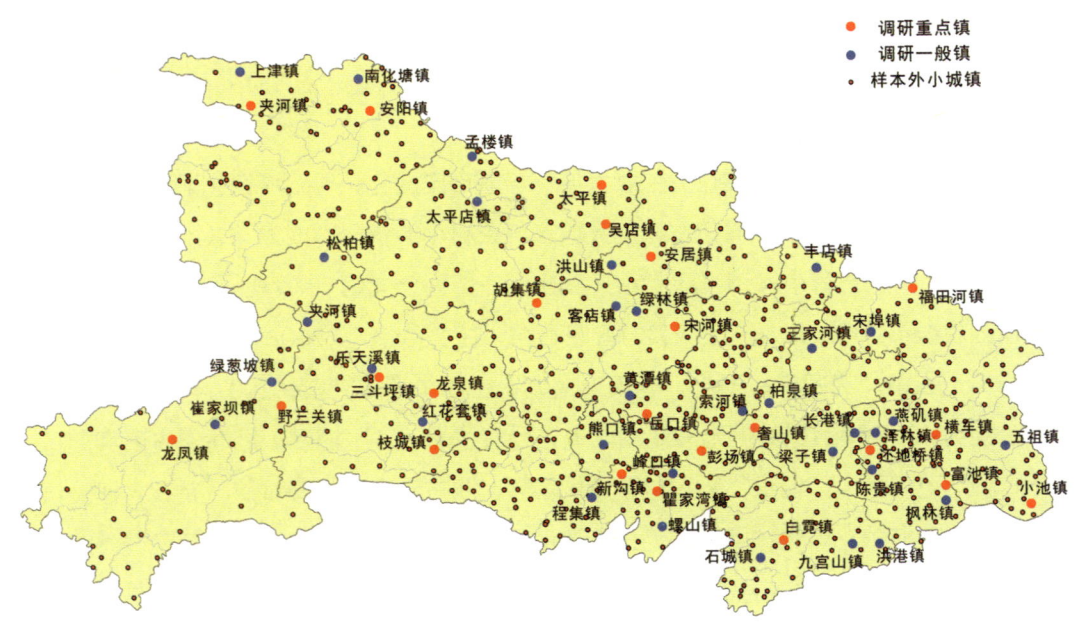

图 6-2 调研小城镇布局图

2. 小城镇微观动力机制解析

根据调研分析显示，影响湖北省小城镇发展的动力因素主要包括产业、人口、制度、政策、文化等方面。

1）产业驱动力

农业生产率低下，民营经济普遍偏弱，镇区服务产业发展水平较低，产业驱动力难以发挥。57个小城镇仅有10个部分实现了农业规模化种植，大多数小城镇所在的农村地区的耕作规模仍很小（表6-2）。

2）人口驱动力

调查发现在工业发展较弱的乡镇，其镇区人口也保持一定，表明小城镇发展动力不仅仅是工业，其相比农村更便利的基础设施和更好的生活服务也能促进小城镇的发展。与镇区人口稳定增长相对应的是异地城镇化现象明显，在57个调研小城镇（镇域）中，平均有1/3的农村劳动力外出务工，有些小城镇外出劳动力甚至达到了60%～70%。由于乡村至镇区通勤时间短，大多数在镇内务工的农民仍保留耕地，以"半工半农"的方式实现人口的"半城镇化"。兼业农民数量大也是湖北省城镇化的特点之一（表6-3）。

3) 政策驱动力

"百镇千村"和"仙洪试验区试点"的建设资金主要来源于政府的财政拨付及各省直部门的资金整合,源于市场的资金很少,村镇自身尚缺乏造血能力,建设经验难以全省推广。且近几年国家出台了若干惠农政策改善了农村生活环境和农民生活水平,忽视了小城镇在农村地域的支点功能,这使得小城镇的政策扶持力不强。

表 6-2 2007 年各省农业现代化水平代表指标值一览表

地 区	有效灌溉面积占耕地面积比重	亩均农业机械总动力（kw）	亩均农村用电量（kw）
山西	30.93%	0.41	0.0130
安徽	60.27%	0.56	0.0105
江西	65.13%	0.69	0.0138
河南	62.94%	0.79	0.0191
湖北	49.96%	0.40	0.0140
湖南	71.49%	0.71	0.0143
山东	64.63%	0.92	0.0355
江苏	80.13%	0.51	0.1727
浙江	74.75%	0.81	0.2344

资料来源：2008 年全国建制镇统计资料

表 6-3 迁居原因调查情况

原因	第一位	第二位	第三位	第四位	第五位	第六位
曾经	上班方便 28.7%	其他 21.8%	子女上学 19.9%	交通方便 14.7%	居住环境 13.0%	设施 5.5%
将来	居住环境 32.5%	子女上学 28.5%	设施 13.8%	交通方便 11.9%	上班方便 7.4%	其他 5.7%

4）制度驱动力

2005年湖北省实行"乡财县管"后，由于县级政府本身财政就入不敷出，对小城镇建设的投资趋于紧缩，因此很难促进小城镇的发展。虽然大部分县市区都执行了税收超额返还制度，但具体返还额度比例均由上级政府决定。由于各乡镇的税基不像沿海地区那么充裕，能够超额完成税收并获得返还的极少。调研的大多数镇都未能够拿到返还资金（表6-4）。

5）文化驱动力

湖北省农耕文化根深蒂固，守旧、守土、平均主义、害怕风险的观念一定程度限制了小城镇的发展。在调研中，调查务工人员收入状况时，发现大多数人都比较安于现状，挣到钱后一般都用于住宅翻新，或供子女读书，用于创业的很少，创业意愿薄弱。观念落后与强镇难以崛起、难以持续有着内在联系。

3. 小城镇发展潜力分析

尽管湖北省的小城镇总体呈现出内生动力疲软、城镇化质量低、工业发展缓慢等特点。但在调研发现小城镇在发展中呈现出一定的潜力，主要表现在以下三方面。

1）农村留守人口的服务需求拉动小城镇第三产业发展

调研显示，湖北省农村人口结构偏于"老龄化"，这部分人口相对比较稳定，除了迁居小城镇和留守农村以外，迁出的能力和意愿不强。这部分人口的稳定的服务需求构成小城镇第三产业发展的稳定驱动力（图6-3）。

2）农村劳动力释放的潜力

调研显示，基于现行生产方式，农村剩余劳动力已经非常有限。据项目组测算，按照现行劳动生产率提高速度，湖北省每年可释放的农村剩余劳动力约为5万人，但如果大力推行农村规模化经营、大幅提高劳动生产率的话，湖北省每年还可以释放约20万剩余劳动力。结合农村人口的迁移意愿和能力来看，这是今后小城镇人口增长的重要来源。

表6-4　2009年重点镇相关数据平均指标

评价		镇区常住人口/镇域人口	人均财政收入（元/人）
强	均值	46.73	1989.65
	N	5	5
	标准差	8.81	1.36
中强	均值	44.95	609.64
	N	4	4
	标准差	6.05	137.52
中弱	均值	48.87	234.49
	N	7	7
	标准差	13.46	185.00
弱	均值	22.37	217.61
	N	8	8
	标准差	4.94	86.10
总计	均值	38.94	657.05
	N	24	24
	标准差	14.76	917.26

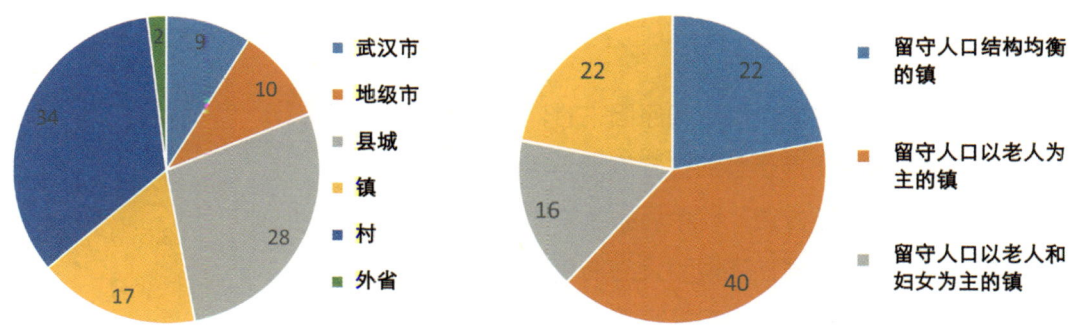

图 6-3 湖北省外出劳动力回迁意愿分析图（左）和湖北省农村留守人口结构图（右）

3）外出务工人员的回流趋势

在调研中我们还发现，超过一半的小城镇的外出劳动力打工致富或者到了一定年龄还是回到了镇区。这种现象一方面源自湖北"守土轻迁"的传统社会观念作用，另一方面还是取决于生活成本和生活环境的均衡考量。综合考量市、县、镇、村的生活成本和生活品质，小城镇是外出务工人员回流定居的第一选择。

对各类人员的迁移意愿做问卷调查，分析显示：省外回迁人口有 17% 选择在镇上、34% 选择在村里，这两部分人口占了全部回迁人口的 51%，其中回迁至农村的人口中有 60% 的人表示如果集镇提供了好的生活环境和就业条件也将会迁入集镇；与此同时，意愿迁移到县级以上城市的回迁人口中还有一部分因个人能力等因素无法迁入意愿地，从而也只能迁入到小城镇。

这几部分具有小城镇指向的人口加起来可达到 40% 左右，所以小城镇是回流人口的潜在主要承载体之一。

4. 基于调研结果的城镇化趋势和空间承载研判

通过小城镇调研和 1391 份问卷的迁居意愿分析结论，对湖北省未来城镇化发展的空间载体提供了研判的依据。

1）人口迁居意愿

调研结果发现，不仅农民有迁入城市的意愿，企业经营者和公务员也有迁移意愿，但他们的迁居意向主要是更高级别的城市或者是人居环境更好的城市，并且表现出教育程度越高、收入越高、年龄越轻迁居意愿越强。在有迁居意愿的人群中有 32.5% 选择在 2～5

年内搬迁，所以初步判断湖北省城镇化的增量高峰可能在未来 5 年内达到。

对调查对象过去的搬迁经历和原因来看，子女上学和交通方便始终是迁居的主要原因，但过去处于第一位的"上班方便"在今后搬迁原因的重要性中明显下降，而居住环境和设施的重要性明显提高，反映了人们生活水平提高后，对于生活品质的追求。就搬迁地点而言，由过去"农村—乡镇"转移的模式，逐渐向"农村—县城"和"乡镇—县城"转移的模式发展（表 6-5）。

表 6-5 过去搬迁经历总流向与将来希望搬迁流向对比排序表

	以前搬迁流向	将来希望搬迁流向
第一位	村—镇（31.0%）	镇—县城（17.8%）
第二位	村—村（23.5%）	村—县城（17.3%）
第三位	镇—镇（14.2%）	村—镇（14.0%）
第四位	县市—县市（7.0%）	镇—地级市（11.0%）
第五位	乡镇—县市（5.8%）	镇—武汉市（7.5%）
第六位	县市—乡镇（5.6%）	村—地级市（5.1%）

2）人口迁移意愿选择下的城镇人口增量及分布

以 2005 年 1% 人口抽样调查和公安局流动数据推算，2009 年湖北省农村外出人口约 1 400 万，其中约 800 万在省外，600 万在省内。从关注民生和提高城镇化质量的角度，以及为了填补今后可能的城镇用工缺口，湖北省今后应逐步引导这部分农民工回流。

根据相关的外出农民工回迁意愿调查和湖北省小城镇人口迁移意愿调查，可以计算出湖北省的省外和省内农村已流出人口的回流去向，大致会形成如表 6-6 显示的回迁格局。按农村剩余劳动力供给的测算，2030 年前湖北省农村将转移出 268 万剩余劳动力，按照 60% 的劳动年龄人口比重推算，2030 年前湖北省农村将再迁出 447 万人。结合本地农村人口的迁居意愿选择，可以测算出这 447 万人的迁移去向如表 6-7 所示。

湖北省所有县城[1]建成区人口 879 万人，小城镇镇区人口约 700 万人，按照问卷调查的统计结果，其中县城人口中有 34.7% 有迁居意愿，小城镇镇区人口中有 46.10% 有迁居意愿。可以计算得出，小城镇镇区的现有人口将有 274 万人迁向地级以上城市，而县城有 76 万人迁向地级以上城市；与此同时，地级以上城市会新增 350 万城镇人口（来自于县城和小城镇）（表 6-8）。

综合考虑回流人口的迁移选择、本地农村将来迁出人口的迁移选择和原有城镇人口的内部迁移选择，仅从人口的迁移意愿来看，今后总计会增加 1 299 万城镇人口，其中有 58 万人在小城镇，444 万人在县城，797 万人在武汉市和其他地级市；考虑到存在种种现实制约，实际发生的迁移分配会有很大不同。但这 1 299 万人确实是湖北省未来城镇化人口增量发展的基础。必须指出，外省回流选择到农村的这 302 万人也将是今后的潜在城镇化人口（表 6-9）。

---

1. 本节"县城"包含县级市城区。

表 6-6 按迁移意愿计算迁移人口（含省内）回流在各级城镇分配

地级以上城市	县城	镇	村	外省
317 万	328 万	207 万	302 万	268 万

表 6-7 按本地农村人口的迁居意愿比例和去向计算的湖北省将来农村迁出人口的可能去向

地级市	县城	镇	村	外省
130 万	192 万	125 万	—	—

表 6-8 县城和小城镇镇区的本地城镇居民迁移选择结果

	地级以上城市	县城	乡镇
县市区	209 万	—	—
乡镇	141 万	133 万	—
各等级市镇合计迁入	350 万	133 万	0
各等级市镇合计迁出	—	209 万	274 万
综合平衡	350 万	-76 万	-274 万

表 6-9 按迁移意愿计算的新增城镇人口的空间分配方案

人口迁移	地级以上城市	县城	镇	村	外省
农村已经外出的人口去向	317 万	328 万	207 万	302 万	268 万
将来农村外出人口去向	130 万	192 万	125 万	—	—
回流人口和农村迁出人口的去向合计	447 万	520 万	332 万	—	—
县城和镇的城镇人口内部迁移合计	350 万	-76 万	-274 万	—	—
合计	797 万	444 万	58 万	—	—

3）考虑迁居成功概率的城镇人口增量分布

迁移意愿并不等于会形成今后的真正迁移流，因此，我们引入迁居成功概率这一参数，以表征各类人口迁移意愿满足的比例（表 6-10）。分别计算乡村、小城镇、县城人口的迁移分布。

考虑各类迁居成功的概率之后，今后湖北将新增 1308 万城镇人口，其中 282 万在小城镇，525 万在县城，501 万在地级以上城市。新增城镇人口在各级城镇的配比为"地级以上城市：县城：小城镇 =38：40：22"。与仅按迁居意愿计算的新增城镇人口在各级城镇的配比结果（地级以上城市：县城：小城镇 =61：34：5）相比，新增城镇人口进入地级以上城市比重降低，进入县城比重小幅提高，进入小城镇的比重提高幅度较大。

4）湖北省未来城镇化空间承载的判断

从人口的迁移选择意愿来看，农村人口（含本地即将迁出和外出回流）的迁移意愿大体上为地级市：县城：小城镇 =34：40：26；城镇人口的迁移意愿则是地级市净增加 350 万，县城净迁出 76 万，小城镇净迁出 274 万。城镇人口在不同级别城市和小城镇间的内部迁

表 6-10　迁居成功概率参数拟定一览表

		来源地		
		县城	小城镇	农村
迁入地	地级以上城市			
	合计	1.0%	1.0%	1.0%
	地级以上城市	0.7（a）%	0.7%	0.7%
	县城	0.3（b）%	0.2%	0.2%
	小城镇	—	0.1%	0.1%
	县城			
	合计	—	1.0%	1.0%
	县城	—	0.8%	0.6%
	小城镇	—	0.2%	0.3%
	乡村	—	—	0.1%
	小城镇			
	合计	—	—	1.0%
	小城镇	—	—	0.8%
	乡村	—	—	0.2%

移和农村人口的"乡—城"迁移共同作用，大体形成"地级以上城市＞县城＞小城镇"的城镇人口增量分配结构，但由于低等级城市（或乡村）人口向高等级城市迁移存在"是否迁移成功"的概率折减问题，从而使得实际的人口迁移流将更多的集聚在小城镇和县城，基于"迁移概率"的模型模拟结果是会形成"地级市：县城：小城镇 =38：40：22"的城镇人口增量。

迁移意愿和各类型城市建成区人口的增量研究提供的重要信息是，县城和地级市人口增长的动力非常充足，是城镇化进程中的重要载体。与此同时，小城镇虽然会由于人口的梯度迁移，人口不会快速增长，但也会保持一定增长速度或与现阶段基本持平。

虽然地级以上城市具有相当大的吸引力，但湖北省地级以上城市仅 12 座，无法满足这么庞大的新增人口。同时必须认识到，迁移意愿并不等于会形成今后的真正迁移流，比如地级以上城市的迁移选择意愿较强，但对于农民工等低收入群体短期内并不现实。以"迁移选择"的预测为基础，从湖北省城镇体系结构情况、地级市的总承载规模和集聚发展的战略取向来看，今后湖北省应增强县城的吸引力，提高基础设施的建设水平，以备承载更大量的城镇化新增人口；同时，小城镇服务职能的加强也将承载更多的城镇化人口，从而分担地级城市和县城的人口增长压力。

综合考虑，湖北省今后的城镇化新增人口的配比应以"地级以上城市：县城：小城镇 =40：40：20"为发展的调控目标比较合适。

5. 小城镇定位和路径选择

通过目前湖北省小城镇各类统计数据解读，以及对 57 个镇发展情况采样基础调研，加以与我国发达地区小城镇发展经验比较可以看出：

从发展的现状及趋势来看，湖北省小城镇由于工业化水平偏低、生活工作环境质量较差、管理滞后，小城镇发展在某种程度上等同于低质量的城镇化。同时，湖北省县市级城镇现状基础好，发展潜力大，更有可能成为未来湖北省城镇化发展的突破口（图 6-4）。

尽管小城镇不是下一轮推进湖北省城镇化发展的理想的目标载体。但是，小城镇是城镇化过程中城市与乡村的交接地带，是人口城镇化的前沿阵地，承载着服务农村和接纳农村人口城镇化的重任，也是农村剩余劳动力向大中小城市转移的蓄水池。湖北省小城镇发展的现实情况决定了今后小城镇的发展应该根据经济强弱、规模大小、地域差异和类型差异区别化发展，有条件的小城镇可以扶持引导通过产业发展带动城镇化，而更多的小城镇将是服务于农村公共产品供给和配置的组织中心，强化其服务设施的建设（图 6-5）。

小城镇是湖北省城镇化进程中的关键环节，在全省城镇化发展进程中应当承载多重功

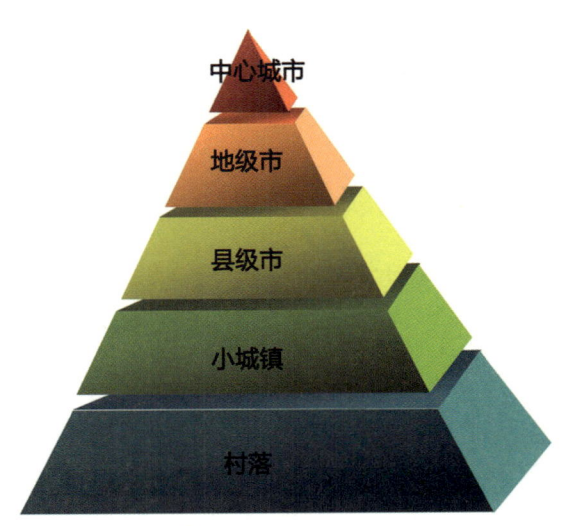

图 6-4 多层次城镇化发展模式图

能：一是应对部分本地人口的城镇化；二是服务于广大农村地区；三是应对今后的回流人口。应从构建湖北省多层次城镇化发展模式的宏观角度出发推进小城镇的城镇化进，程，注重小城镇发展水平"质"的提升，发挥多种动力机制作用力促进发展较好的小城镇产业经济进一步强化，规模不断提升。同时要加强一般小城镇在多层次城镇化体系中基层平台的作用以及城乡统筹发展的关键点作用，不以第二产业发展，人口快速

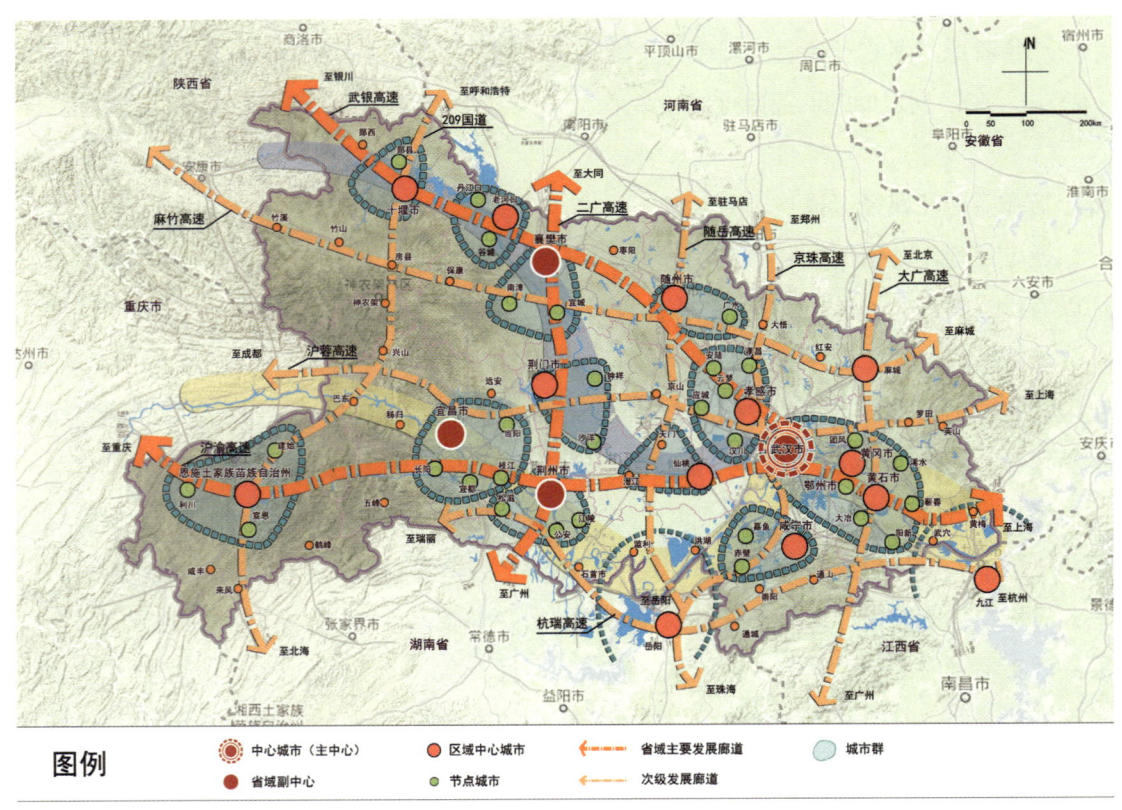

图 6-5 湖北省域城镇体系网络多中心结构

第 6 章 关注人本需求与空间品质

集聚为目标，而强调其服务农村、农业、农民的功能，建立层级清晰、发展路径各异、特色鲜明、环境优美、生活便捷、就业充分、宜居和谐的小城镇（图 6-6）。

6.2.3 小结

我国的城镇化处于数量增长与质量提升同步演进阶段，既往研究往往关注城镇化的速度、规模等问题，通常以数据分析和趋势判断为主，较少关注"为谁城镇化"、"城镇化空间载体"等内涵或本质性问题。本次湖北城镇化与城镇发展战略研究从微观视角出发，基于村民问卷和访谈信息，建立人口回流的意愿和概率模型判定未来湖北省城乡人口流动的重要载体，并得出了湖北省的小城镇是城镇体系的重要组成部分，具有基础性意义，是新农村建设和解决"三农（农村、农民和农业）"和"三留（留守妇女、留守儿童和留守老人）"问题的支点。同时，课题回归"调查 + 分析"的城市规划研究方法；以社会调查的方法克服镇村层面统计数据缺乏的困难，获取了大量第一手资料，直接提升了规划研究成果的质量。

图 6-6 "十二五"期间重点小城镇发展选择建议

6.3 案例 2：辉县市城乡总体规划（2017—2035）

6.3.1 规划背景

2016 年底，河南省常住人口城镇化率达到 48.5%，落后全国平均水平 8.9 个百分点。为更加稳妥地推进新型城镇化，河南省城市工作会议明确提出了加快推进城镇化进程的战略举措。

河南县城数量众多，是河南省农村人口转移和推进城镇化的重要载体。2016 年河南省有 106 个县（市）行政区划单元，包括 86 个县和 20 个县级市。县（市）经济总量则占全省的 50% 以上，人口约占全省的 80%。十二五期间，河南省新增城镇人口的 74% 落户在县级市和县城。

但同时河南省的县城发展面临一系列的短板，具体包括基础设施建设水平低下、公共服务设施普遍滞后、产业支撑弱及产城融合不紧密、生态环境差和城市特色不突出等多个方面。因此，2016 年河南省发布《中共河南省委河南省人民政府关于推进百城建设提质工程的意见》和《河南省县城规划建设导则》，提出"通过 3 至 5 年努力，全省县级城市基础设施和公共服务设施水平明显提升，城市管理水平、人居环境明显改善，资源集约利用效率明显提高，城镇特色更加鲜明，综合承载能力显著提高，城镇吸纳力、辐射力明显增强，新型城镇化健康发展，一批县级城市达到全国一流水平"的目标，并从产城融合、提升城市综合承载能力、人居环境塑造、历史文化资源保护与传承等方面提出了县城提质的具体措施。

在此背景下，2017 年辉县市人民政府启动《辉县市城乡总体规划》（上海同济城市规划设计研究院有限公司，2017），期望通过规划提升城市人居空间品质，落实"百城提质"的目标和任务。在规划编制中，项目组贯彻以人为本的理念，在深入了解居民需求和系统分析城乡空间品质问题的基础上，有针对性地提出城市空间品质提升的规划对策。

6.3.2 以人为本的城市空间品质提升

1. 辉县城市空间品质提升中面临的问题

1）产业发展面临转型，制造业布局亟待整合

辉县市经济发展基础较好，2016 年辉县市 GDP 达 332.03 亿元，位居河南省第 20 位、新乡市第 1 位；人均 GDP38 800 元，位居河南省第 30 位、新乡市第 2 位；全市实现工业

增加值 173.13 亿元，位居河南省第 17 位、新乡市第 1 位。工业经济一直占据绝对优势地位，占比高达 60%。主导产业主要为水泥、建材等资源型产业。制造业的空间布局同样也在资源产地的各乡镇均有分布。在新的发展时期，产业发展面临转型，制造业的布局也面临着如何整合的问题。

2）城区及周边乡镇蔓延式扩张，导致工业围城、村庄围城

辉县城区的东南部为孟庄镇，在镇域范围内分布着大量的工业用地，并且以"五小企业"、建材、化工等产业为主。由于城镇建设管理的无序，工业用地布局较为零散，基本都选址在各个村庄周边。无序布局的工业用地，对城区的发展形成包围之势，也使得城区的空间拓展受限。同时，由于地处河南省的中原地区，村庄分布较为密集，在城区建设中对于城边村基本采取避让的处理方式，也导致了村庄围城的问题（图 6-7）。

3）城区居住用地快速增加，导致公共服务设施配套不足、道路网密度低、公园绿地不足等问题

2008 年至 2016 年，辉县城区的居住用地增加了 4km^2，常住人口增加了 7.6 万，公共服务设施用地仅增加了 0.9km^2。大量快速增加的居住人口，带来了公共服务设施服务能力不足和服务水平低下等问题，主要表现在以下几方面。

首先，城区道路网密度低。城区内主、次干路密度尚可，基本符合国家标准，但城市支路网密度严重不足，导致工作日的高峰时间老城区局部道路严重拥堵。

其次，城市公园绿地不足。城区 500m 公园绿地服务半径覆盖率仅 15%，人均公园绿地仅为 2.8m^2/人，与《河南省县城规划建设导则》的要求差距较大。

第三，城区公共设施配套不足，在中小学方面尤为突出。2016 年，辉县城区人口为 24.7 万人，城区内共有中学 2 所、小学 5 所，中学 1000m 半径服务覆盖度、小学 500m 半径服务覆盖度均远远低于《河南省县城规划建设导则》中提出的要求。同时，学校的生均建筑面积、班级人数等远超出教育部、河南省的相关标准（表 6-11）。

4）城区山水格局较好，但破坏严重，缺乏特色

城区北部为九山、方山、石头岭等自然山体，但由于石灰石的开采，导致山体受到破坏，未来需要加强生态修复。同时，城区内部在 20 世纪 60 年代水网密集，但由于在城市建设中采取填河等措施，使得现状水网不成体系、河湖水面率较低，城区内部的百泉也因为地下水的开采过量而干涸。在百泉河、五里沟河、刘店干河两侧，也缺乏滨水公共空间。

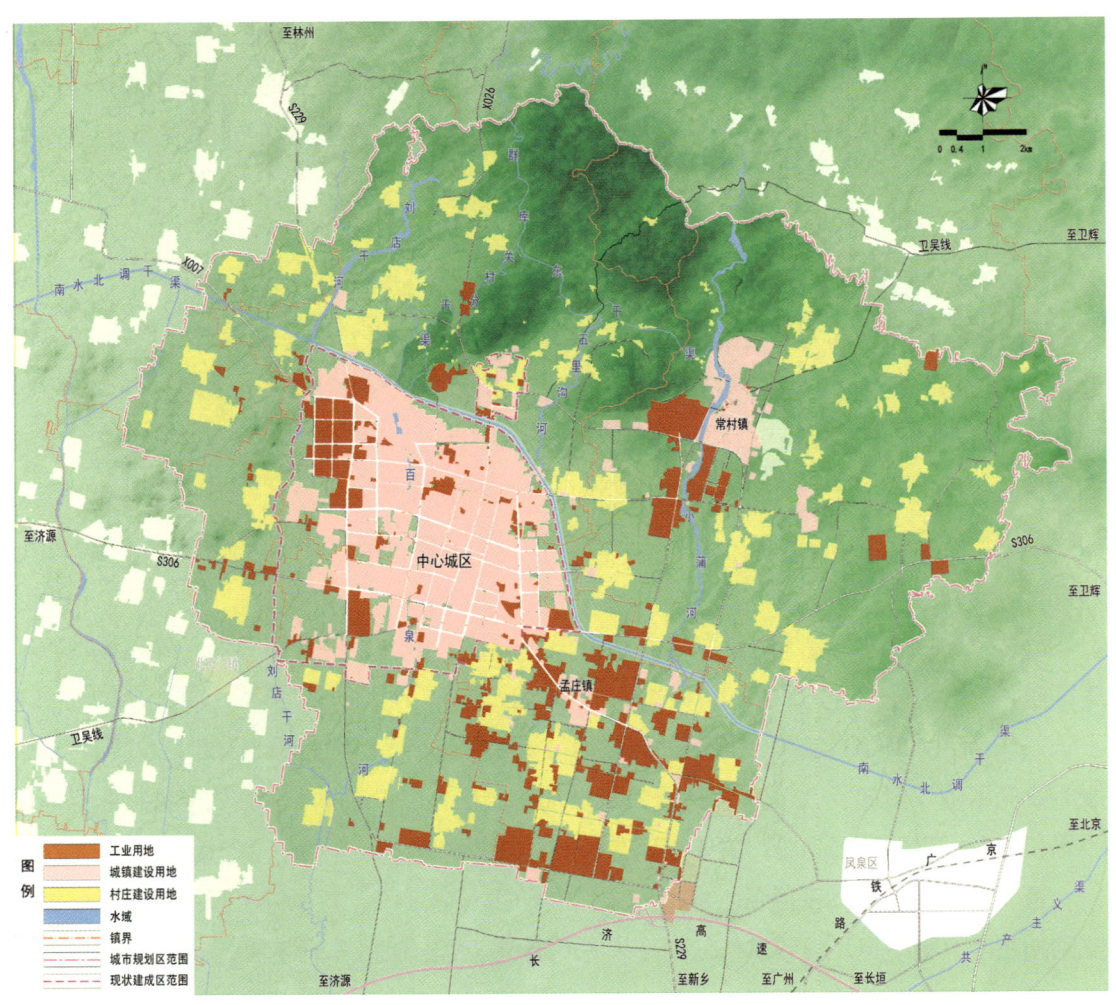

图 6-7　辉县城区及周边地区用地布局现状图

表 6-11　辉县中小学班额、生均建筑面积与教育部、河南省的相关标准比较一览表

名称	班额（人）			生均建筑面积（m²）	
	现状	教育部	河南省	现状	河南省
城北小学	82			1.08	
城内小学	88	40-45	45	1.34	≥13.13
西王庄小学	88			5.60	
第一初级中学	87			6.43	
文昌中学	59	45-50	50	15.73	≥15.31
城北初级中学	75			8.03	

城区内也拥有共城遗址、百泉、孟庄遗址等历史文化古迹，但缺乏历史文化的展示与体验空间（图6-8）。

5）市域旅游资源丰富，但城景融合不足

辉县市地处南太行地区，是南太行旅游度假区的所在地。市域内旅游资源极为丰富，有76处景区景点，其中4A级景区6家、3A级景区3家，在河南省位居前列，仅次于登封、栾川等县市。当前辉县的旅游发展以观光为主、休闲度假为辅，并且休闲度假设施一般都布置在景区范围内，与周边的乡镇缺乏互动，也使得小城镇的旅游服务功能不足。以三产从业人员比例来看，市域西部和东部的乡镇三产从业人员比例均在20%以下，呈现农业型城镇的典型特征，尚未体现旅游型小城镇的功能（图6-9）。

2. 居民对城市空间品质的诉求分析

在总体规划编制的过程中，项目组基于以人为本的理念，通过开展重点对象访谈、问卷调查等多种形式充分了解居民对各方面的诉求，具体调研的内容包括产业发展、景区开发、公共服务设施、道路交通、绿地广场和城市特色六个方面。为了保证调查结果的公正、合理，项目组在将城区划分为东、南、西、北、中五个片区，在每个片区内进行问卷发放。在问卷调查的基础上，项目组针对重点景区和街道，对游客和居民进行了访谈，了解他们对城市问题的看法和对空间品质的诉求。

根据调研结果显示，在城市发展目标上，居民对辉县作为文化旅游城市的认同度达34.86%，生态宜居城市的认同度为27.77%，远高于对其作为工业城市和产业基地的认

图6-8　辉县城区水系变迁图

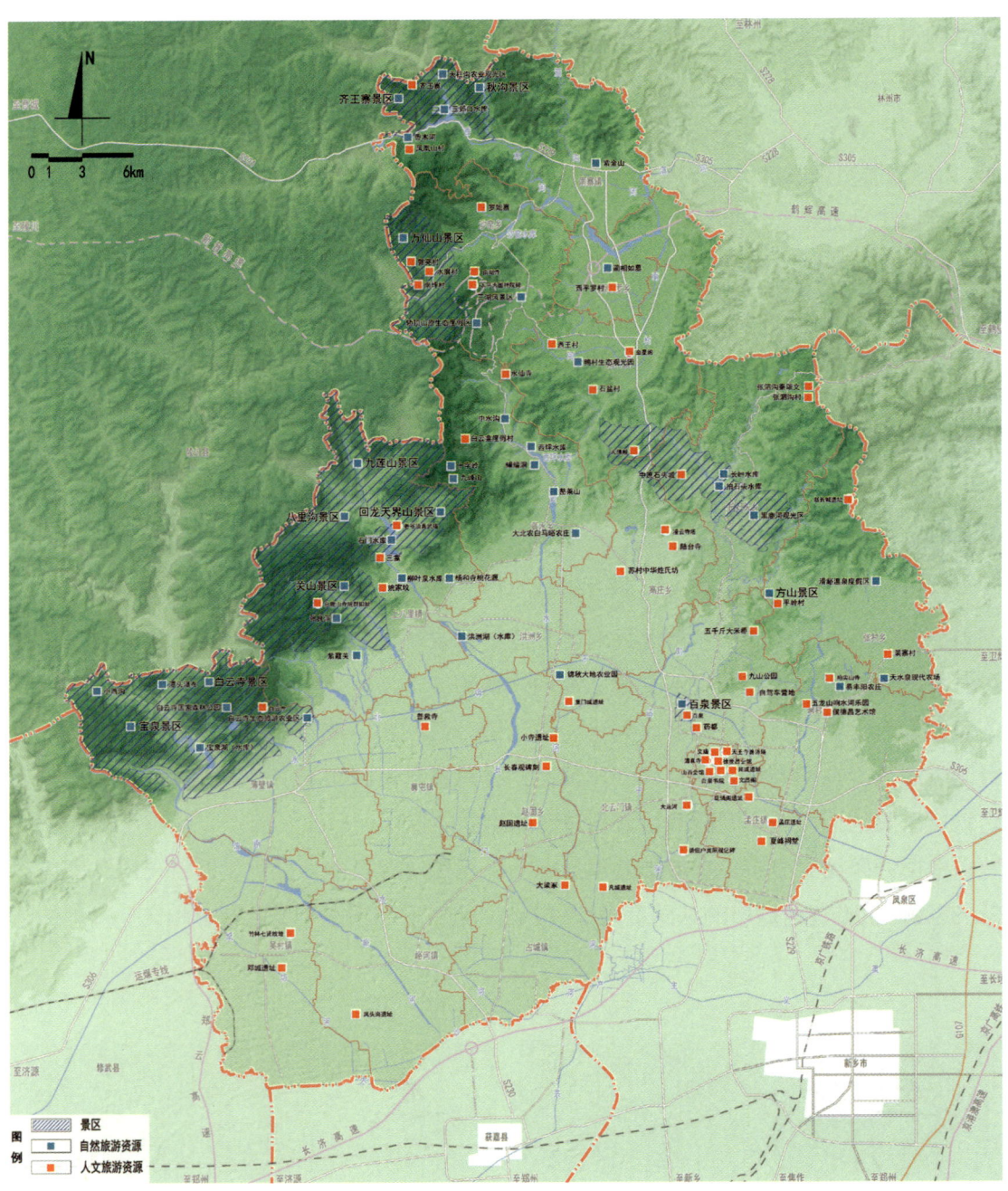

图 6-9 辉县市域旅游资源现状分布图

同度 11.17%（图 6-10）。具体而言，在产业发展方面，大部分居民建议逐步限制水泥、建材等高污染、高耗能的产业发展，并大力发展旅游服务、农副产品加工、现代农业等绿色产业。在产业布局方面，调研结果显示，大部分居民认为应对现有的企业进行整合、撤并，特别是对于城区南部孟庄镇的工业企业应逐步搬迁、改造，建议在孟庄镇的南部应少布置工业用地。

在公共服务设施布局方面，调研结果显示居民均对公共服务设施布局的均等化提出了更高的期待。居民对现状文化娱乐设施非常满意和比较满意的比重仅为 33.8%，对体育活动设施非常满意和比较满意的比重仅为 33.6%，并且高达 80% 的居民都认为在未来的城市建设中应当大量建设公共服务设施（图 6-11）。

在道路交通方面，调研结果显示居民对现状的满意度非常低。在道路交通方面，对于道路系统建设的满意度较低，非常满意和比较满意的比重仅为 24.78%。在停车设施方面，非常满意和比较满意的比重仅为 18.6%，反映出停车设施的短板。因此，居民对公共停车设施、道路系统完善等方面具有较高的诉求（图 6-12 左）。

在城市绿地与广场建设方面，调研结果显示居民的现状满意度也较低，居民对于公园绿地建设非常满意和比较满意的比重仅为 29.7%。居民对城市公园绿地的建设也有着强烈的诉求，未来在城区布局中需要加大公园绿地的布局力度（图 6-12 右）。

在景区开发与保护方面，调研结果显示本地居民与游客的诉求存在系列差异。本地居

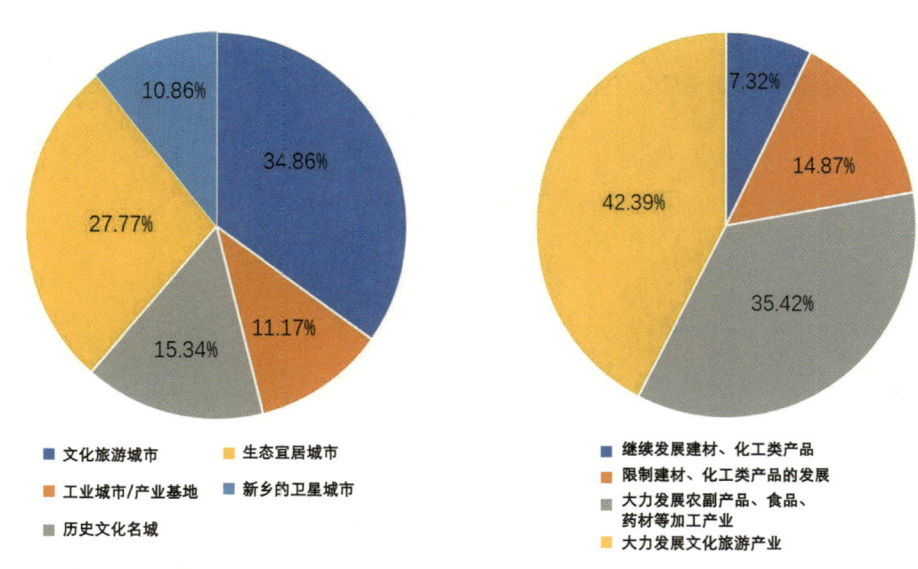

图 6-10 居民对辉县发展目标的认识（左）和对产业发展的认识（右）分析

民期望对南太行景区进行大开发，建设系列人工景点、景区，同时期望将旅游服务设施布置在与景区乡镇的镇区内，以提升小城镇的旅游服务功能，增加本地居民的收入与就业。而游客期望景区以保护为主，体现原生态的自然风光，在景区内适当的布置旅游服务设施，并且期望酒店等与游客度假相关联的设施布置在景区范围内，而周边小城镇的旅游服务设施对其吸引力较小。

在城市特色风貌塑造方面，调研显示居民对于百泉、共城遗址、琉璃阁遗址的认同度较高，普遍认为上述地区是展现辉县市历史文化底蕴的重点地区，未来在城市的历史文化保护与展示中应给予高度的重视；同时也认为共城大道、太行大道、文昌大道是城区内的特色街道，未来需要加强特色街道空间的塑造。

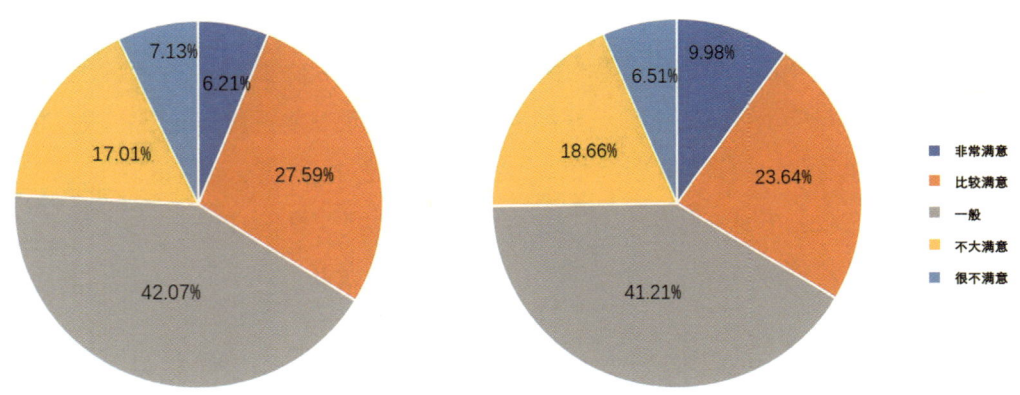

图 6-11 居民对文化娱乐设施的满意度（左）和对体育设施的满意度（右）分析

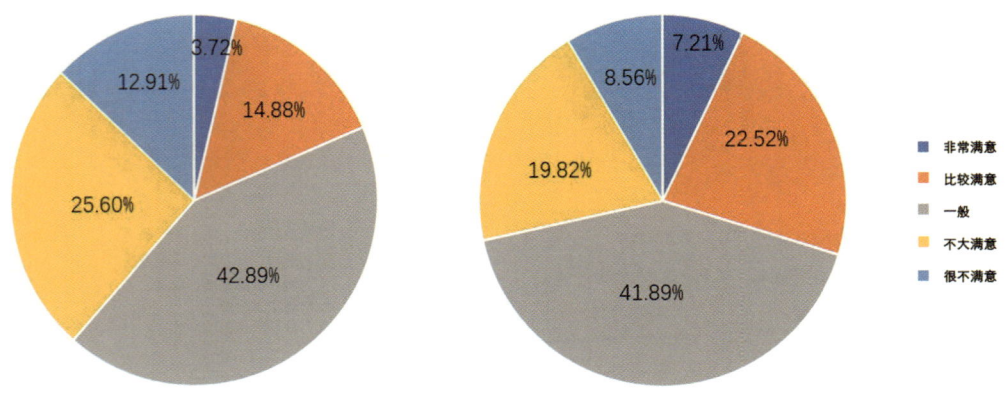

图 6-12 城区居民对道路交通设施建设的满意度（左）和绿地广场建设的满意度（右）

3. 基于人本需求的城市空间品质提升对策

1）关注产业转型，调整产业布局

针对居民在产业发展及布局方面的诉求，规划提出严控新增水泥、建材等高耗能产业发展，重点发展现代农业、旅游业、装备制造业的发展策略。

在农业的布局方面，稳固辉县作为国家粮食主产区的定位。市域的中南部提升传统农业种植区的发展水平，山地农业区重点发展林果业、中草药种植等产业，山地农业区与传统农业种植区的丘陵地带与美丽乡村的建设相结合重点发展休闲农业、风景农业。

加强市域制造业布局调整，规划形成一个产业集聚区、三个专业园区，引导制造业集中入园。结合城镇空间发展趋势，划定城镇开发边界，将其纳入城区、镇区统筹管理（图6-13）。

结合辉县市的旅游资源分布，加强旅游景区、景点的整合，考虑居民及游客诉求，统筹考虑旅游空间及设施的布局。明确在景区内应保持原生态的自然风光，限制新增建设用地，强调对现状村庄、旅游服务设施的整合，重点发展中高端旅游服务设施；在与景区乡镇的镇区范围内适当建设中端的旅游服务设施，提升小城镇的旅游服务功能，形成城区—镇区—特色村庄的三级旅游服务中心体系；同时沿着山前的旅游公路布置生态农业休闲景观带缝合景区、镇区，促进城景融合发展（图6-14）。

2）基于结构优化，调整空间布局

以全域旅游为抓手，围绕太行山旅游资源保护与开发，形成城镇网、旅游网、绿道网相耦合的市域空间结构，并实施全域管控。同时以市域空间结构为中心，突出城乡统筹，构建城镇组群，做实城镇发展指引；分类推进市域村庄发展指引；形成城乡用地统筹方面明确到城区、镇乡和村建设用地，并从城镇定位、发展规模、城镇增长边界、空间布局等方面制定乡镇发展管控。

统筹考虑中心城区和周边孟庄镇、常村镇的关系，打造组合城镇，使一城两镇成为市域经济的增长极。在城区的空间布局中，延续城区南北向发展轴线，在城区的北部打造健康小镇，重点发展健康养生、休闲旅游等功能；在城区的南部打造集居住、商业与商务、文化、体育等综合性功能为一体的城市新区；在城区西部，壮大城区工业园区，集中布局城市的科技研发、商贸物流等设施，成为工业集聚区的重要组成部分；在城区中部，对于城中村采取适当保留的策略，增加绿地、广场、公共服务设施等；在城区东部布置生态农业园区，形成城区、孟庄镇之间的生态廊道，提高城区周边地区的环境品质（图6-15）。

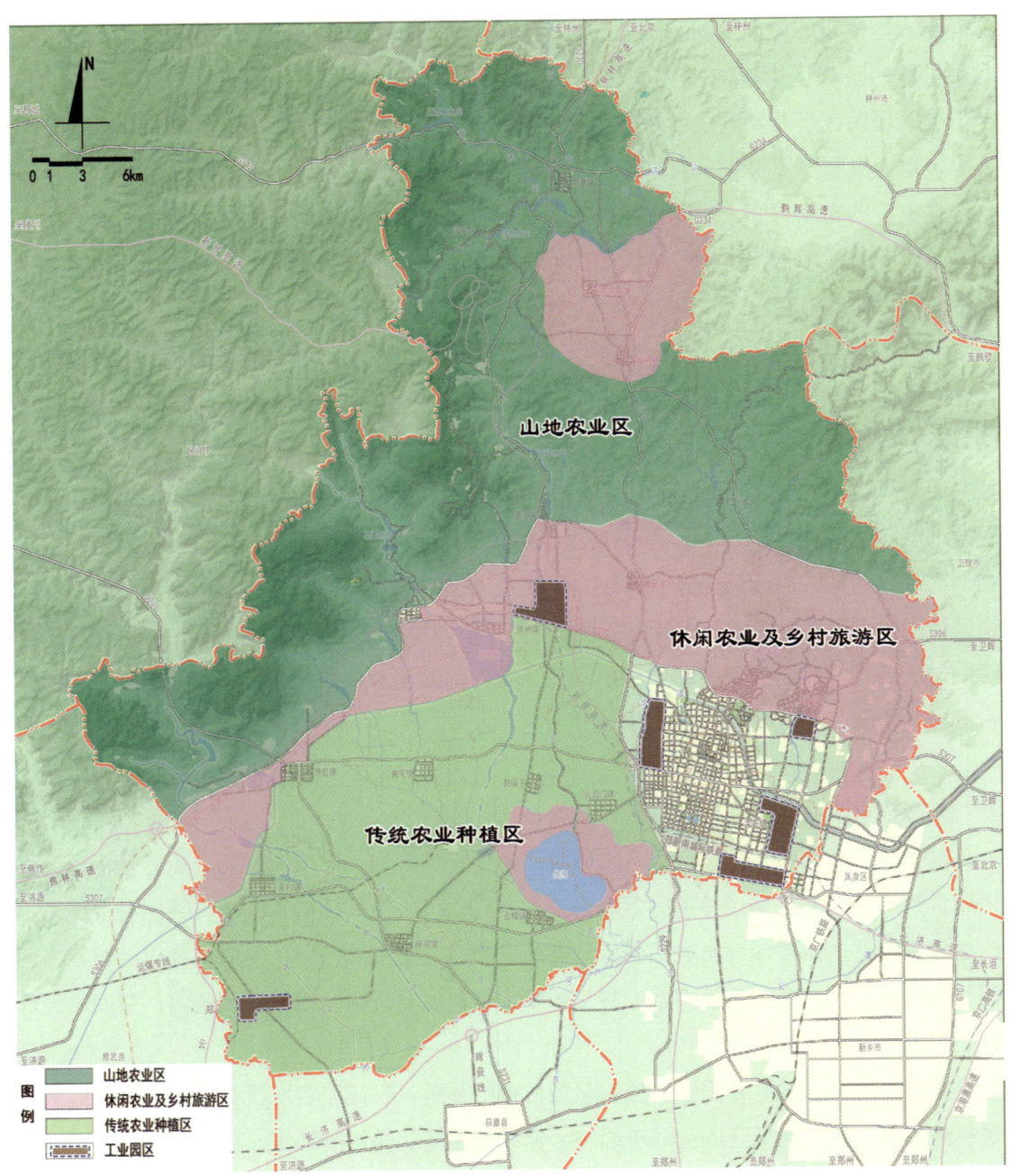

图 6-13 辉县市域产业布局规划图

第 6 章 关注人本需求与空间品质

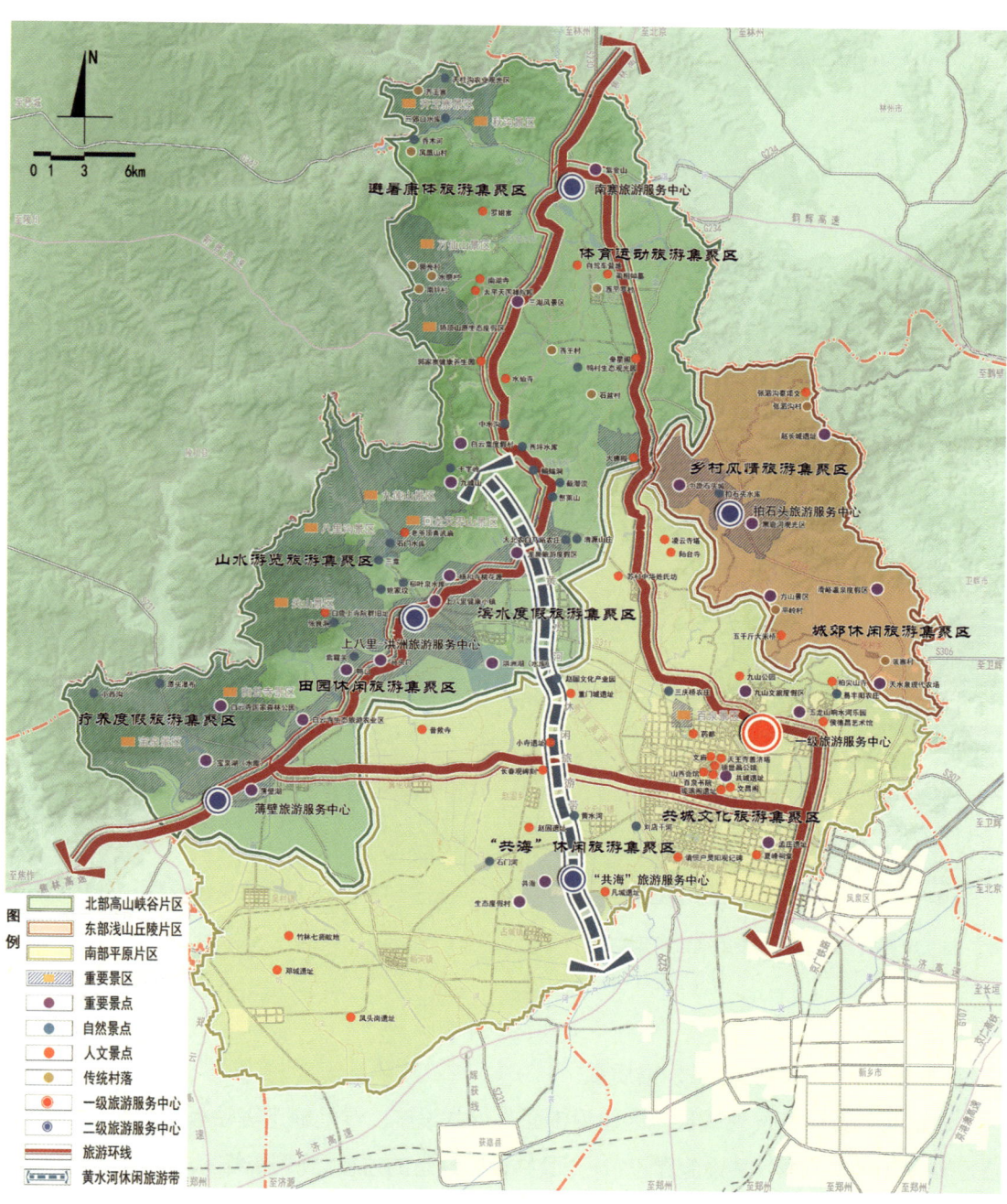

图 6-14 辉县市域旅游发展规划图

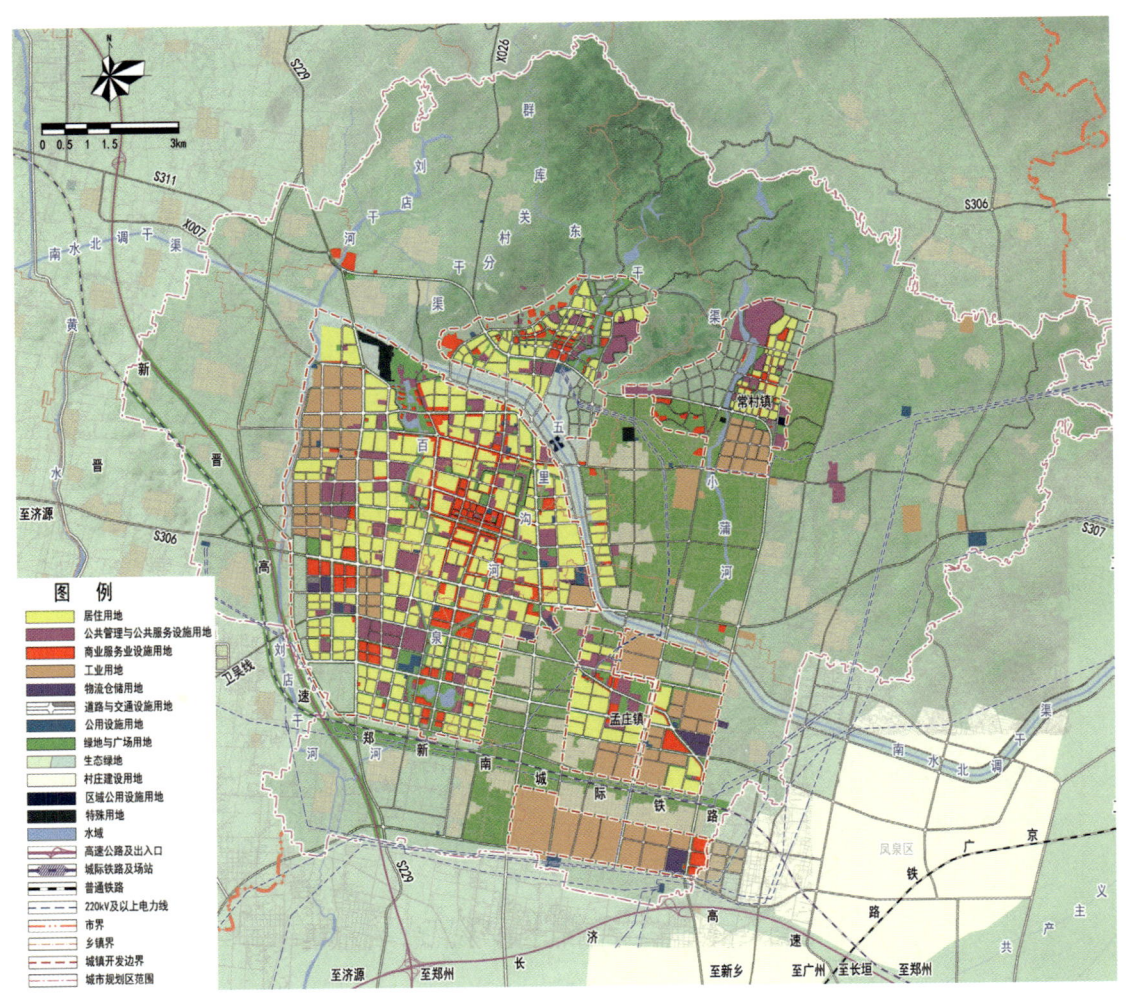

图 6-15　辉县城市规划区建设用地统筹规划图

3）基于要素完善，提升县城发展质量

通过问卷调研，发现辉县城区建设中面临公共设施、绿地缺乏等短板。因此规划辉县城区加强文教体卫等公共设施建设，补齐公共设施缺乏的短板。规划统筹考虑城区空间布局，将城市级的公共设施布置在城南片区。与辉县市的行政管理体制、事权划分相对应，在城区内增设街道级公共设施，主要布置在百泉街道、胡桥街道办事处附近。公共设施除关注文化、体育设施外，更为关注教育设施的布局。以中小学为例，规划结合居住用地的布局，按照《河南省规划导则》的要求，统筹布局中小学设施，使中学 1 000m 半径服务覆盖度（对应生活区）由现状的 30% 提高到 95% 以上，小学 500m 半径服务覆盖度（对应生活区）由现状的 20% 提高到 95% 以上（图 6-16）。

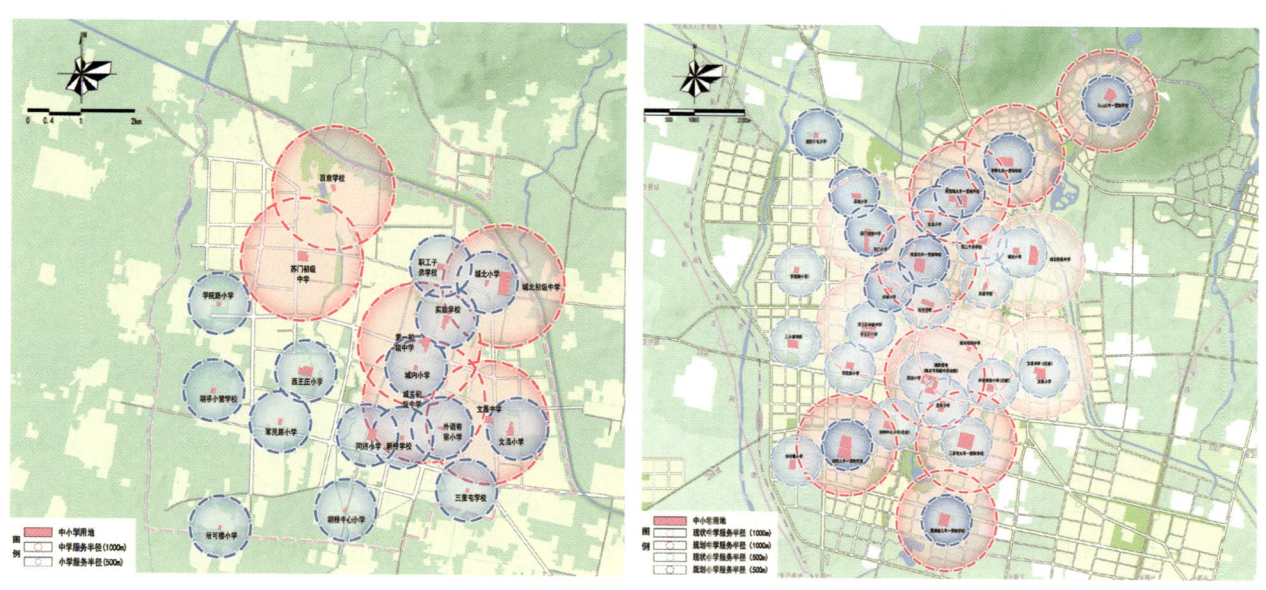

图 6-16　辉县中心城区现状（左）和规划（右）中小学服务覆盖度分析图

构建 10 分钟生活圈，提高社区级服务设施的覆盖度。借鉴北京、上海总体规划的理念，落实《河南省县城规划建设导则》的要求，在城区范围内打造 10 分钟社区生活圈（图 6-17）。社区生活圈是打造城市社区生活的基本单元，即在 10 分钟步行可达范围内，适当集中布局满足居民日常生活需求的教育、卫生、文化、体育、养老等服务设施，形成安全、友好、舒适的社会基本生活平台，满足居民基本的公共服务需求。

建设完善的绿地系统，提高城区环境品质。结合自然山水、城市总体布局，按照国家园林城市和居民出行"300m 见绿（面积 1 000m² 以上绿地）、500m 见园（面积 4 000m² 以上公园）"的标准，规划构建完善的城市绿地系统，形成"一廊、三轴、多园"的绿地系统结构。考虑到绿地的可达性和使用方便的原则，规划将社区级公园的布局与 10min 生活圈的打造相结合，大幅增加社区级公园、街头绿地等，使公园绿地 500m 半径服务覆盖度，由现状的 15% 提高至 80% 以上（图 6-18）。

图 6-17　辉县中心城区 10 分钟生活圈规划示意图

图 6-18 辉县中心城区现状（左）和规划（右）公园绿地 500 米半径服务覆盖度分析图

树立"窄马路、高密度"的理念，提高城区道路网密度，解决城区交通拥堵的问题。辉县城区内现状主干路密度较高、红线宽度较宽，满足国家相关规范要求，但存在次干路、支路网密度过低的问题。在《新型城镇化规划（2014—2020）》和《河南省县城规划建设导则》中，均明确提出城区总体路网密度不低于 8km/km²。因此，规划结合老城区更新，打通断头路，将大型小区内部的干路向社会开发，并重点在滨水、沿山地区增加城市支路网，通过多种措施将城市道路网密度由 3.6km/km² 提高至 8km/km²（图 6-19）。

4）基于总体城市设计，塑造城市特色

加强城市特色资源保护。保护是城市特色塑造的基础，城市中既有的各类自然、人文特色景观都是塑造城市空间特色、城市城市品质的本底资源。从辉县城市发展的脉络来看，城区选址于北依太行山、三水串成的平原地区，城区内的特色资源主要为共城遗址、百泉及太行山的余脉九山。因此，规划严格落实文物保护单位的相关管控要求，建立文化保护范围、建设控制地带、环境协调区等三个层级的保护，对共城遗址、百泉进行保护；通过设置沿山地区高层建筑控制线，保护山脊线与视线廊道（图 6-20）。

强化市域景观风貌控制。传统的景观风貌塑造主要局限于中心城区范围内，为更好地展现城市风貌，体现全域规划的特点，规划重点考虑在市域范围内进行景观风貌的塑造。结合市域旅游线路的组织、旅游景区的塑造，从重要景观带、小城镇风貌、乡村风貌三个方面加强市域景观风貌的控制。以乡村地区为例，通过分析市域不同地形地貌乡村的景观风貌差异和特点，将乡村地区分成崖、丘、田三类风貌区。将崖风貌区的风貌界定为顺应山势的房子，将丘风貌区界定为因应台地的群组，将田风貌区界定为田湖之间的院子。

构建蓝绿空间。辉县地处山区向平原地区的过渡地带，市域内水系较为丰富，但城区的百泉河、五里沟河、刘店干河等常年缺水。因此，规划通过市域西部的黄水河对百泉河、刘店干河等进行补水，强化水下的连通工程，实现以水润城。在滨水地区的空间设计中，通过合理的水系规划、滨河断面设计等，形成丰富水量的带状城市公园，满足城市休闲功能和景观需求。同时，将滨水岸线分为活动型广场水岸、游憩型带状水岸、绿化

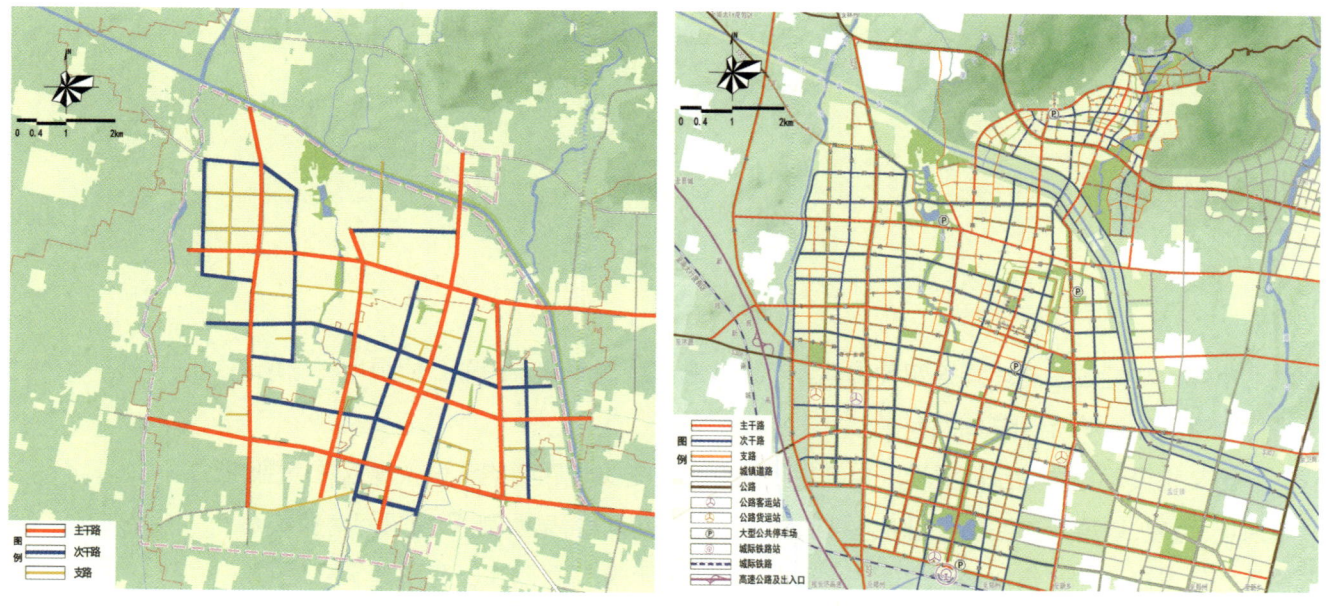

图 6-19 辉县中心城区现状（左）和规划（右）道路系统图

图 6-20 辉县中心城区绿地水系规划图

型生活水岸、功能性生态岸线等四种类型。结合滨水岸线的塑造，设置公园绿地、广场、小型博物馆等休闲场所（图6-21）。

突出文化展示与体验空间塑造。结合居民对辉县历史文化底蕴的认识，规划重点围绕共城遗址、百泉、琉璃阁遗址及周边地区打造文化体验空间。以百泉为例，百泉是河南省最大、保护最好、集南北方建筑风格于一体的古园林建筑群，也是辉县隐逸文化和理学文化的发源地。规划结合城市更新，对百泉周边的用地进行了统筹谋划，重点展示辉县的隐逸文化、药贸文化、园林文化和药贸文化，并对百泉周边的建筑高度、主要界面、建筑风格、建筑色彩、建筑材料等提出了控制和引导要求。同时，通过完善的慢行系统，将城区的历史文化遗存相串联，形成以文化展示为主题的慢行道。

6.3.3 小结

城市人居空间品质的提升是新时期城市发展所追求的重要目标。在两个百年奋斗目标的指导下，中国县域的城乡发展格局将会发生重大变化，县城将成为半城镇化人群返乡以及农村人口就地城镇化的首选之地，如果县城不能持续提升品质、健全功能、给年轻人提供更多的发展机会，恐怕很多的县城也会再次面临发展洗牌。因此，在县域规划中县城空间品质的提升将趋于更加重要的位置。

在城市人居空间品质提升的过程中，应通过问卷调研、居民访谈等方法深入了解居民在城市发展及建设方面的诉求，并从产业转型发展、空间结构优化、城区内部要素配置、城市特色塑造等方面提出规划措施。

参考文献

[1] 程方炎, 贺雄. 从人本主义到人本主义的理性化——雅典宪章与马丘比丘宪章的规划理念比较及其启示 [J]. 现代城市研究, 1998(3):23-26.

[2] 周素红, 蓝运超. 人本思想综述及其在城市规划中的体现 [J]. 现代城市研究, 2001(2):25-28.

[3] 张京祥、罗振东. 中国当代城乡规划思潮 [M]. 南京：东南大学出版社, 2013.

[4] 杨保军, 陈鹏, 吕晓蓓. 转型中的城乡规划——从《国家新型城镇化规划》谈起 [J]. 城市规划, 2014, 38(a02):67-76.

[5] 任致远. 以人为本：城市科学发展的核心 [J]. 上海城市规划, 2012(5):9-12.

[6] 上海同济城市规划设计研究院有限公司, 湖北城镇化与城镇化发展战略规划 [R].2010.

[7] 上海同济城市规划设计研究院有限公司, 辉县市城乡总体规划（2017-2035）[R].2010.

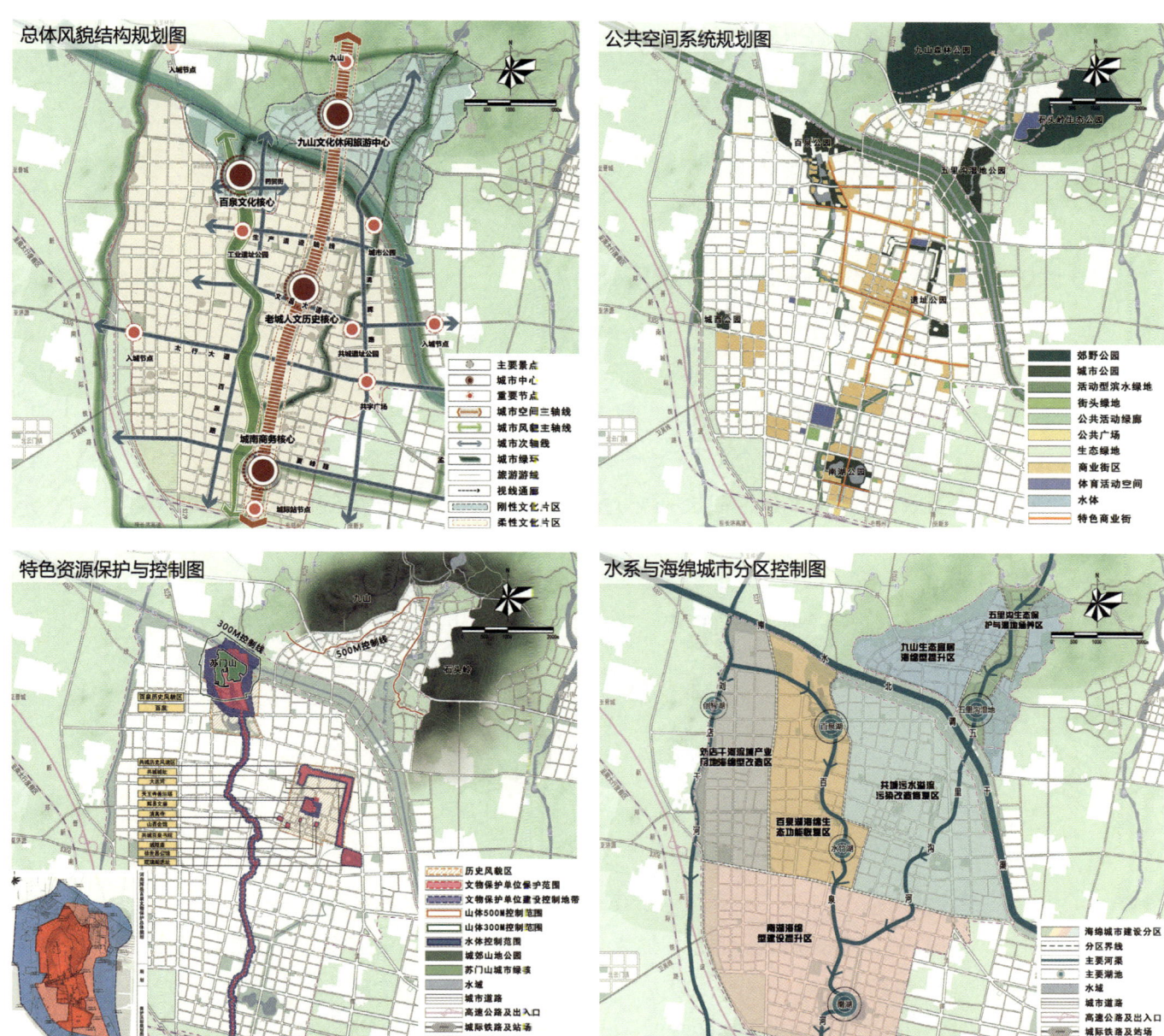

图 6-21 中心城区总体城市设计图

第 7 章　技术方法的创新与应用

7.1　技术方法的新进展及在规划中的应用

技术方法的进步在城市规划中的应用主要表现在三方面：城市规划中计量模型的应用；城市规划成果的表现；城市规划管理方法的提高。其中，城市规划中计量模型的应用是核心内容，城市规划成果的表现和城市规划管理方法的提高相对来说是辅助性的。

近些年来，伴随着云技术、大数据、物联网等一系列信息技术的迅猛发展，越来越多的新技术进步被应用到城市规划领域，这其中，既有城市规划中计量模型的应用如大数据、物理模拟与行为仿真技术等等，也有城市规划管理方法如智慧城市、规划信息化与系统集成等。积极开展规划新技术研究，提高规划决策支持服务水平，是当前规划技术研究的主要方向之一。近年来各类城乡规划中被广泛应用的新技术手段主要包括几个方面。

7.1.1　大数据

大数据作为一个由 ICT 产业率先提出的概念，在经过了长足而充分的发展后，今天已经渗入政治、商业与社会的诸多领域中。这其中，城乡规划也概莫能外。大数据在城乡规划中的应用方式，由最初的补充异质数据源以提供传统统计数据之外的研究分析视角发展到如今，已经融入规划调研、分析、设计、成果表达与公众参与等绝大多数环节。在此过程中，大数据在规划中的应用这一行为本身的意义，也由利用海量非结构化数据支撑分析 - 规划流程，转变为将规划的分析视角、操作对象与规划技术方法都立足于人的行为造就的海量数据之上。尽管实际规划工作中的变化与大数据得到普遍应用的愿景相比仍显得微不足道，但这一转变的趋势在数据越发充沛的当下，已经越来越明晰。

在应用方面，大数据已经作为一种方法论应用在空间行为分析、规划调研、城市网络结构研究、土地利用与布局规划、数字化城市设计等具体工作中。从利用海量实时位置数据开展交通预测与规划，到利用通话联系数据、基于手机的位置数据研究城市网络间的网络结构，再从利用 POI 与路网数据判别用地类型与开发属性到利用 LBS 数据研究城市区域间的职住平衡关系，种种应用方法不一而足。大数据在城乡规划工作中应用的深度与广度早已超出城乡规划引入大数据概念时的预料，并且仍然有相当宏远的应用与发展前景。

7.1.2 物理模拟与行为仿真技术

模型在城乡规划中并不是新鲜事物，自从电子计算机走入现实以来，城乡规划领域对于模型的应用探索就从未停止。然而，在经过数十年的探索之后，仅有部分形式的模型在实际应用中展现出足够的稳定性、实用性与可预测性。这其中，物理模拟与行为仿真技术得益于计算机技术的长足进步，得以在一般性质的城乡规划工作中得到应用。物理模拟主要是指利用计算机模拟城市 - 区域中的种种物理现象，利用模拟结果对规划方案产生的物理后果进行分析，进而对规划方案进行优化、筛选的工作过程。行为仿真技术早在交通规划领域中得到了广泛且深入的应用，随着这一技术的普适性逐步得到加强，其在城市规划工作中也逐渐引起重视并得到应用。

在物理模拟的实际应用方面，对城市整体进行的日照分析已经显得十分稀松平常；从航空航天等领域传入的 CFD 技术在城市微气候规划设计中早已是不可或缺的重要技术手段；发端于水文学的降水与水环境模拟技术在气候响应式的规划设计中也同样必不可少。在行为仿真的实际应用中，基于 Agent 的建模技术如今不仅是交通优化规划设计最重要也最基础的技术之一，同样也是公共场所空间规划设计的必备技术之一。在可预期的未来，计算机技术的进步与软件工具的丰富将使物理模拟与行为仿真技术在城乡规划领域中得到更多的应用。

7.1.3 规划信息化与系统集成

规划信息化工作在国内的规划管理部门早已展开，其系统集成水平也随着时间的推移而稳步提高。信息化指的是充分利用信息技术，开发利用信息资源，促进信息交流和知识共享，提高经济增长质量，推动经济社会发展转型的历史进程。规划信息化即信息化进程在城乡规划工作中的体现，规划信息化与系统集成工作本身并没有用到太多新出现的信息技术，推动其发展的主要是信息化理念与系统流程的进步与革新。信息化这一概念早已深入人心，但由于其较为强调秩序，因此在城乡规划领域的信息化过程中，信息化程度较高的往往是组织水平更强的规划管理机构，且现存的技术工具中，目前很少有与规划设计机构的管理要求及规划设计工作本身特点相适应的。

在实际工作中，国内较为先进的规划管理机构都已建立起一套相当完备的信息系统，在各个规划层级上都完成了对城乡规划的组织编制、实施与实施效应分析的信息化。在某些规划管理机构中，其不仅完成了城乡规划管理工作的信息化，还可以同时监测城市的运行状态与异常行为，信息化程度大大超过了生产性服务业的平均水平。但除此之外的绝大部分规划编制机构与大部分规划管理机构，尚未建立起完整全面、贯通全局的信息系统。由此，规划信息化与系统集成工作仍然需要持之以恒地继续开展。

7.2 案例1：南昌大都市区规划中的手机信令数据应用

7.2.1 规划背景

《南昌大都市区规划（2015—2035）》（上海同济城市规划设计研究院有限公司，2015）是江西省落实《长江中游城市群发展规划》，对接"一带一路"和长江经济带国家战略的重要规划；是落实江西省委、省政府"做强省会建设省域核心增长极"的重要战略抓手。

作为一项跨行政区的区域性战略规划，南昌大都市区规划的区域分析又三方面的研究需求：一是量化评估区域内的城镇体系等级结构，为优化大都市区城镇体系提供依据；二是量化分析区域中心城市腹地，特别是界定南昌的腹地范围；三是科学识别区域发展廊道，为强化大都市区空间结构提供支撑。但传统的城镇体系规划方法一方面由于数据统计单元的限制，虽然能够反映区域城市的发展各自发展特征，但不能反映区域城市之间的相互联系，无法反映网络化条件下的城镇发展状况。此外，城市间的联系不仅仅局限在经济联系层面，更重要的是人口流动联系，这方面传统城镇体系规划方法一向比较薄弱。因此，南昌大都市规划将大数据的方法引入区域城镇体系研究中，利用手机信令数据对南昌市区域城镇体系现状和特征进行分析，为区域城镇体系和空间结构提供科学依据。

为突出区域性、综合性、前瞻性特点，本研究在南昌大都市区范围基础上，将研究范围进一步扩大至南昌、九江、宜春和抚州五个地级市全域以及上饶市的余干、鄱阳、万年3个县，总面积约7.15万 km^2，现状总人口约2257万人，所属的县级空间单元（市辖区、县和县级市）共计40个单元（图5-1）。

7.2.2 手机信令数据研究方法

"大数据"时代的来临为区域和城市研究带来了新的机遇。近年来，随着手机移动通信在城乡的普及，凭借其覆盖范围广、持有率高、动态性好的特点，手机数据分析为区域和城市研究提供了新的技术支撑。手机数据一般可以分为两种类型：一种是手机通话数据（Mobile Phone CDR Data），即通过手机用户之间的通话频率和时长来反映城市之间的信息联系强度；另一种则是手机信令数据（Mobile Phone Signal Data），用户只要发生开关机、通话、短信、位置更新和切换基站行为都会被运营商记录下信令数据，通过用户在基站之间的信息交换来确定其空间位置，能相对准确地记录人流的时空轨迹。

手机信令数据具有以下特点：一是大样本、覆盖范围广、用户持有率高，能更好反映人流行为的时空规律；二是匿名数据，安全性好，没有任何个人属性信息，不涉及个人隐私；三是非自愿数据，用户被动提供信息无法干预调查结果；四是具有动态实时性和连续性，能准确反映在连续时间区段内，不同时间点手机用户所在的空间位置，为定量描述区域内人群流动轨迹提供了可能。

7.2.3 基于手机信令数据分析的城镇体系研究

1. 技术路线与数据来源

研究通过手机信令数据识别居民在区域内各城镇之间的出行轨迹，以人流联系数量和方向表征城镇之间联系强度、联系范围，从而判断区域内人流联系是通过哪些城镇进行联系，各个城镇主要受哪个中心城市吸引、哪些城市联系最紧密等。据此，分析现状城镇体系中的发展轴、中心城市腹地和势力范围、区域发展主要廊道等内容。

本研究使用中国联通 2015 年 10 月到 11 月连续 37 天的匿名手机信令数据。数据主要包括用户匿名 ID、信令发生时手机连接的基站坐标、信令发生时间和信令类型等内容。平均每日记录到约 156 万用户信令记录，其中活跃用户有 139 万个，每个用户每天产生约 60 条记录。将研究范围内的 40 个县级单元进一步分为 678 个乡镇基本单元（其中市辖区以区为单元，不再细分）。建立手机用户的 OD 流动轨迹：即以用户居住地为 O 点，跨乡镇出行目的地为 D 点，建立手机用户在都市区内活动的 OD 流动轨迹，共识别出 37 天内共有 1423 万人次用户的跨乡镇出行。

2. 南昌大都市区城镇等级体系研究

按照 40 个城市单元的行政区划赋予研究范围内约 4.5 万个基站单元属性。基于跨区县手机用户 OD 流动轨迹，构建城镇单元间的联系方向和联系强度矩阵，从被联系的城镇数量和联系人流总量两方面反映城镇之间的网络联系强度。每个城镇都会受若干个目的地城镇吸引，一般而言，大多数城镇之间的联系主要发生在于前 5 位的目的地城镇之间。本次研究中将联系强度前 5 的目的地城镇纳入计算，统计作为目的地，每个城镇联系的其他城镇个数。分析现实南昌大都市区 40 个研究单元之间的联系网络如下（表 7-1）。

一个城市的主要联系城市个数越多、联系人流总量越大，说明该城市的等级越高。根据城市联系网络强度，用自然间断法，可以分为 4 个等级（表 7-2）。第一档城市为南昌市辖区，其作为区域城市网络的核心地位突出。第二档城市 6 个：抚州、九江市辖区、南昌县、永修县、丰城市、高安市。第三档城市 14 个：分别为宜春市辖区、进贤县、瑞昌市等。第四档城市 19 个：分别是靖安县、安义县等网络联系度较弱区。这些城市主要分布于鄱阳湖东岸传统农区、九岭山区和赣闽边山区。

对比《江西省省域城镇体系规划（2012—2030）》的城镇体系规划可以发现，省域中心南昌作为区域城市网络的核心地位突出，南昌市辖区基于跨县人流轨迹的城镇等级位于第一档，联系城市个数是第二位城市的 3 倍，这与其作为省域中心的定位相符合。同时发现，与南昌市辖区有紧密联系的南昌县也进入了第二档（图 7-1）。

表 7-1　城市联系网络一览表

城市名称（县区名）	主要联系城市数量（个）	联系总量（万人次）	城市名称（县区名）	主要联系城市数量（个）	联系总量（万人次）	城市名称（县区名）	主要联系城市数量（个）	联系总量（万人次）
南昌市辖区	36	1156.8	上高县	5	178.6	彭泽县	2	46.4
抚州市辖区	12	347.2	宜春市辖区	5	91.6	瑞昌市	2	43.3
南昌县	10	766.4	余干县	5	137.9	万年县	2	164.7
九江市辖区	9	415.0	湖口县	4	138.5	武宁县	2	44.8
永修县	9	133.5	南丰县	4	78.0	修水县	2	33.1
丰城市	9	194.8	鄱阳县	4	160.8	宜黄县	2	43.7
高安市	8	143.5	宜丰县	4	86.0	樟树市	2	287.5
九江县	7	289.6	安义县	3	90.3	资溪县	2	6.1
都昌县	6	230.2	崇仁县	3	64.5	广昌县	1	10.9
进贤县	6	106.7	德安县	3	29.2	乐安县	1	14.9
星子县	6	72.2	共青城市	3	116.6	黎川县	0	6.8
东乡县	5	116.7	万载县	3	69.5	铜鼓县	0	6.6
金溪县	5	85.7	奉新县	2	43.6			
南城县	5	35.4	靖安县	2	53.3			

表 7-2 城镇等级结构评估一览表

手机数据	城市名称、被主要联系城市数量（个）	体系规划城市等级	城市名称	评估结论与规划引导
第一档	南昌市区（46,含南昌县）	省域中心	南昌市辖区	与体系规划相符合，建议市区与新建、南昌县融合发展力度
第二档	九江市区（16,含九江县）、抚州市区（12）	省域副中心	九江市辖区	未达到规划预期，建议不宜盲目追求规模，深入推进昌九一体化
		地区中心	抚州市辖区、宜春市辖区	抚州市区应重点培育为都市区副中心，深入推进昌抚一体化；宜春市区应与万载、上高融合发展提升地区辐射能级
第三档	高安市（8）、丰城市（9）、永修（9）			积极培育丰城为都市区新兴副中心
	都昌（6）、进贤（6）、星子（6）、金溪（5）、宜春市区（5）、东乡（5）、南城（5）、上高（5）、余干（5）	县（市）中心	高安、丰城、永修、樟树、德安、东乡、都昌、南城等	重点培育京九廊道上的星子，向莆廊道上的金溪、南城和沪昆廊道上的进贤、东乡、上高等发展节点城市
第四档	湖口（4）、南丰（4）、鄱阳（4）、宜丰（4）、安义（3）、崇仁（3）、德安（3）、共青城（3）、万载（3）、奉新（2）、靖安（2）、彭泽（2）、瑞昌（2）、万年（2）、武宁（2）、修水（2）、宜黄（2）、樟树（2）、资溪（2）、广昌（1）、乐安（1）、黎川（0）、铜鼓（0）			湖口、鄱阳、南丰、樟树等县市网络联系程度相对低，建议特色化发展

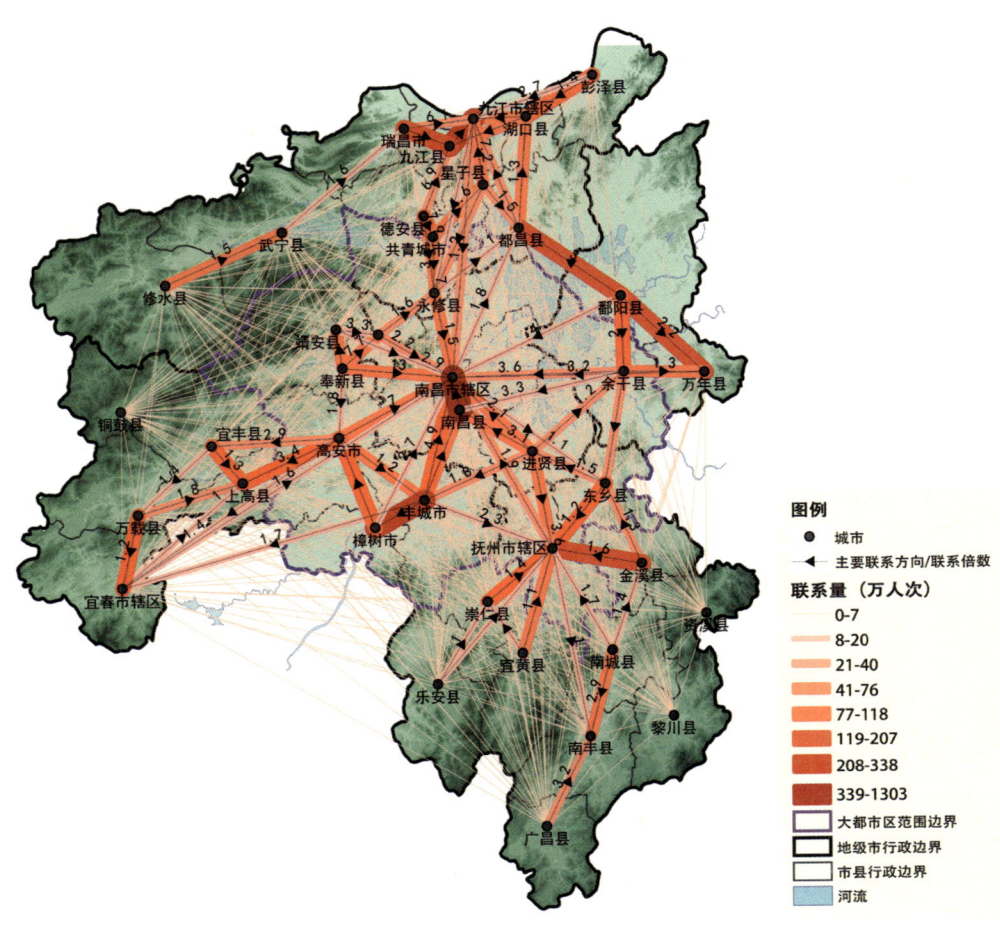

图7-1 基于跨县人流联系总量的城市网络体系

九江市区的网络地位并未达到省域副中心的规划预期。数据分析显示，与其融合发展的九江县仅是区域内16个城市的主要联系方向。抚州市区基本实现地区中心规划目标。但同样作为地区中心的宜春市区，仅位列第三档，低于省域城镇体系规划的定位，这与其位于西部边缘，城市经济辐射带动能力有限有一定关系。

此外，分析发现作为县域中心的丰城市、永修县和高安市均进入第二档，超过其在省域城镇体系规划中的定位。这三个县级单元均距离南昌较近，又处于主要交通通道上，是南昌向外辐射的重要节点，在大都市区规划中需要重新认真考虑其在区域中的位置。尤其是丰城市，不仅被主要联系的城市数量多，且联系强度大，是都市区内最具潜力副中心的选择。

进贤、星子、东乡、南城、金溪、上高等县主要位于京九、沪昆和向莆三大交通廊道上，是省域城镇体系规划所确定的县级中心中实力较强的梯队，而作为地区中心的宜春市区在网络中的地位有限。对于第四档的靖安、安义等,大多分布于生态敏感地区,是一般的县级中心,其未来发展应以特色化、生态化为导向。

3. 南昌大都市区中心城市腹地研究

研究以第一档城市南昌和第二档城市九江、抚州、丰城、宜春作为中心城市,通过网络联系强度分析对 5 个中心城市的发展腹地进行分析识别。研究对每个城市单元与 5 个中心城市的联系强度进行统计,选取每个城市单元与 5 个中心城市中联系强度最高者,若其强度值达到 5 个中心城市联系强度值总和的 50% 以上,则将该城市单元界定为该中心城市的发展腹地,反之则认为该县级单元属于联系强度前两位中心城市的腹地争夺区,分析结果见表 7-3。

结果显示南昌的腹地范围较大,完全超出自身行政区划范围,既包括了南昌市域内的所有县区,也包括了九江市的永修、武宁和修水,宜春市的高安、奉新和靖安和上饶市的余干、鄱阳、万年等县,甚至包括抚州市区和丰城两个中心城市。这个腹地范围与南昌 1 小时都市交通圈的范围基本吻合。

研究同时发现九江的腹地有限,小于行政区划范围,受南昌影响较大,其中永修、武宁和修水属于南昌市的腹地范围,这与九江市区地理位置趋边,综合发展实力不强具有一定关系;抚州的腹地范围与自身行政区范围完全一致,这与抚州多山的封闭地理环境以及

表 7-3 中心城市腹地评估一览表

	增加的单元(行政区外腹地内)	失去的单元	乡镇
(行政区内腹地外)	争夺的单元	—	—
南昌	永修、武宁(九江)、奉新、靖安(宜春)、余干、鄱阳、万年(上饶)、抚州市区、丰城	—	修水、共青城(九江)、高安(丰城)、铜鼓(宜春)
九江	—	永修、武宁(南昌)	修水、共青城(南昌)
抚州	—	抚州市区也是南昌腹地	—
宜春	—	丰城、樟树、高安、奉新、靖安(南昌)	铜鼓(南昌)
丰城	樟树	丰城也是南昌腹地	高安市(南昌)

历史悠久的临川地域文化凝聚力具有很大关系；宜春的腹地较小，仅能覆盖自身行政区划内宜春市区和万载、宜丰、上高三县，樟树属于丰城腹地范围，高安、奉新和靖安属于南昌腹地范围，铜鼓属于宜春与南昌腹地争夺范围，南昌联系强度更高；丰城、高安、樟树之间，抚州、东乡、金溪之间，鄱阳、都昌和万年之间联系密切，组群特征明显（图7-2）。

4. 南昌大都市区区域发展廊道识别

区域发展廊道可以通过识别区域内人流轨迹的主要路径来模拟，以乡镇为空间单元，汇总37天中每个镇通过的人流人次，统计累加各乡镇单元通过的用户数量，通过跨乡镇人次和连绵度识别区域发展廊道。

分析结果显示，区域内过境人流线路（图7-3）与区域人口分布（图7-4）差异较大，说明南昌大都市区及其周边地区空间发展的异质性较高，鄱阳湖东岸存在大量人口缺乏流动的传统农业地区，而沿主要交通廊道城镇串珠式的分布格局比较显著。

分析显示，南昌大都市区呈现出内沿沪昆、京九和向莆3条交通廊道的"大"人口流动密集的区域性廊道。但3条发展廊道的发育水平存在一定差异。京九廊道上人流强度和连绵度均高发育程度较好，是南昌大都市区未来应着力依托发展的重点廊道；沪昆廊道上人流强度和连绵度次于京九廊道，以南昌市辖区为界东段强度和连绵度相对较高，而西段在南昌市辖区与高安之间、万载与上高之间有一定洼地。向莆廊道虽然在省域体系规划中地位不高，但通过人流量叠加法分析其人流强度和连绵度与沪昆廊道处于同一等级，同时该廊道也是中部地区出海的便捷通道，联动长江中游城市群和21世纪海上丝绸之路核心区。因此在南昌大都市区规划中应对向莆廊道的发展予以高度重视。

5. 基于城镇化体系分析的南昌大都市区的空间发展策略

基于对南昌大都市区及其所在区域内的城镇化体系等级特征、五大主要中心城市的腹地以及区域发展廊道的分析，南昌大都市区规划中进而对未来都市区空间结构发展提出了相应的优化策略，具体包括三个方面。

首先是城镇体系结构优化。规划提出打破传统的基于行政等级"论资排辈"的模式，以城市关联度为依据更加科学合理地构建城镇体系网络。如研究发现丰城虽然行政等级不高但网络关联度与抚州同为第二档，因此规划为区域副中心。同样，将部分行政等级不高但关联度高的城镇积极培育成县级中心，促进区域多中心、网络化的城镇体系的形成，从而推进南昌从大城市向大都市区转变。

其次，合理构建城镇组群。根据城镇之间的关联度和中心城市的腹地识别，规划在南

第 7 章 技术方法的创新与应用

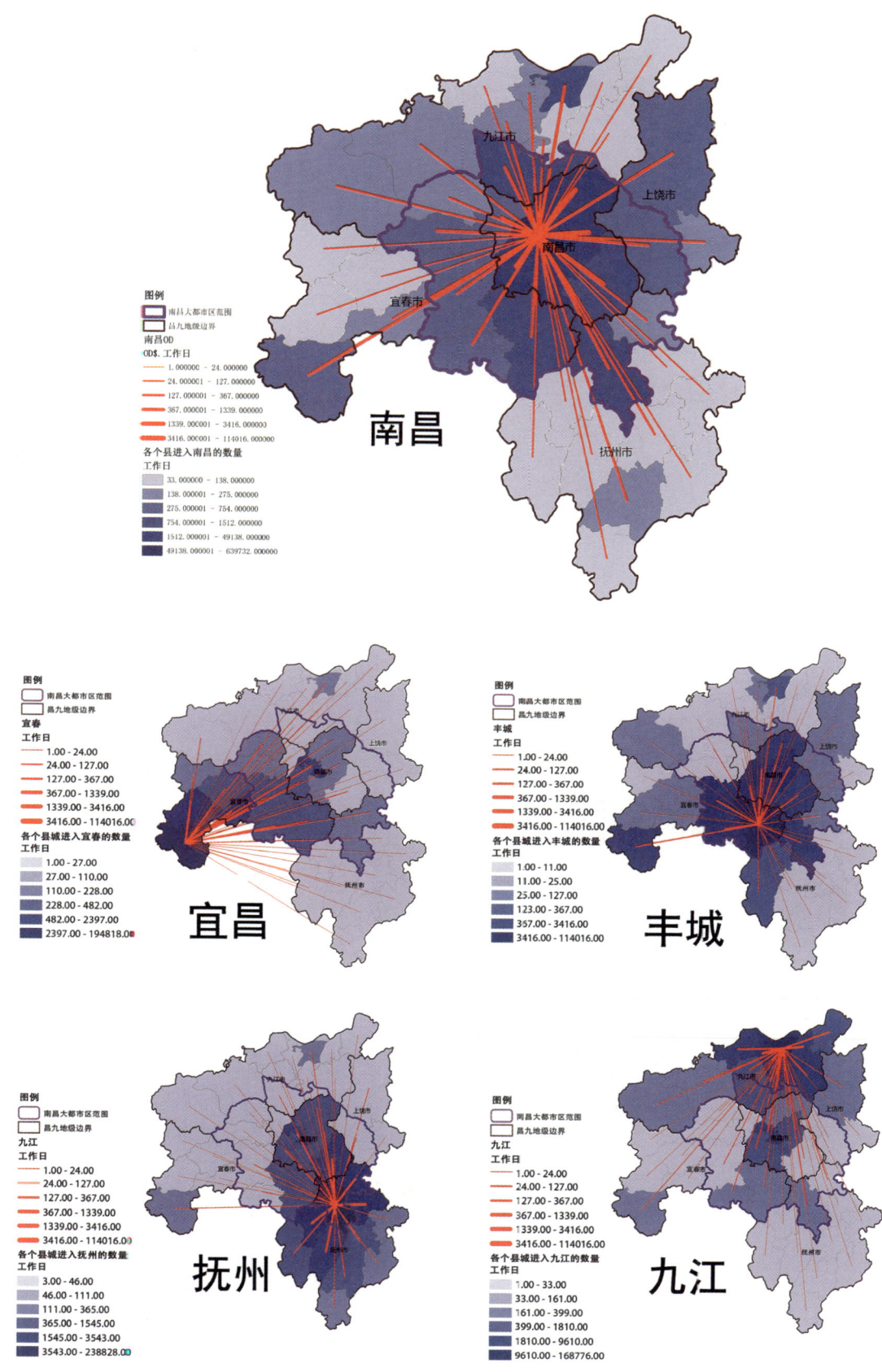

图 7-2 五个中心城市腹地分析

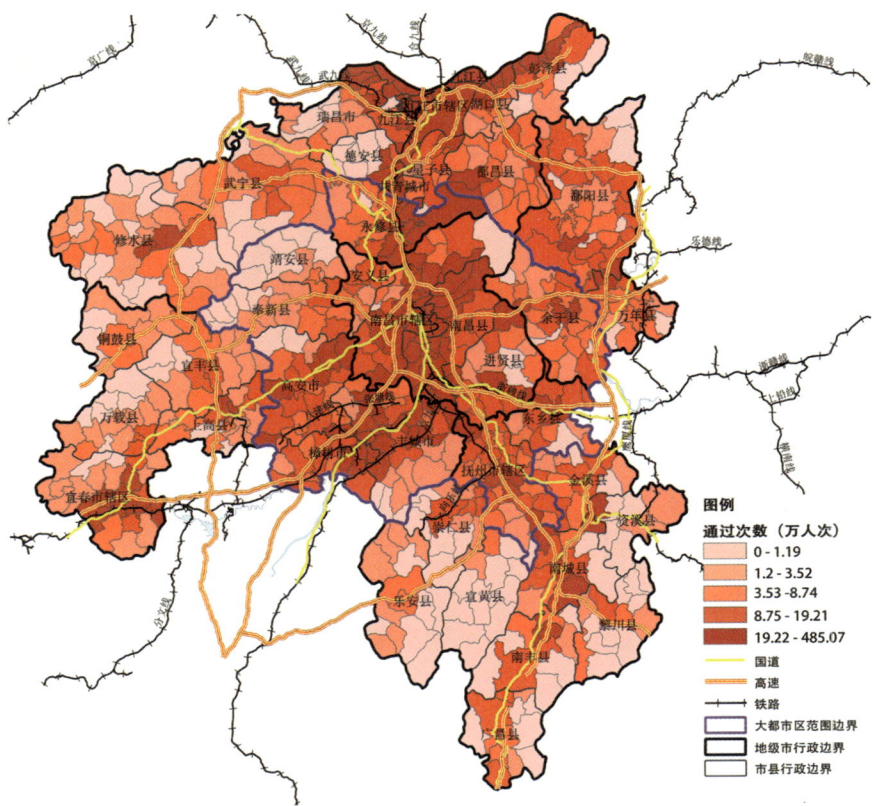

图 7-3　以常住居民跨镇流动识别的区域廊道

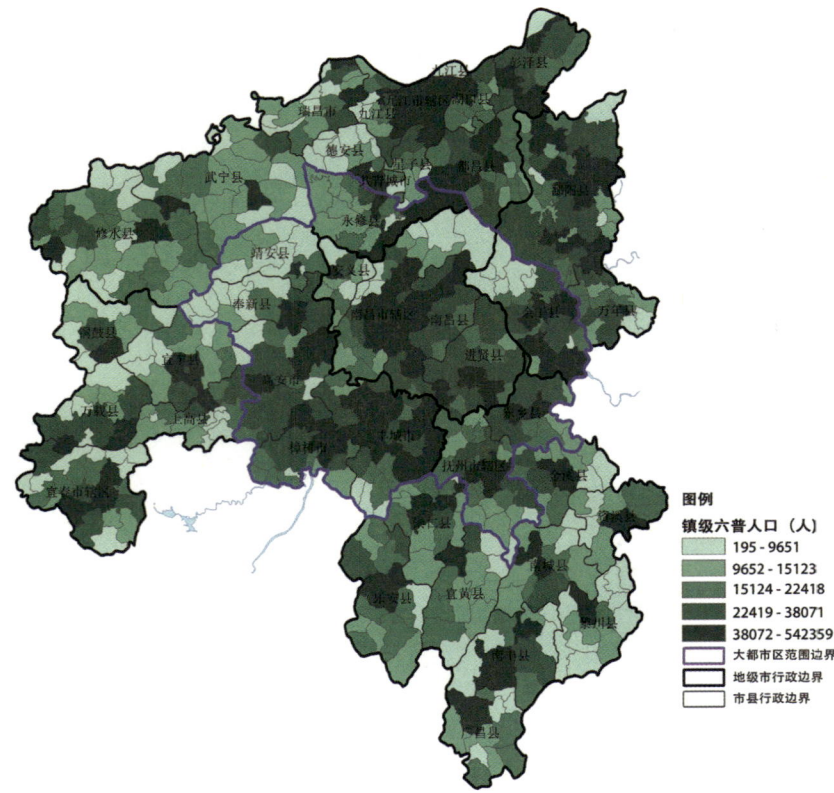

图 7-4　研究范围人口密度图

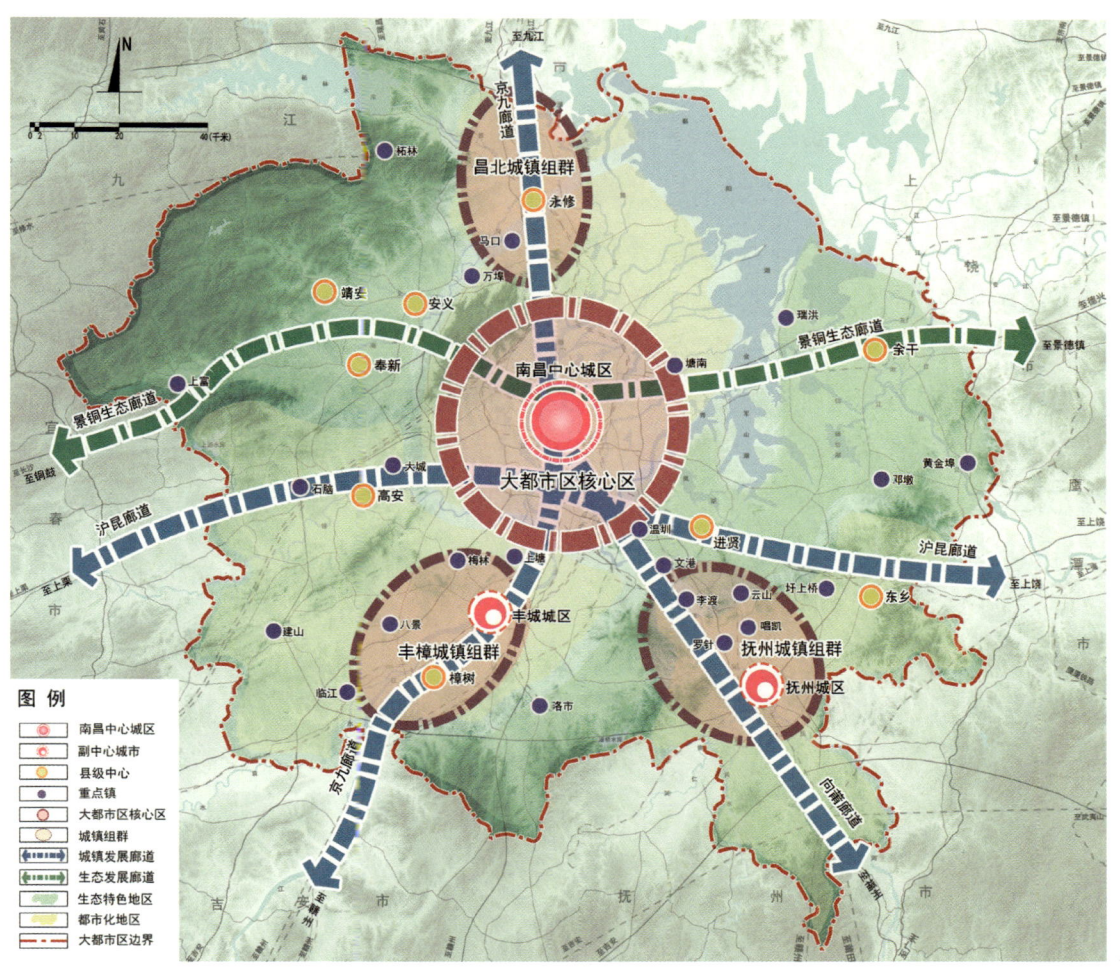

图 7-5 南昌大都市区空间结构规划图

昌核心区（南昌市辖区、南昌县和安义县部分地区）之外，同时形成抚州城镇组群（抚州城区、罗针、云山、唱凯、文港、李渡等）、丰樟城镇组群（丰城城区、樟树城区、八景、临江等）和昌北城镇组群（永修县城、马口等）三大城镇组群。

第三，科学确定发展廊道。通过过境人流的定量化分析有效地以南昌中心城区为核心向外形成放射状三条以发展廊道，包括沪昆廊道（鹰潭—南昌—高安—新余—宜春）、京九廊道（赣州—南昌—九江）和向莆廊道（南昌—抚州）。

在此基础上，结合景铜生态廊道（景德镇—南昌—铜鼓），南昌大都市区规划以生态为本底、以区域交通廊道为空间发展骨架、以交通时距圈层为空间发展依托、以城镇组群为空间统筹重点，总体上形成"一核、三组、四廊"的大都市区空间结构（图7-5）。

7.2.4 小结

手机信令数据为战略型规划提供了新的研究方法和数据支持。手机信令数据从新的分析视角揭示一些传统方案难以澄清的发展特征,从客观上推动了都市区规划的提升和转型。首先,与传统规划方法不同,手机信令数据分析能够获得居民在城市之间出行的真实数据,从而得到城市之间的基于人流的网络联系强度,进而对城镇体系做出符合人流趋势的判断和规划,这是单纯依靠物流和经济联系模拟难以企及的。其二是推动了都市区规划精确性的提升,传统规划研究所依赖的统计年鉴、人口经济普查数据虽然具有权威性但统计单元较大,主要数据通常只能到县区层级,而手机信令数据基本可以满足乡镇甚至更细的空间单元,为规划提供了更加精确和详实的分析依据,也为规划突破行政区划的制约奠定了坚实基础。

7.3 案例2:荆州市城市空间发展战略规划中"流"分析的应用

7.3.1 规划背景

荆州历史地位和文化底蕴深厚,曾经具有重要的区域影响力和辐射力,但是,在20世纪90年代后期,却由于地处内陆远离改革开放的最前沿而丧失了发展的先机,在湖北省的中心城市地位逐步下降。随着国内发展形势的变化,原来制约荆州发展的主要因素均发生了一定的变化,包括荆州发展中的防洪约束、交通约束正在逐渐缓解;荆州正在从原来的政策边缘逐渐转向政策前沿。在国家重大战略布局下,荆州处于国家长江经济带、长江中游城市群战略格局中,洞庭湖经济区、湖北省两圈两带也将荆州纳入战略范畴。荆州在政策区位上多个战略与政策交织,是政策机遇的交汇区,面临众多机遇的同时,也是区域摩擦的集中地。

因此,区域视野和区域关系对荆州的发展意义重大,是城市发展定位研究中必须重点考虑的核心要素。荆州历版规划也都是从区域角度来定位荆州,如《荆州市城市总体规划(2011—2020)》(上海同济城市规划设计研究院有限公司,2011)城市定位为"国家历史文化名城、长江中游的重要港口、鄂中南地区的中心城市"。十二五规划纲要提出,将荆州建设成为"四区一枢纽",即中部地区重要的优质农产品及精深加工区、现代制造业密集区、综合商贸物流区、文物保护及文化旅游示范区、区域性的综合交通枢纽。而随着现代化交通与通讯技术的发展，城市与区域之间的关系更为复杂多样，城市不再局限于紧密联系的腹地，而是与更广大区域和周边城市相互影响，进行各种物质与能量流的交换。因此，在2015年《荆州市城市空间发展战略规划》的编制中，强调城市定位的研究应在传统的城市与区域关系定性分析的基础上，通过城市流分析对荆州的宏观战略区位等区域关系进行深度研究，为城市发展定位和发展路径提供支撑（图7-6）。

7.3.2 城市流分析的定义与方法

1. 城市流分析的定义与作用

城市定位要与区域发展条件相适应，离不开区域分析的方法。区域层面需要确定城市发展所依托的区域和城市的功能辐射联系区域，并根据与城市联系的紧密程度可以划分出不同的区域层次，从而为制定城市规划与发展战略提供区域依据。目前，在城市规划与区域规划中对城市的区域定位主要是进行定性描述，较少进行定量研究，往往会造成定位的主观随意性。

城市流分析是指以区位商为基础，既包含了研究对象"城市"的地理学要素（如区位），

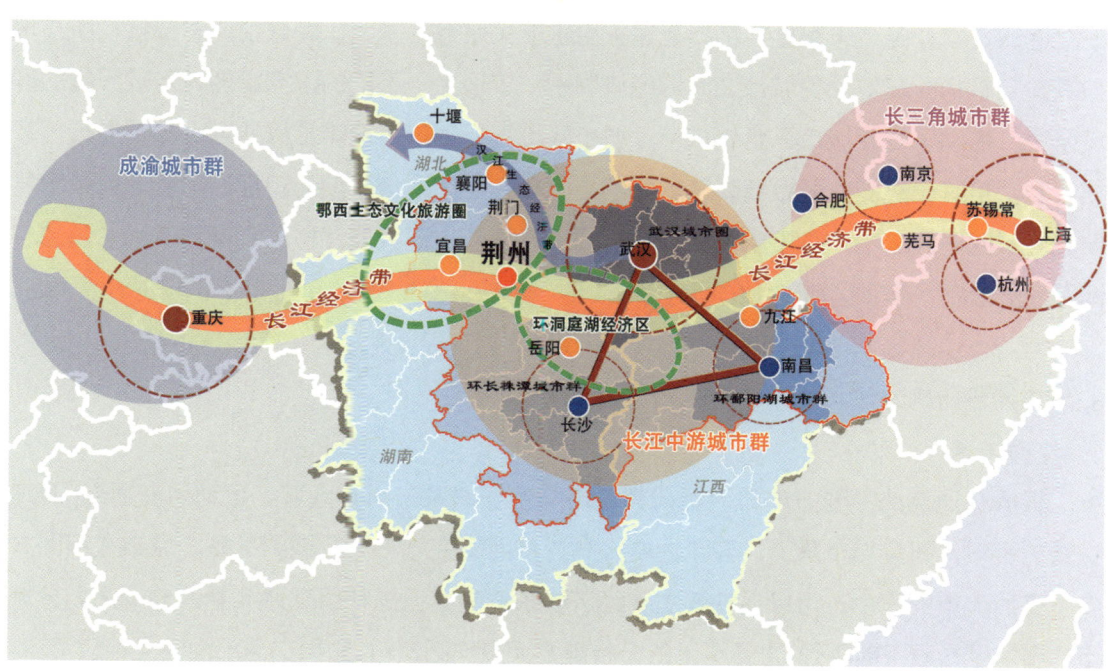

图7-6 荆州在国家战略中的区位

又包含了城市的经济学要素（如产业），通过衡量城市发展要素的空间分布情况，来判断城市之间相互作用的程度，正逐步成为区域研究的常用方法之一。所谓城市流是指在一定区域内城市间的人流、物流、资金流、技术流、信息流和空间流在一定区域所频繁发生的、双向的或是多向的与经济发展有关的物质流动现象。

"流"数据是城市之间真实的空间相互作用，为区域研究提供了数据基础。其次，"流"数据带来了研究方法的转变，促使区域研究方法逐渐超越静态的比较，更加关注动态数据的捕捉和分析，通过对城市间交流程度的测度，更为清晰地反映日益网络化的区域内部的功能关系和结构。推动区域研究从定量简单推理提升到"假设—逻辑推理—验证—再假设"的阶段，进一步丰富和发展了区域空间结构理论。

2. 城市流分析的数据类型

城市流分析中，人流、物流、资本流和信息流是四种常用的"流"数据。人流数据的获取通常是交通调查数据或者是客运班次估测，但客运班次无法统计实际上座率以及私家车等个人出行行为，准确性较低。随着移动终端技术的发展，数据获取门槛大大降低，近期出现了以手机信令数据等移动定位大数据测度人流的研究。物流联系采用的分析方法为：依据各城市与荆州之间的物流支线数据计算而得。当前采用物流数据的研究较少，随着交通设施发展、网络贸易的兴起，物流所反映的城市之间物质交换将日益重要。资本流是企业之间的资本业务往来数据，学界普遍采用企业关联数据替代，即以企业总部机构所在地与其分支机构所在地反映城市之间的经济联系，较适用于不同的国家、洲等宏观尺度的区域研究，推动了世界城市、全球城市、城市区域等研究。信息流常以快递、报纸发行等数据代表，但其自身受空间距离衰减的影响，不能完全体现信息流的特征。随着信息技术发展和互联网时代来临，基于电信和互联网的信息流使得研究能够扩展到赛博空间，超越空间距离的限制，丰富区域空间的研究领域。

3. 城市流分析的方法

1）交通流量评价法

根据交通流的主要方向与流量研究城市的主要联系与影响区域。可利用交通部门OD调查的资料，研究城市货流、客流主要方向，从而研究城市与区域的关系。城市在不同方向上交通流量的大小，可以反映其主要经济联系方向。但是利用交通流量的分析来划分城市的市场区界限不够明确，进行深入的分析需要大量详细资料，如果交通部门缺乏相应资料，就需要进行大量调查。

2）城市腹地分析法

城市腹地的大小取决于城市对腹地的经济吸引力和辐射力，以及城市所处区域的城市分布密度、行政区划、自然环境等因素。一般需要先确定与中心城市级别相同的城市，在此基础上进一步界定城市的腹地范围。在中心城市所处的区域城市分布密度不高的情况下，可以直接根据中心城市的人口规模、经济实力等指标，参照交通网络，用定性的方法从周围城市中挑选出同级城市；而区域城市分布密度较高时，可以采用诸如克里斯塔勒的电话指数的城市中心性界定法、普雷斯顿的城市中心性等定量的方法确定同级城市。完成同级别城市划分之后，分析腹地边界可运用"断裂点"等理论进一步深入定量研究。最后借助经验数据调查对腹地的范围进行验证。

3）经济关联网络分析法

城市网络以经济联系为基础，企业是城市网络的"作用者"（agent），城市之间的经济联系可以用企业网络加以表征。采用城市网络分析方法来分析长江中游地区城市间的经济联系情况，以工商局注册企业数据库作为基础数据，假设企业母公司在 i 地，分支机构在 j 地，则 T_{ij} 代表了母公司在城市 i、分支机构在城市 j 的企业总数，T_{ji} 代表了母公司在城市 j、分支机构在城市 i 的企业总数。则以 V_{ij} 表征节点 i、j 之间的关联度。将 i 城市、j 城市之间的关联度定义为：$V_{ij} = T_{ij}+T_{ji}$。

4）信息网络法

随着通讯与信息网络技术的发展，城市与城市、城市与区域、区域与区域之间的联系更加方便与快捷，城市辐射与联系范围逐步扩大，城市的市场区出现较多的重叠现象，并且出现飞地。信息流量法是根据城市电话与互联网联系的量来分析，能够反映信息社会时代城市的区域联系特征，但目前缺乏相关统计资料，调查的难度大，如何应用到城市的区域定位需要探讨，方法还不成熟。

7.3.3 基于城市流分析的荆州市城市定位及发展战略研究

1. 城市定位研究

基于荆州市发展条件和区域基础，本次战略规划对荆州市区域定位的分析主要包括两个方面。首先是在全国和省级两个区域层面中通过城市流的分析研究荆州与其他城市之间的关联度，以此判断荆州在区域中的地位；其次，通过交通流分析和枢纽能级评价分析荆州作为区域交通枢纽的潜力。

1）城市关联度的研究

本规划从经济联系、交通流联系和信息流联系三个方面对荆州市在全国和湖北两个空间层级的城市关联度进行的分析。

（1）经济联系分析

长江中游地区城市的经济关联网络形成明显的层级格局（唐子来，2014），地区经济联系主要集中在与武汉、长沙、南昌、宜昌四个城市的联系（图7-7）。

黄石、宜昌、十堰、襄阳、鄂州、荆门、孝感、荆州、黄冈、咸宁、随州等城市与这四个城市的经济关联度是其他城市的数倍，武汉的中心地位尤其显著，其关联度是次位城市长沙的1.6倍；除了三个省会互为首位关联城市以外，各省其他城市的首位关联城市都是各自的省会城市。

（2）交通流联系分析

本规划对荆州的交通流联系的分析包括物流和客流两个方面。在物流关联度方面，规划首先对荆州与全国地级市的物流联系进行了分析。结果显示其网络关联度可分为五个层级，第一层级的联系强度为100，仅武汉1个城市；第二层级关联度为66~70，包括郑州和北京2个城市；第三层级关联度为31~48，共7个城市，主要是长三角、珠三角个别城市以及天津和西安。第四层级的关联度为18~26，共14个城市，其中湖北省内城市1个（襄阳）；第五层级的联系强度在15以下。可以看出，武汉是荆州的绝对首位联系城市。荆州的物流联系主要方向集中在郑州、北京等北向轴线上，与湖北省内其他城市的物流联

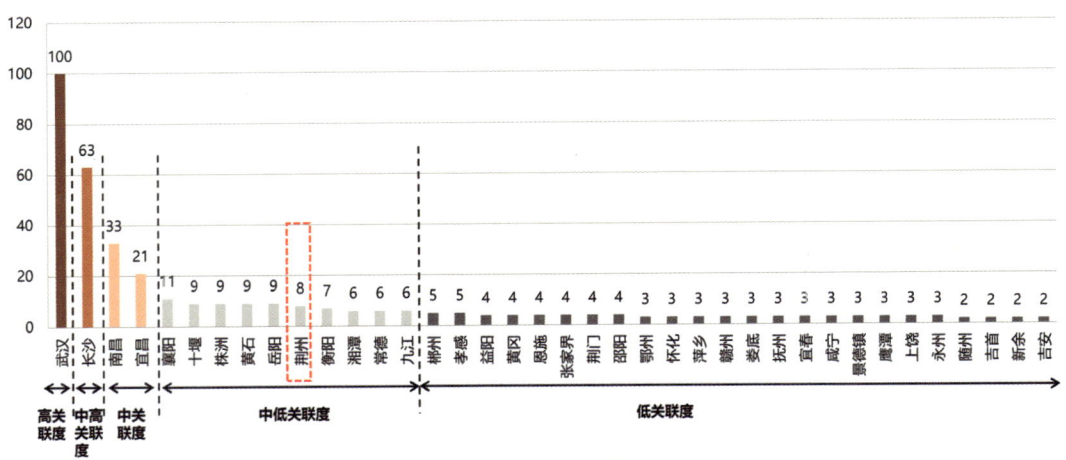

图7-7　长江中游各城市与该地区城市总关联度

系极弱，除武汉外，湖北省内的城市仅襄阳分布在第四层级，其余城市均分布在第五层级。荆州与湖北省内城市联系占与全国联系的 10.97%（表 7-4）。

其次，规划对湖北省内的城市物流联系进行了分析。湖北省内以武汉为中心向外发散的极化联系格局明显，武汉与各地级单元的总关联度是其他城市的近 5 倍。荆州与省内城市的物流总关联度较弱，排名第五，与武汉、襄阳差距巨大，与其他城市同处于低均等水平。荆州的联系方向表现为与武汉联系为主导，襄阳次之（图 7-8、图 7-9）。

在客流联系方面，规划分别对荆州与各城市的公路客流和铁路客流联系进行分析。公路客流联系采用客运班次计算而得，根据计算结果可知，湖北省内武汉—宜昌—荆门—襄阳—随州钻石结构联系格局形成，省内联系强度相对均衡。荆州与省内城市的公路客运联系比较弱，排名第八，在省内处于落后地位。荆州联系方向表现为与武汉联系最强，荆门、宜昌、襄阳、仙桃、天门次之（图 7-10、图 7-11）。

铁路客流联系采用铁路客运班次计算而得，根据计算结果，湖北省内南、北两条强轴联系格局明显，省内联系强度相对均衡，但纵向联系有待强化。荆州与省内城市的铁路客运联系较强，排名第三，仅落后于武汉、宜昌。荆州的联系方向集中在武汉、宜昌、天门、潜江、恩施、仙桃等区域（图 7-12、图 7-13）。

（3）信息流联系

通过荆州与全国地级市的信息网络关联度分析，其网络关联度可分为五个层级，第一层级的联系强度为 100，仅武汉 1 个城市；第二层级关联度为 50~60，包括北京、上

表 7-4　荆州与全国地级单元的物流联系

关联强度	城市（网络关联度）
第一层级	武汉（100）
第二层级	郑州（70）、北京（66）
第三层级	上海（48）、广州（48）、无锡（47）、苏州（42）、天津（37）、南阳（35）、西安（31）
第四层级	徐州（26）、兰州（26）、济南（26）、重庆（26）、南京（22）、东莞（21）、武威（21）、运城（20）、襄阳（20）、昆明（20）、太原（20）、长沙（20）、深圳（19）、杭州（18）
第五层级	其他城市（15 以下）

注：数据为荆州与对应城市的 2011 年 01 月 -2015 年 03 月双向平均搜素指数，查询时间 2015 年 3 月 5 日。

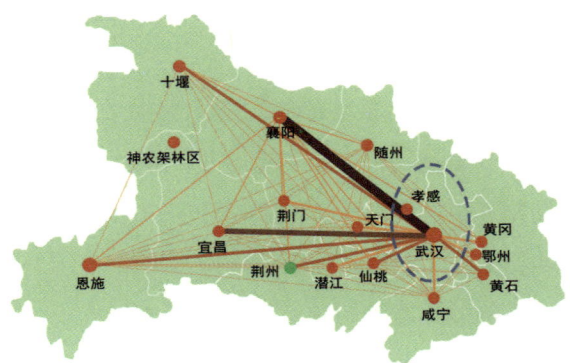
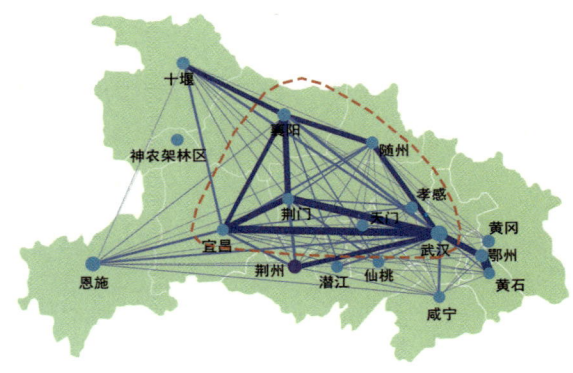

图 7-8 湖北省内城市物流联系关联网络

图 7-10 湖北省内城市公路客流联系关联网络

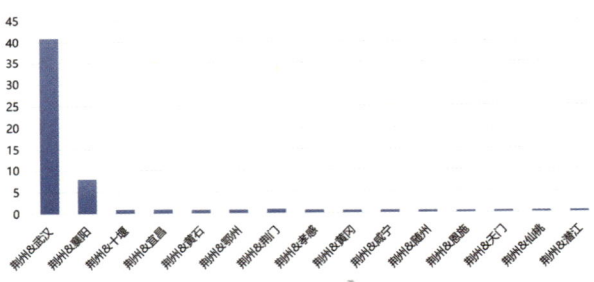

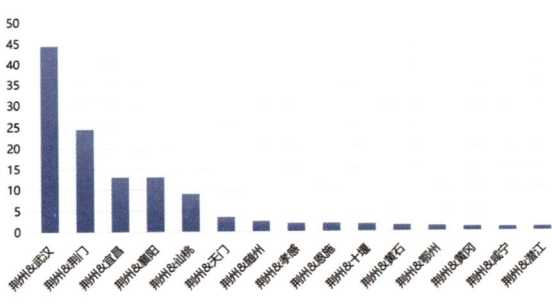

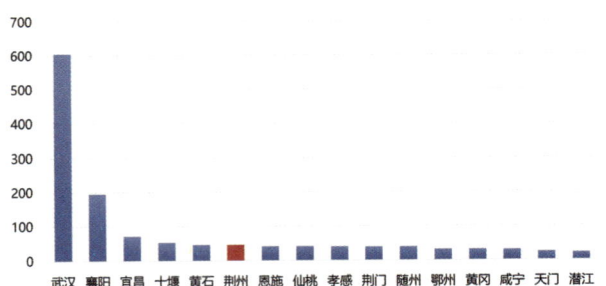

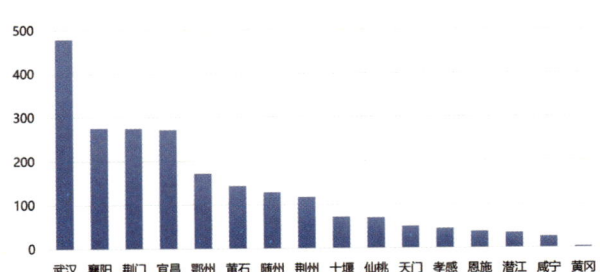

图 7-9 荆州与湖北省内各城市的物流联系强度（上）和与湖北省内各地级单元物流联系总关联度（下）

图 7-11 荆州与湖北省内各城市的公路客运联系强度（上）和与湖北省内各地级单元公路客运联系总关联度（下）

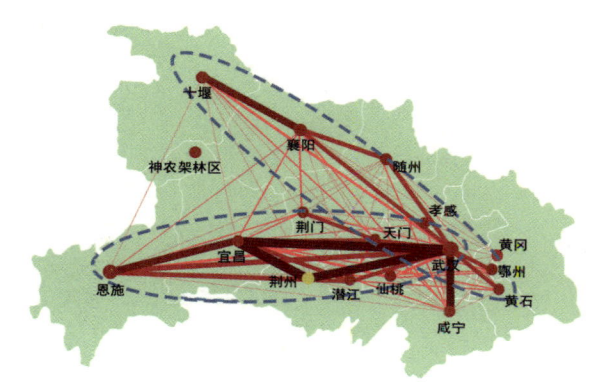

图 7-12　湖北省内城市铁路客流联系关联网络

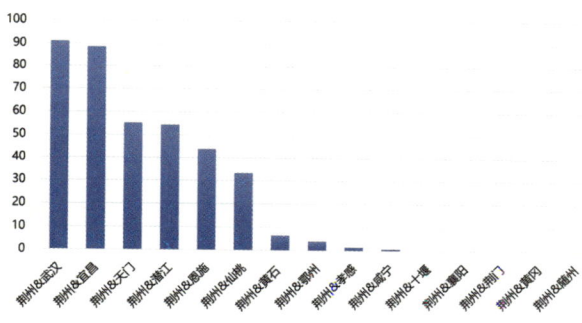

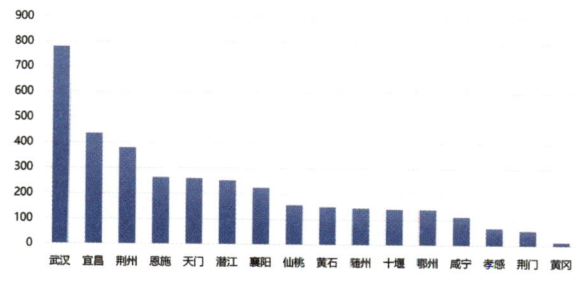

图 7-13　荆州与湖北省内各城市的铁路客运联系强度（上）和与湖北省内各地级单元铁路客运联系总关联度（下）

海、广州、深圳 4 个城市；第三层级关联度为 34~42，共 14 个城市，主要是东部沿海和中部地区城市，其中湖北省内城市 4 个；第四层级的关联度为 19~31，共 54 个城市，其中湖北省内城市 8 个；第五层级的联系强度在 18 以下。可以看出，武汉是荆州的绝对首位联系城市。荆州的信息联系主要方向集中在省会以及北京、上海、广州、深圳等主要大城市，与湖北省内其他城市的信息联系不强，除武汉外，湖北省内的城市都分布在第三和第四层级，荆州与湖北省内城市联系仅占与全国联系的 12.78%（表 7-5）。

在湖北省内，荆州与省内城市的信息总关联度较强，排名第四，仅次于武汉、襄阳、宜昌。荆州联系方向表现为与武汉联系为主，宜昌、襄阳次之，与周边荆门、潜江、仙桃等传统江汉平原城市联系也较为紧密（图 7-14、图 7-15）。

2）区域交通枢纽潜力分析

（1）枢纽能级评价

从公路、铁路、航空和港口四个方面分别对区域内各城市的规划交通网络设施进行定量统计及分类赋值评价，并运用 AHP（层次分析法）、Delphi 法（专家咨询法）确定四个大类因子及各小类因子的权重，根据各类因子的赋值和权重进行计算，得到规划交通枢纽能级的综合评价值及排名。

评价结果显示荆州市规划公路网络设施在湖北省排名第五，低于武汉、黄冈、襄阳和常德，公

表 7-5　荆州与全国地级单元的物流联系

关联强度	城市（网络关联度）
第一层级	武汉（100）
第二层级	北京（60）、上海（53）、广州（50）、深圳（50）
第三层级	宜昌（42）、襄阳（42）、杭州（41）、重庆（39）、西安（39）、南京（38）、苏州（38）、长沙（38）、成都（38）、郑州（36）、荆门（35）、天津（35）、东莞（35）、厦门（34）
第四层级	合肥（31）、青岛（31）、宁波（31）、十堰（31）、温州（30）、昆明（30）、南昌（30）、潜江（30）、仙桃（30）、哈尔滨（29）、大连（29）、咸宁（29）、无锡（28）、福州（28）、孝感（28）、石家庄（27）、济南（27）、南宁（27）、黄冈（26）、岳阳（26）、沈阳（26）、黄石（26）、泉州（26）、佛山（26）、兰州（26）、天门（25）、洛阳（25）、贵阳（25）、常州（25）、台州（24）、珠海（24）、乌鲁木齐（24）、徐州（24）、太原（23）、恩施（23）、惠州（23）、随州（22）、鄂州（22）、长春（22）、海口（22）、张家界（21）、桂林（21）、保定（20）、扬州（20）、南阳（20）、金华（20）、嘉兴（20）、中山（20）、南通（20）、西双版纳（19）、唐山（19）、绍兴（19）、常德（19）、呼和浩特（19）
第五层级	其他城市（18 以下）

注：数据为荆州与对应城市的 2011 年 01 月 -2015 年 03 月之间双向平均搜素指数，查询时间 2015 年 3 月 5 日。

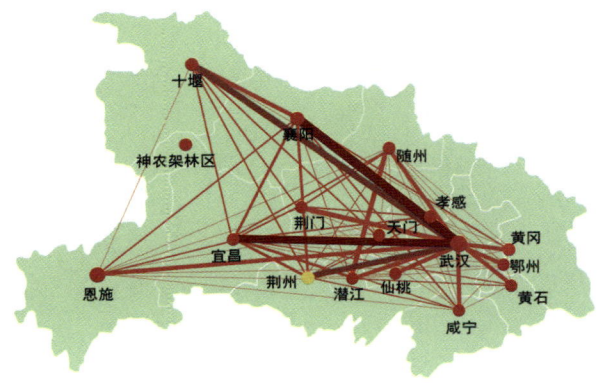

图 7-14　湖北省内城市信息关联网络

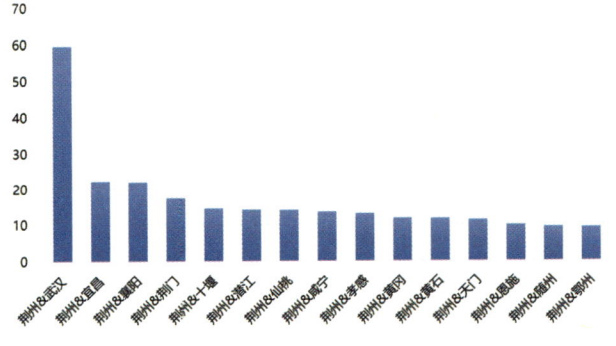

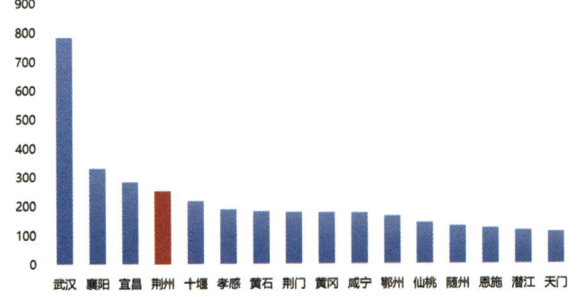

图 7-15　荆州与湖北省内各城市的信息联系强度（上）和与湖北省内各地级单元信息联系总关联度（下）

路网络通达性在省内处于第二层级；规划铁路网络设施在湖北省排名第八，铁路网络通达性处于第三层级（图7-16）。规划机场和港口在省内能级排名分别为第五和第四（图7-17）。

评价结果显示荆州市在湖北省枢纽能级排名第五，位于武汉、宜昌、襄阳和岳阳之后。武汉市能级遥遥领先，为主要枢纽（能级评分位于10以上）；宜昌、岳阳比荆州存在明显优势，襄阳能级水平较荆州略高，荆州与黄石能级评分已拉开明显差距。宜昌、岳阳、襄阳和荆州市均为次级枢纽（能级评分位于5~10之间），其余黄石等市为三级枢纽（图7-18）。

（2）服务腹地分析

依据城市腹地分析评价结果，现状荆州市腹地人口排名第六，腹地GDP排名第六，在荆州市"壮腰工程"的策略要求下，荆州机场、高速铁路和蒙华铁路等交通设施的引入为构筑荆州大交通形成了有力的支撑。荆州直接腹地范围为荆州市、荆门市、潜江市。间接腹地主要方向为南北向的襄阳、宜昌、常德、张家界和岳阳。并在此基础上，继续向南北方向陕西商洛、河南南阳、湖南常德和岳阳方向延伸。

（3）荆州市城市发展定位分析

基于荆州市城市关联度和区域交通枢纽潜力分析，未来荆州市城市发展定位为"江汉平原中心城市"和"长江中游重要的区域性综合交通枢纽"。

首先，依据区域信息联系、公路客流联系、铁路客流联系及物流联系四个方面分析，可以看出除武汉外，荆州的主要联系方向多为江汉平原

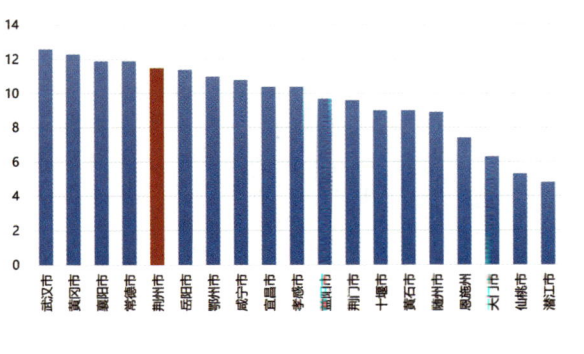

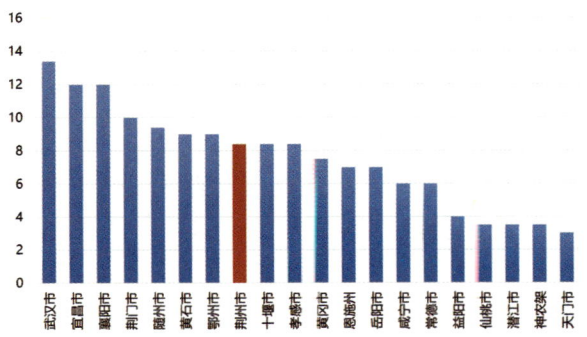

图7-16 湖北省规划公路（上）和铁路（下）网络设施评价对比

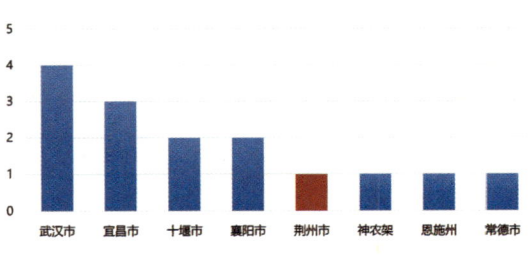

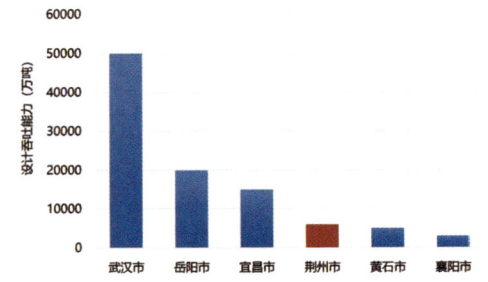

图7-17 湖北省规划机场（上）和港口（下）评价对比

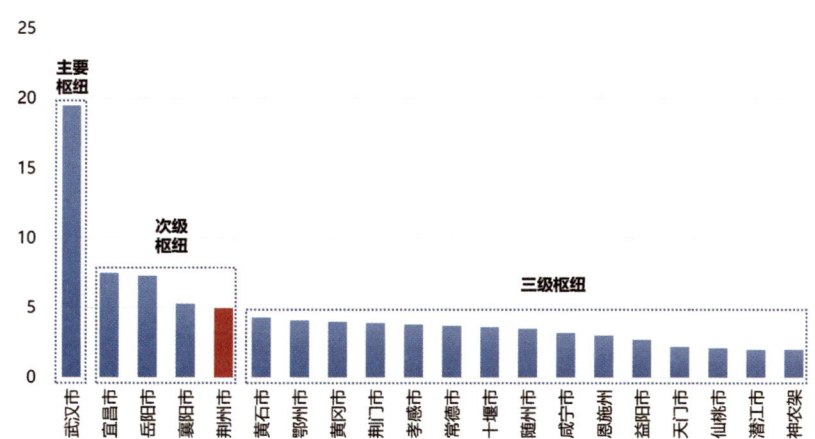

图 7-18　荆州市区域交通枢纽潜力对比

城市。另外，荆州也是江汉平原其他城市信息联系、公路客运联系的主要方向。荆州与传统江汉平原城市的联系密切，有成为江汉平原中心城市的潜力。规划借势新的区域发展机遇，将进一步提升城市中心服务职能和整体经济实力，优化城市环境，打造宜居、宜业、宜游的江汉平原中心城市，成为长江经济带重要节点城市（表 7-6）。

其次，荆州现为湖北省的区域性综合交通枢纽，随着中部崛起战略的推动，长江中游城市群的兴起，荆州市位于长江中游城市群"两横三纵"重要发展轴线中横向沿江发展轴和纵向二广发展轴重要节点的交通优势日益显著。加之，荆州机场的规划、荆州航道整治工程的完工和港区的整合调整、新沪汉蓉高速铁路的横向贯通、蒙华铁路作为国内最大规模运煤专线的建成，都将大幅度提升荆州市的综合交通枢纽地位（图 7-19）。

2. 基于两大定位的荆州城市发展战略

1）区域战略

作为未来的江汉平原中心城市，荆州的发展必然要跳出就城市论城市的传统路径。而是应充分把握紧邻武汉城市圈、鄂西生态文化圈以及长江经济带的多重战略契机，紧密对接对接湖北省"两圈两带"，充分发挥其在周边区域中的协同引领作用，促进与宜昌、荆门等周边地区一体化发展，推动荆州规划区融合发展，做大做强中心极核，打造市域乃至江汉平原的新型增长极。

（1）紧密对接湖北省两圈两带战略。

对接武汉城市圈。首先，应通过各类区域性交通设施布局，提升武汉城市圈对荆州的辐射力。其次，积极融入区域产业分工，承接武汉城市圈的产业转移，促进本地产业转型升级。

表 7-6 城镇等级结构评估一览表

	信息联系主要方向	公路客运联系主要方向	铁路客运联系主要方向	物流联系主要方向
荆门	襄阳、武汉、荆州、宜昌	武汉、宜昌、襄阳	襄阳、宜昌、武汉	武汉
天门	武汉、仙桃、潜江、荆州、襄阳	武汉	武汉、荆州、宜昌	武汉
仙桃	武汉、天门、潜江、荆州、襄阳	荆门、襄阳、天门	荆州、宜昌、武汉	武汉
潜江	武汉、荆州、仙桃	宜昌、荆门、十堰	荆州、宜昌、武汉、天门	武汉

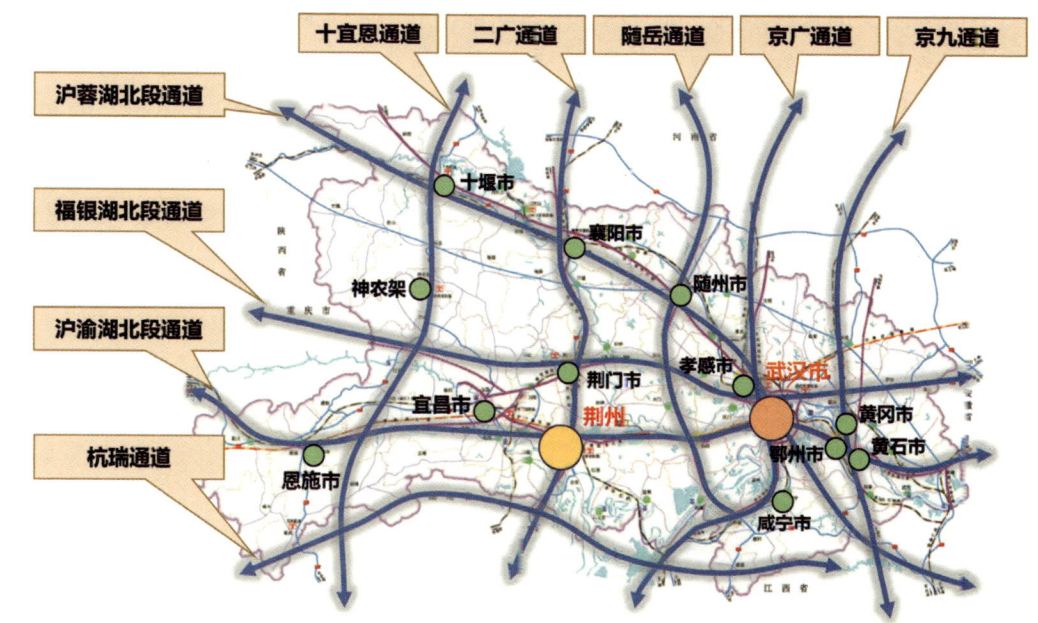

图 7-19　荆州市在湖北省区域交通体系中的区位

第三，利用荆州的农业、文化旅游资源优势和区位优势，开发体验式、休闲度假型特色旅游产品，打造武汉后花园。

对接鄂西生态文化旅游圈。荆州是鄂西生态文化旅游圈的西南门户，可借势激活丰富的生态、文化资源，破解与鄂西城市之间的交通、体制、机制障碍。大力发展休闲旅游经济，融入区域旅游通道，打造世界著名旅游目的地以及区域旅游服务中心。

对接长江经济带。充分利用长江经济带的政策机遇和长江黄金水道的交通优势，以区域性综合交通枢纽构建作为抓手，引导产业集聚发展；推动沿江城市合作，形成长江经济带重要节点城市。

（2）联动宜（昌）荆（州）荆（门）。

促进与宜昌、荆门等周边地区一体化发展，在空间、交通、产业、生态等方面形成全面协作关系。

空间联动。共同促进宜荆荆城镇联合发展区的发展，重点推进宜昌、荆州的相向联合发展，形成空间联系紧密的"宜—荆"双核都市区发展格局，共同构筑长江城镇发展带西部增长极（图7-20）。

交通联动。完善城际陆路交通联系网络；协调宜荆荆三大港口建设，实现港口功能错位协调发展；组织好城市交通枢纽与城市经济产业发展的协同关系，强化经济腹地对区域交通枢纽功能的支撑作用；共同建设成为中部地区重要的区域性交通枢纽集群。

产业联动。发挥宜昌水电之都、荆门中原磷都、荆州轻工发达的资源互补优势，深化区域产业合作，与错位发展。以三国文化、楚文化、水文化为切入点，积极促成三市旅游资源整合，共同做大宜荆荆旅游产业。凭借发达的长江岸线和港航资源，以及健全的海关、商检机构，吸引三地的货物进出口大经过荆州出关，加强商贸物流等服务业合作。

生态联动。以长江为带，以北部长湖、海子湖、八岭山地区为生态核心，推动宜荆荆城镇联合发展区内的生态保护、协同开发与污染治理；加强区域性重点湖泊和重点流域水环境保护；加大对引江济汉工程的支持与保护力度等。

（3）辐射荆州市域。

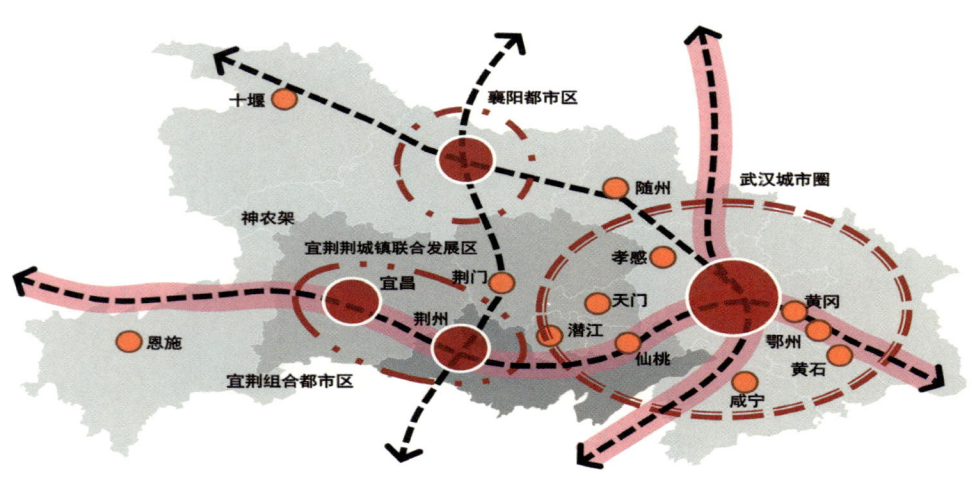

图7-20 荆州市区域联动发展规划示意图

建立跨越行政区的城镇协调机制，联动公安、江陵促进规划区内的空间一体化发展。通过基础设施与中心服务的导向作用，促进生产要素、人口向规划区集聚，增强规划区的辐射带动能力，建设成为引领市域经济发展的核心。

2）交通战略

（1）重点打造长江中游枢纽航运体系。

充分利用航道资源优势，通过引江济汉通航工程建设，串联长江和汉江航道，努力提高航道通航等级能力，构建"一横三纵"航道主骨架；形成以荆州市为中心的干支相连、江海直达、畅通高效的围绕江汉平原的 800 公里千吨级内河航运网。同时，促进荆江组合港建设，增强交通枢纽地位。整合港区功能，促进多式联运，打造长江中游枢纽港（图 7-21）。

（2）着力构建对外综合运输大通道。

以铁路与公路为主骨架，大力发展航空运输，充分发挥长江黄金水道的水运功能，形成各种方式协调发展的对外交通大通道，适时推进宜荆荆交通一体化衔接与合作，提升荆州市区域性综合交通枢纽及全国性综合交通辅助枢纽的功能和地位（图 7-22）。

（3）积极推进客货运枢纽一体化建设。

依托高铁站、城际站、旅游港区和机场，结合客运站及公交线网的合理布局，构建一体化的客运枢纽，进行市内交通和市际交通一体化换乘。依托货运港区、煤运铁路线、机场和物流园区，结合货运通道、铁路专用线的布局，构建多式联运的货运枢纽。

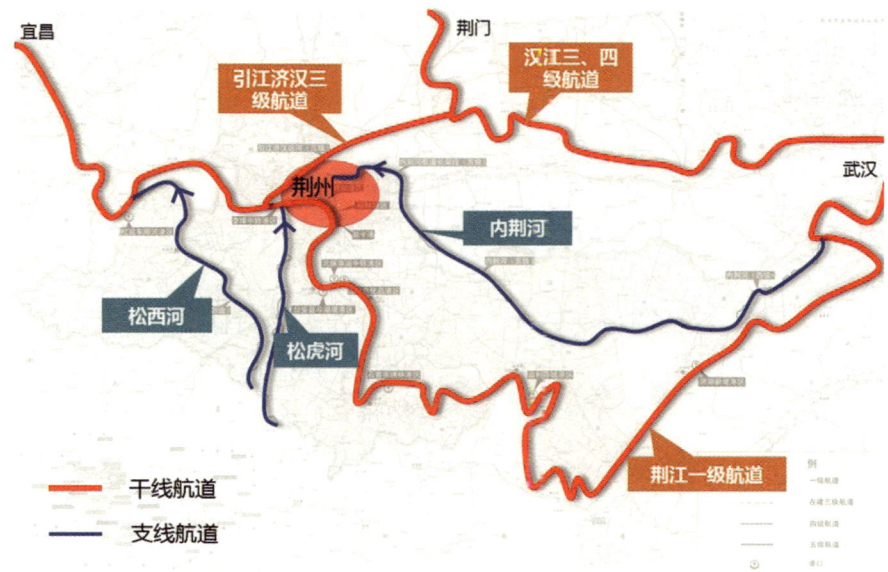

图 7-21 江汉平原内河航运体系示意图

3) 空间战略

(1) 由小跨江向大跨江转变。

在大区域层面推动跨江发展，整体打造荆州都市区。利用江陵-公安板块现有的建设基础，借助港口、货运站场等重大驱动因素支撑，联手江陵、公安县城打造"双城"模式，变"小跨江"为"大跨江"。做大做强中心城区，集中体现城市竞争力和影响力（图7-23）。

(2) 从单核扩展向多中心引领转变。

作为一个区域的中心城市，需要一个强有力的中心带动，而现状的中心区受空间交通限制较大，且单中心的模式将难以满足城市发展的需求。因此，本规划提出向多中心引领模式转变。即借助现状沙市机场搬迁的机遇，聚集布置商务、会展等现代都市的核心职能，打造新中心，优化以北京路、沙隆达广场为载体的老中心。新、老中心相向发展，形成未来荆州中心城区的主中心。结合各功能组团打造五大组团中心，形成了"一主多副"的多元中心体系（图7-24）。

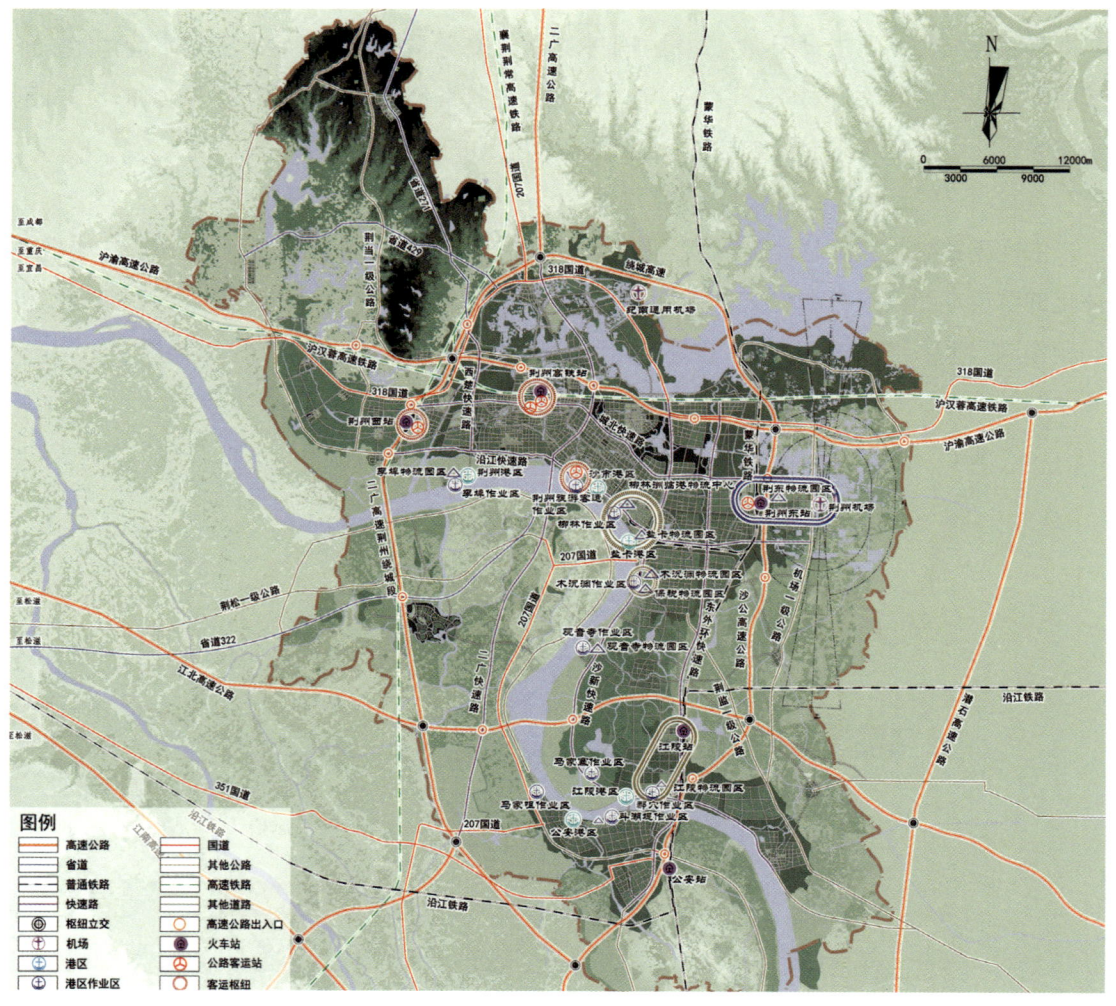

图7-22　荆州市中心城区对外交通规划图

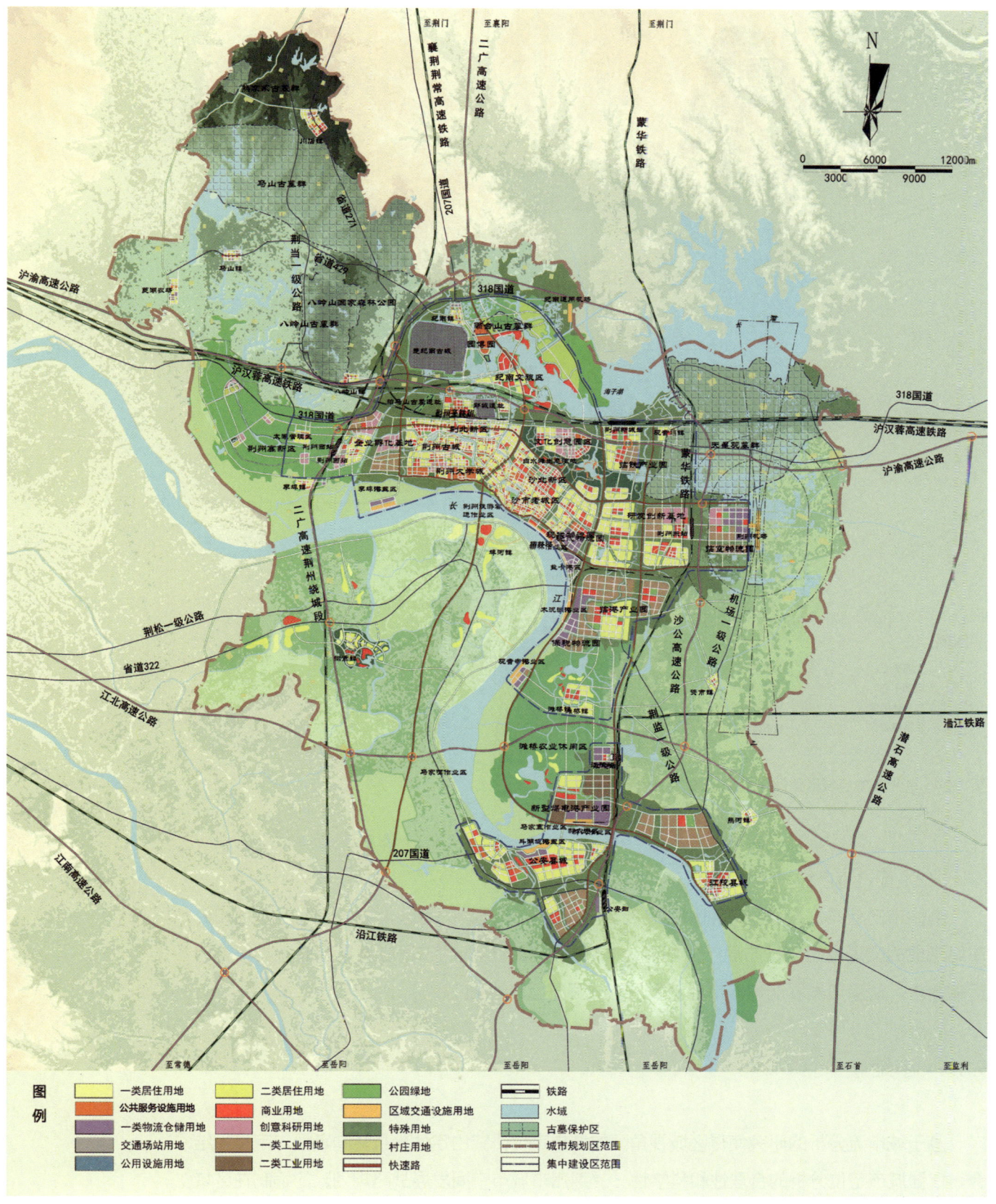

图 7-23　荆州市中心城区用地布局示意图

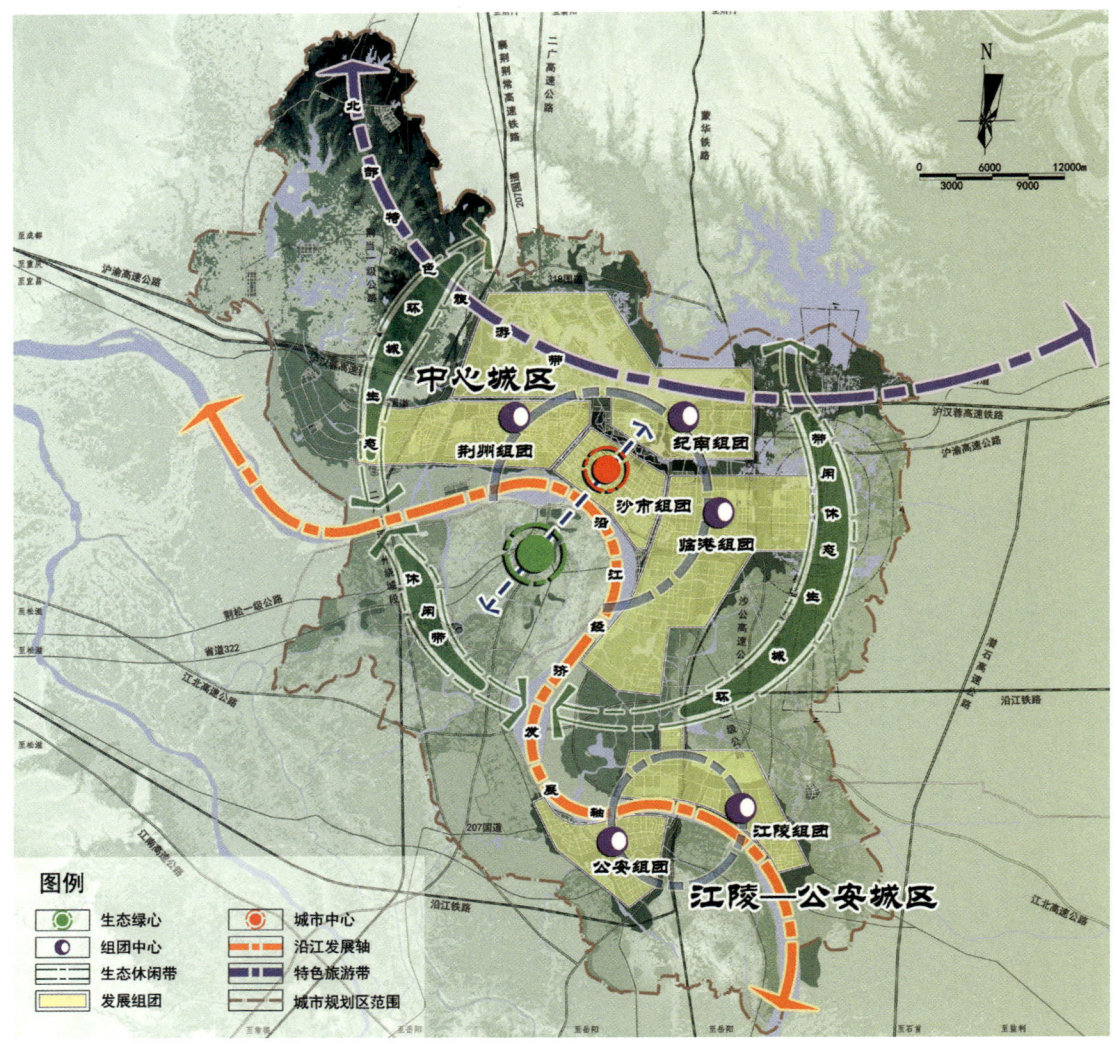

图 7-24 荆州市中心城区空间结构规划图

(3) 促进港产城一体化发展。

荆州市产业布局应该借助荆州拥有的黄金水道和成规模的港区，依托港区、机场和火车站形成的交通枢纽合理布局产业功能，同时规划港区功能的布局应满足产业各类货物的运输需求，使港口发展能与城市经济发展形成良好互动（图 7-25）。

7.3.4 小结

基于城市流分析的研究使得区域视角下的城市定位研究由定性分析转向定性与定量相结合，增强城市定位分析的合理性和科学性。《荆州市城市空间发展战略规划》的编制在区域流分析的基础上，对宏观区域关系进行了深度研究，为城市发展定位提供科学的定量支撑，

第 7 章　技术方法的创新与应用 | 199

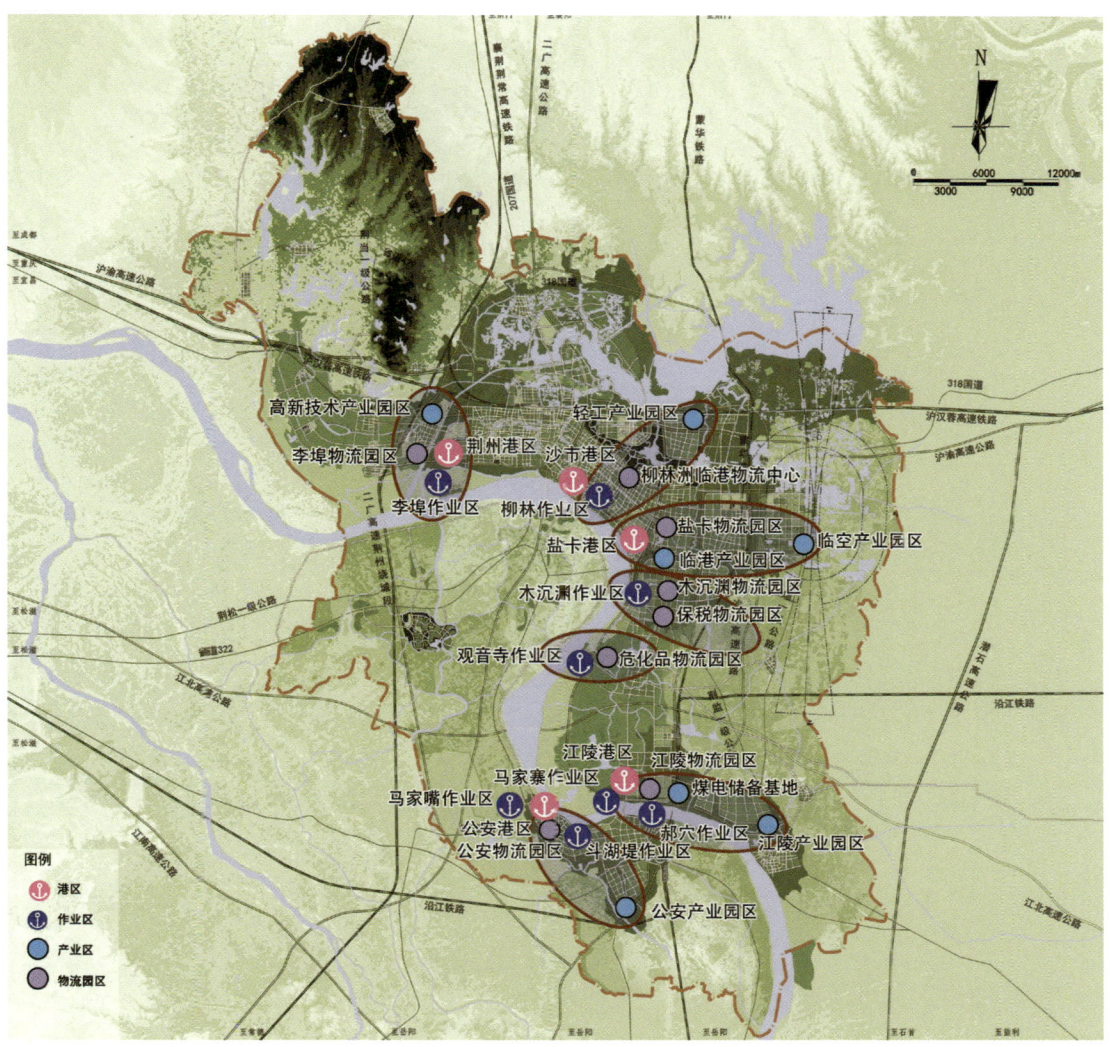

图 7-26　荆州市中心城区港口—园区整合规划图

同时有效指导了城市发展战略路径的制定。但因数据获取等限制，当前研究绝大多数都采用了单一类型的"流"数据，缺少采用多种"流"对同一区域的研究；而且主要应用在宏观区域范畴。在中观层面，即中心城区内，如何应用大数据来分析人流、信息流、资金流的活动特征，探索不同层面流数据的应用，从而更有效优化城市空间结构，仍有待深入探讨。

参考文献

[1] 上海同济城市规划设计研究院有限公司, 南昌大都市区规划（2016-2030）[R]. 2016.
[2] 上海同济城市规划设计研究院有限公司, 荆州市城市总体规划（2011-2020）[R]. 2011.

后记

又是一个"双十一",又是亿万网民的狂欢节。本人不太擅长网上购物,没有为我国的电子商务事业作多大贡献。刚好接到出版社的电话,催促我为《转型期城市发展战略规划》一书写后记,只好连夜赶工,记录本书从构思到出版的心路历程,以飨读者。

当前,我国的社会经济发展进入关键的转型期。经历了改革开放以来40多年的高速增长,发展进入新常态,经济增长速度趋缓,转型压力增大,综合改革全面深入。从发展格局来看,对外构筑"一带一路"大战略,重塑对外开放和国际分工协作的新机制和新格局;对内需要实现从"高速度发展"向"高质量发展"的转变,强调生态文明、创新驱动、以人为本等发展理念,谋划国富民强的新时代发展蓝图。

城乡规划作为社会经济发展在国土空间上的投影,也面临剧烈的变革和转型要求。建立国土空间规划体系,强调对自然资源的保护和利用,科学划定"三区三线",从"九龙治水"走向"多规合一",实现"一张蓝图干到底",均是城乡规划面临的最新的变革要求。但万变不离其宗,从城乡规划学科的本源出发,有一点毋庸置疑,那就是规划的战略属性或者说战略规划的重要性,不仅没有被削弱,反而是大大加强。如区域发展格局的战略谋划、城市发展目标的战略预判、空间开发边界的战略性预留、产业结构转型升级带来的空间结构优化和战略应对等等,均是战略规划重要性的具体体现。

本书通过梳理国内外战略规划的发展理论和相关实践,发现在不同的发展阶段,战略规划所关注的议题和重点也不尽相同。纽约、伦敦、巴黎等国外大都市的最新战略规划普遍较关注城市健康与活力、可持续发展目标与气候变化、社会公平与包容、公众参与、规划的实施与动态更新等议题。针对我国当前发展转型的背景和现实需求,我们提炼了转型期战略规划需重点关注的四大重点议题和领域:应对国家战略转变、实现可持续发展理念、关注人本需求导向和应对技术方法革新。同时结合同济规划院规划三所在战略规划和总体规划中的相关实践案例,如福州新区总体发展概念规划、南昌大都市区规划、哈尔滨新区总体规划、"奎—独—乌"区域城镇协调发展规划、湖北城镇化与城镇发展战略规划、武汉长江新城概念规划、荆州市城市空间发展战略规划、辉县市城乡总体规划等,理论结合实际,以图文并茂的形式力图为大家描绘出战略规划应侧重的内容。

本书是同济规划院规划三所近年来在战略规划与总体规划方面进行的探索和案例展示，同时也是整个团队的集体成果。衷心感谢朱介鸣教授的精心指导和作序，感谢黄建中教授对本书框架和内容的指导，感谢王新哲副院长的宝贵建议与支持，感谢彭震伟教授团队及高璟博士、赵民教授团队及张立副教授、钮心毅副教授团队、中山大学艾彬副教授团队、新疆维吾尔自治区环境科学研究院等相关专题合作团队和研究院的支持，感谢规划三所王涛、张博钰、陈玉、陈进、陈琦、陈懿慧、邵华、宗立、胡方、姚凯、贾晓韡、黄华、彭灼、傅鼎（按姓氏笔划排序）等同仁，对本书写作和图纸绘制所作的贡献！感谢同济大学出版社对本书的大力支持！

上海同济城市规划设计研究院有限公司 城乡空间规划研究院副院长
中国城市科学研究会 新型城镇化与城乡规划研究专业委员会 副主任委员兼秘书长

图书在版编目（CIP）数据

转型期城市发展战略规划研究与实践 / 裴新生等著.
-- 上海：同济大学出版社，2019.3
ISBN 978-7-5608-8490-5

Ⅰ.①转… Ⅱ.①裴… Ⅲ.①城市发展战略 – 研究 – 中国②城市规划 – 研究 – 中国 Ⅳ.① F299.2 ② TU984.2

中国版本图书馆CIP数据核字（2019）第019566号

RESEARCH AND PRACTICE
on Strategic Planning of Urban Development in Transitional Period

转型期城市发展战略规划研究与实践

裴新生　钱　慧　王　颖　刘振宇　著

出 品 人　华春荣

责任编辑　荆　华　　责任校对　徐春莲　　装帧设计　张　微

出版发行　同济大学出版社 www.tongjipress.com.cn
　　　　　（地址：上海四平路1239号　邮编：200092　电话：021-65985622）
经　　销　全国各地新华书店
印　　刷　上海安枫印务有限公司
开　　本　889mm×1194mm　1/16
印　　张　13
字　　数　416 000
版　　次　2019年3月第1版　2019年3月第1次印刷
书　　号　ISBN 978-7-5608-8490-5
定　　价　128.00元

本书若有印装问题，请向本社发行部调换　版权所有　侵权必究